路用生物质固废材料
设计理论与性能提升技术

易军艳　冯德成　著

U0296631

科学出版社

北京

内 容 简 介

　　生物质固废材料在道路工程中的设计与应用是近年来国内外研究的热点。本书主要阐述基于物理与化学改性方法的废旧油脂类生物沥青开发、基于量子化学理论的环氧树脂基生物沥青材料设计、基于分子动力学模拟的植物油脚沥青再生剂制备，以及基于沥青吸附机制的玉米秸秆纤维路用性能调控。

　　本书适合从事环保型路面结构与材料设计及生物质固废资源化循环利用的科研技术人员阅读，亦适合高等院校交通、化工、材料等相关专业师生参考。

图书在版编目（CIP）数据

路用生物质固废材料：设计理论与性能提升技术 / 易军艳，冯德成著.—北京：科学出版社，2024.11

ISBN 978-7-03-070606-5

Ⅰ．①路… Ⅱ．①易… ②冯… Ⅲ．①道路工程－固体废物利用－研究 Ⅳ．①X705

中国版本图书馆 CIP 数据核字（2021）第 228836 号

责任编辑：杨慎欣　狄源硕 / 责任校对：韩　杨
责任印制：赵　博 / 封面设计：无极书装

科 学 出 版 社 出版
北京东黄城根北街 16 号
邮政编码：100717
http://www.sciencep.com

三河市春园印刷有限公司印刷
科学出版社发行　各地新华书店经销
*

2024 年 11 月第 一 版　　开本：720×1000　1/16
2024 年 11 月第一次印刷　　印张：17 1/4
字数：348 000

定价：**168.00 元**
（如有印装质量问题，我社负责调换）

前　　言

为加快建立健全绿色低碳循环发展的经济体系，2021 年 2 月，《国务院关于加快建立健全绿色低碳循环发展经济体系的指导意见》从生产、流通、消费、基础设施、绿色技术、法律法规政策六方面对绿色低碳循环发展作出了部署安排。因此，在碳达峰碳中和的大背景下，推广应用绿色低碳沥青路面技术已经上升到国家战略层面。

生物质是指利用大气、水、土地等通过光合作用而产生的各种有机体，即一切有生命的可以生长的有机物质，包括植物、动物和微生物。固体废弃物则是指人类一切活动过程产生的、对原过程丧失原有使用价值，被抛弃或者放弃的固态或半固态和置于容器中的气态物品、物质以及法律规定纳入固体废物管理的物品、物质。因此，生物质固废材料一般认为是生物质由于失去其原来价值或在一定时空中未能被利用，从而被搁置的一种材料。我国的生物质固废材料具有产生量大、可降解有机物含量高的特点，对其大数量高效高值化利用，对于减少环境污染、缓解能源短缺具有重要的社会和经济价值。交通运输业一直是建设绿色社会的重要领域，也是主要的资源占用型和能源消耗型行业。可以想象，如果将生物质固废材料与交通运输业相结合，将可以实现生物质固废材料的有效大宗消纳，为国家"推进碳达峰碳中和"与"建设交通强国"战略提供巨大的技术支撑。

本书涉及的研究成果是在国家自然科学基金项目、住房和城乡建设部研究开发项目、中国博士后科学基金特别资助、交通运输部交通建设科技项目、黑/吉/辽省交通运输厅科技项目等的共同资助下完成的。本书围绕北方地区适合于在道路上应用的生物质固废材料，主要包括废旧油脂、植物油脚、农作物秸秆等，开展理论创新和关键技术研发，以促进其更大范围的应用。全书主要包括四部分内容：①介绍废旧油脂材料的组成特点，提出利用废旧油脂材料制备生物沥青的物理和化学改性方法，验证废旧油脂类生物沥青的路用性能；②进一步针对废旧油脂材料，提出环氧树脂基生物沥青材料概念，利用量子化学模拟厘清环氧树脂基生物沥青材料的反应原理，优化制备工艺流程，并通过性能试验验证此类新材料的良好使用性能；③围绕北方粮油产区植物油生产中大量存在的植物油脚，提出植物油脚沥青再生剂概念，基于分子模拟明确植物油脚扩散的优势分子构成，提出植物油脚精炼需采用的工艺流程，以此制备系列沥青再生剂；④针对北方农作物产区植物秸秆低值化粗放型利用的现状，围绕沥青玛蹄脂碎石混合料（stone mastic asphalt, SMA）中纤维使用需求，提出秸秆纤维制备方法，明确秸秆纤维沥青吸附机制，提出秸秆纤维对 SMA 路用性能的调控原理和优化技术，并采用加速加载试验进行初步验证。

全书由哈尔滨工业大学易军艳、冯德成撰写。全书的研究和总结工作持续近十年，得到了作者课题组研究生的大力支持和帮助，裴忠实、陈梓宁、许劢博士，孙朝杰、诸一鸣、张崇康、阿拉木硕士分别结合各自学位论文中的相关内容参加了本书的相关研究工作。周雯怡、程鹏健、艾欣满、王莹博士，程铭、郑子航硕士对本书的整理工作提供了帮助。哈尔滨工业大学化工学院黄玉东教授为生物沥青的化学合成提出了宝贵建议。吉林省交通科学研究所为秸秆纤维的研究应用提供了加速加载试验设备和试验场地，陈志国研究员为秸秆纤维的研究内容和技术方案提出了宝贵建议。交通运输部科学研究院沥青分子工程实验室及郭朝阳研究员、北京市政路桥建材集团有限公司及王真博士为本书中部分沥青试验提供了测试设备与技术建议。作者在此一并表示衷心感谢！

随着国家对固废资源化重视程度的加大，预计将会有更多种类的生物质固废材料在道路中得到更大规模的应用。本书的出版仅涉及生物质固废材料中的一小类材料，希望这部分的研究能起到抛砖引玉的作用，引发道路研究者对生物质固废材料应用的思考和重视。

限于作者水平，书中难免存在不妥之处，恳请各位读者不吝指正。

作　者

2022 年 5 月于哈尔滨

目　　录

前言

第1章　绪论 ……………………………………………………………………… 1

  1.1　研究背景 ……………………………………………………………… 1

  1.2　生物沥青研究现状 …………………………………………………… 2

  1.3　废旧油脂类生物沥青 ………………………………………………… 5

  1.4　环氧沥青及其绿色化分析 …………………………………………… 6

  1.5　植物油基沥青再生技术 ……………………………………………… 8

  1.6　路用纤维与绿色化分析 ……………………………………………… 9

第2章　废旧油脂类生物沥青及其路用性能 …………………………………… 11

  2.1　废旧油脂类生物沥青的物理制备工艺 ……………………………… 11

    2.1.1　原材料 ……………………………………………………………… 11

    2.1.2　制备方法 …………………………………………………………… 13

  2.2　废旧油脂类生物沥青的化学制备工艺 ……………………………… 13

    2.2.1　反应机理 …………………………………………………………… 13

    2.2.2　原材料 ……………………………………………………………… 15

    2.2.3　制备方法 …………………………………………………………… 16

  2.3　废旧油脂类生物沥青的化学组成分析 ……………………………… 17

    2.3.1　红外光谱技术简介 ………………………………………………… 17

    2.3.2　物理改性后化学组成分析 ………………………………………… 18

    2.3.3　化学改性后化学组成分析 ………………………………………… 20

  2.4　废旧油脂类生物沥青的高温性能研究 ……………………………… 22

    2.4.1　动态剪切流变试验原理与方法 …………………………………… 22

    2.4.2　车辙因子 …………………………………………………………… 25

  2.5　废旧油脂类生物沥青的施工性能研究 ……………………………… 27

    2.5.1　旋转黏度试验原理及方法 ………………………………………… 28

    2.5.2　废旧油脂对黏温曲线的影响 ……………………………………… 29

  2.6　废旧油脂类生物沥青的黏韧性研究 ………………………………… 32

    2.6.1　黏韧性试验原理及方法 …………………………………………… 32

    2.6.2　废旧油脂对沥青黏韧性的影响 …………………………………… 34

2.6.3 SBS 改性剂对沥青黏韧性的影响 ·················· 36

2.7 废旧油脂类生物沥青的低温性能研究 ·················· 37

2.7.1 弯曲梁流变试验原理及方法 ·················· 37

2.7.2 蠕变劲度及其预估模型 ·················· 38

2.7.3 蠕变速率及其预估模型 ·················· 40

第 3 章 环氧树脂基生物沥青开发及其路用性能 ·················· 44

3.1 量子化学模拟及固化机理 ·················· 44

3.1.1 原材料分子式的确定 ·················· 44

3.1.2 量子化学模拟 ·················· 47

3.1.3 反应机理 ·················· 57

3.2 树脂生物沥青的制备 ·················· 58

3.2.1 辅助材料的准备 ·················· 58

3.2.2 制备工艺 ·················· 59

3.2.3 制备条件 ·················· 63

3.2.4 配合比设计 ·················· 65

3.3 树脂生物沥青的性能测试 ·················· 67

3.3.1 高温抗变形特性 ·················· 67

3.3.2 低温抗裂性能 ·················· 74

3.4 树脂生物沥青混合料的性能测试 ·················· 77

3.4.1 混合料组成设计 ·················· 77

3.4.2 动态模量试验 ·················· 78

3.4.3 高温蠕变试验 ·················· 84

3.4.4 半圆弯拉试验 ·················· 86

第 4 章 植物油脚沥青再生剂研发与性能验证 ·················· 91

4.1 试验原材料分析 ·················· 92

4.1.1 植物油脚成分检测 ·················· 92

4.1.2 沥青性能测试 ·················· 99

4.2 基于分子模拟的植物油脚分子扩散性能分析 ·················· 101

4.2.1 分子模型确立 ·················· 101

4.2.2 模型参数 ·················· 111

4.2.3 模型构建与验证 ·················· 113

4.2.4 双层模型扩散渗透特性分析 ·················· 118

4.3　植物油脚沥青再生剂的研发与优化 ······ 121
　　4.3.1　初代植物油脚沥青再生剂研发 ······ 121
　　4.3.2　植物油脚沥青再生剂的优化设计 ······ 132
4.4　再生沥青性能验证与分析 ······ 138
　　4.4.1　三大指标与表观黏度 ······ 138
　　4.4.2　表面能 ······ 139
　　4.4.3　沥青弯曲蠕变劲度试验 ······ 140
　　4.4.4　频率扫描 ······ 142
　　4.4.5　沥青抗疲劳性能试验 ······ 144
　　4.4.6　沥青多重应力蠕变恢复试验 ······ 149

第5章　玉米秸秆纤维的沥青吸附机制及其 SMA 路用性能调控 ······ 152
4.1　玉米秸秆纤维制备、性能表征与技术指标 ······ 152
　　5.1.1　玉米秸秆纤维制备 ······ 153
　　5.1.2　性能表征与技术指标 ······ 158
5.2　玉米秸秆纤维的沥青吸附机制 ······ 168
　　5.2.1　物理吸附试验及吸附模型研究 ······ 168
　　5.2.2　沥青吸附的分子模拟与分析 ······ 182
5.3　玉米秸秆纤维沥青的高低温性能试验研究 ······ 203
　　5.3.1　玉米秸秆纤维沥青的制备 ······ 204
　　5.3.2　玉米秸秆纤维沥青性能试验分析 ······ 205
5.4　玉米秸秆纤维对 SMA 路用性能的调控技术研究 ······ 217
　　5.4.1　调控技术方案 ······ 218
　　5.4.2　吸附型玉米秸秆纤维 SMA 路用性能研究 ······ 220
　　5.4.3　吸附+增强型混合纤维 SMA 路用性能研究 ······ 235
　　5.4.4　经济性分析与掺量推荐 ······ 241
5.5　足尺加速加载试验验证 ······ 246
　　5.5.1　室内足尺试验方案 ······ 246
　　5.5.2　混合纤维 SMA-13 生产配合比设计 ······ 247
　　5.5.3　关键工艺参数与质量控制 ······ 251
　　5.5.4　加速加载试验研究 ······ 253

参考文献 ······ 258

第1章 绪 论

1.1 研 究 背 景

近年来，我国公路里程数的迅速增长使其不再成为制约经济发展的瓶颈，而经济的飞速发展则为公路里程数的持续增长提供了充分的资金保障，二者相辅相成。由国家统计局的数据可知，截至2020年年底，我国公路总里程达到了519.81万km，其中高速公路里程也已达到11.3万km，在世界各国的高速公路建设中位居第一[1]。与此同时，高速公路的快速发展也意味着对资源和能源的需求将大幅提升。

高速公路路面类型主要有两种，一种是水泥混凝土路面，另外一种是沥青路面。其中水泥混凝土路面为刚性路面，其承载力强但易受下承层影响，而沥青路面为柔性路面，维修方便且行车舒适度高。由于高等级公路路面对维修便利程度和行车舒适度要求较高，因此，高等级公路路面通常选用沥青混凝土作为其面层材料。在高等级公路工程总投资中，沥青费用占5%~10%[2]，因此，沥青价格对高等级公路工程造价影响巨大。近年来，国际原油价格持续上涨，石油沥青作为石油炼化过程的副产品，其价格也水涨船高，从2016年到2020年，普通重交通沥青价格已由2000元/t上涨至约4000元/t。石油沥青作为道路工程中最常用的沥青，需求量巨大，以我国为例，2019年我国石油沥青的表观消耗量约5440万t，其中国内生产石油沥青约5040万t，进口石油沥青约430万t，出口石油沥青约70万t[3]。沥青价格的持续走高给我国的高等级公路建设事业带来了极为不利的影响，常使得实际工程费用超过预算，甚至有的路段由于无法保证沥青供应而延误工期，影响了正常交通。此外，沥青在土木、水利、矿山和建筑等工程领域也有广泛的应用，社会需求量很大，约占我国沥青总产量的一半，这使得沥青资源更加稀缺。更为严重的是，据有关专家预测，世界原油开采量在未来的5~10年中将会达到巅峰，而其需求量依然很旺盛，仍然供不应求，沥青在这种情况下保持高价位是必然趋势[4]。

石油一般认为是不可再生资源，随着开采量的不断增加，石油资源最终将消耗殆尽。对公路行业来讲，从建设到维修养护乃至重建，这一漫长的周期中使用了大量的石油基材料，例如沥青面层中的沥青，苯乙烯-丁二烯-苯乙烯（styrene-butadiene-styrene, SBS）改性沥青中的SBS，沥青路面再生过程中的沥青再生剂、路面裂缝灌缝胶等。石油资源的减少也将给这些产品带来源头上的桎梏。因此，如何减少沥青路面建养过程中对石油资源的依赖，是近年来国内外研究的热点之一。在这一过程中，生物质材料开始得到道路研究者的重视，各种生物油开始被用来制备生物沥青、生物结合料、生物树脂、生物再生剂等。这些生物油有的直接为植物油，有的来源于各类生物质原材料经裂解或发酵形成的液体材料，还有的则来自各种生物精加工后的副产物。已有研究显示，这些生物质材料可以很好地作为沥青改性剂或替代物[5]。考虑到道路行业对原材料的巨大需求，结合当前国家对固废资源化的战略规划，利用生物质固废材料制备沥青路面用的各种材料，将具有极大的应用前景。

沥青玛蹄脂碎石混合料（SMA）是我国沥青面层应用较为广泛的材料。为了保持 SMA 优良的服役性能，一般都会在其中掺加可以吸附自由沥青的木质素纤维。木质素纤维或者纤维素纤维一般为针叶木材纤维，主要由纤维素、半纤维素、木质素和其他少量杂质组成[6]。据了解，在实际使用中，由于森林资源不足，我国沥青路面用木质素纤维来源较为复杂，很少存在纯的针叶木材纤维素纤维产品。从环保和资源节约的角度来看，很多路用纤维也采用阔叶木材纤维、回收纸破碎纤维等。我国东北地区是传统的粮产区，存在大量的农作物秸秆固废材料。根据作者团队前期对秸秆与木材的成分分析，发现秸秆与木材一样都包含有纤维素、半纤维素、木质素等。在北方地区每年秋季因为秸秆燃烧导致环境污染的背景下，如何实现农作物秸秆的增值化利用也是近年来的关注热点。现有研究一般关注于农作物秸秆制备生物乙醇和乳酸等，精炼过程复杂。考虑到秸秆的组成特点，制备成秸秆纤维以替代现有的 SMA 用木质素纤维具有较大的可行性。

基于以上背景，作者团队近年来围绕东北地区工农业活动中生物质固废的处理难题，重点针对地沟油精炼后的副产物（废旧油脂）、植物油脂提炼后油脚等副产物、农作物秸秆等生物质固废材料，分析其在道路尤其是沥青路面中应用的可行性，进一步研发路用材料，并验证其使用性能，为生物质固废材料在道路中的应用提供理论基础与关键技术。本书即为以上研究内容的整理与汇总。在本章中，首先对当前道路生物沥青的应用进行分析，并围绕废旧油脂部分替代沥青、植物渣油取代环氧沥青中沥青结合料、植物油与植物油脚沥青再生材料、生物秸秆纤维替代常见路用纤维等进行研究现状分析与总结。然后，在本书的后续章节将针对以上应用场景，详细介绍系列路用生物质固废材料升级利用的基础理论和制备工艺、服役性能验证等内容。

1.2　生物沥青研究现状

目前生物沥青是一个新兴的研究领域，一般指生物结合料与石油沥青的混合物。按照国内外学者定义，生物结合料是通过对生物质原材料在真空环境中快速加热得到的生物油进行性能改善而得到的材料[7]。近年来由于生物质原材料使用范围的扩大，生物质原材料又泛指将林业资源、城市垃圾以及动物排泄物等经过裂解、液化以及分离制备的可部分替代沥青的生物油，也包括生物质原料加工生产生物基材料（糠醛、糠醇、二甲基呋喃、生物柴油等）过程中剩余的分子量较大的碳水化合物。其具有来源广泛、成本低廉、绿色无污染以及可循环利用等特点，被越来越多的国内外道路材料相关领域研究者所关注。

生物质原料的来源非常广泛，生物油是非常复杂的化学混合物，包括水、甘油醚、苯酚、糠醛、吡喃酮、乙酸、甲酸、羧基酸等多种成分[8]。尽管单纯从技术角度提炼这些化学成分是可行的，但由于高回收费用和相对较低的组分浓度，回收这些化学成分并不经济。而采用生物油制备的生物结合料用作道路沥青的替代品，将具有更大的经济价值。因此，近年来国外的相关研究机构已经开始对生物沥青的开发、制备工艺及性能优化等进行研究。美国交通运输研究委员会（Transportation Research Board, TRB）分委会沥青铺装混合料中非沥青组分特性研究技术委员会（Characteristics of Nonasphalt Components of Asphalt Paving Mixtures Committee）在 2012 年初召开了名为"用于环保沥青路面的替代黏结料"（"Alternative Binders for Sustainable Asphalt Pavements"）的研讨会，在会上，来自世界各地的道路工作者分享了在沥青或沥青改性剂替代物方向的最新成果。我国尽管生物质资源丰富，但现今主要用其生产生物燃料、生物质高分子聚合物等，对于路用生物沥青的研究仍然在起步阶段。

现今生物结合料的获取主要有两种手段[9]。一种是通过生物化学方法，生物质原料的碳水化合物水解成为糖类化合物，然后进一步经发酵转化成生物燃料。在这一过程中将产生相当数量的副产物，尽管这些副产物目前还没有得到工业应用，但分析表明其与沥青材料的组分类似，因此通过合理改善工艺将其制备成满足路用要求的结合料，将有助于生物燃料行业的整体可持续性发展。另一种是对生物质原料直接通过快速热裂解技术获得生物油，并进一步对其调节和改善从而得到生物结合料。需要注意的是得到的生物油一般为富含木质素的液态燃料，必须经过热处理和必要的性能改善才能作为路用沥青。

总体而言，现今国外采用的生物结合料制备工艺大多为快速热裂解技术[10]。如艾奥瓦州立大学与 Avello 生物能源公司合作，以植物茎秆及残渣为原材料，采用快速裂解技术制得生物结合料。室内试验显示此种生物结合料可以作为沥青材料的改性剂、添加物或抗氧化剂等，其基本性能满足沥青使用的要求。鉴于此，艾奥瓦州于 2010 年修建了第一条由生物沥青铺筑的自行车道（Des Moines Bike Trail）。Williams 等[11-14]在 2009 年使用木料、柳枝稷以及玉米秸秆等原材料，采用裂解和蒸馏技术制备了生物沥青，并通过动态剪切流变试验、弯曲蠕变劲度试验分析了掺入不同比例生物沥青后沥青材料的流变性能。Williams 等的研究结果表明，他们制备的这种生物沥青可以改善沥青材料的高温性能，但对其低温性能的改善帮助不大。Yang 等[15]通过快速裂解废弃木材得到了一种生物油，并研究了用其部分替代沥青所得的生物结合料的性能。结果表明，生物油的掺入增加了沥青的高温性能，并降低了沥青混合料的拌和温度，但却对沥青的中低温性能产生不利影响。通过对比有水分生物油、无水分生物油和聚合物改性生物油对沥青性能的影响，认为有水分生物油对沥青性能影响最小，而聚合物改性生物油可以显著增加沥青的劲度。艾奥瓦州立大学 Peralta 等[16]采用植物残渣（秸秆、残木）等原材料，通过快速裂解技术制备了生物沥青，结果显示，这种材料可以作为沥青的改性剂、添加物或抗氧化剂等，其基本性能满足沥青的使用要求，此外，掺入橡胶可以大幅度改善生物沥青性能。

我国近年来也针对生物质原料的应用技术开展了大量的研究，很多大学及研究机构都成立了相应的生物质能源研究中心。目前国内针对生物质原料，主要经过降解、改性、聚合等手段得到生物质材料[17]。其中具体的制备工艺也类似于国外，包括生物转化过程（利用生物酶降解生物质原料为小分子糖，进而通过微生物发酵来生产各种生物质产品）、热化学转化过程（生物质原料经过热解、液化、气化等方式得到焦炭、生物油、燃气等，进一步合成得到柴油、甲醇、氨等产品）、直接改性（生物质原料经活化处理再经过酯化、醚化得到不同取代程度的反应物）[18]。总体而言，国内利用生物质原料制备燃料和化工产品等技术工艺的发展非常迅速，但由于生物质原料来源复杂且组分结构各异，现有的制备工艺还不能实现对生物质原料的整体利用。例如，对于裂解过程中产生的生物油产物，有研究者发现其富含氧且含水量高，如果直接用于公路行业将导致沥青结合料黏性不佳、挥发性过大[8]。对于植物裂解产生的生物油，由于其木质素含量高，部分发电机直接将其用作燃料。但限于生物油的复杂成分，不易完全燃烧，由此带来大量的二次污染物，其自身的经济价值没有得到完全开发，也不利于生物质原料的整体利用。因此在今后的研究中，应参考石油产品开发过程中的分级利用原则，根据生物质原料的各组分特点，对生物质原料实现分级转化和综合利用。

如前所述，生物沥青实际上是生物结合料与石油沥青的混合物。按照生物结合料的占比，国外学者对其进行了分类：①生物结合料完全替代常规的路用沥青（100%）；②生物结合料替代较多的常规沥青（25%～75%）；③生物结合料替代较少的常规沥青（小于 10%），最后一种情况也把其称为沥青改性剂。具体替代的比例依赖生物结合料的物理化学属性。分析国内外近年来对于生物沥青的研究，由于采用的生物质原料不同，制成的生物结合料性质也有较大差异，这也导致不同的研究结论。如 Peralta 等[16]提出大多数制备的生物沥青高温性能与石油沥青相当，但低温性能根据原料的不同有较大差别。而相当多的研究显示生物沥青的高温性能不佳，需要通过添加外掺剂来改善。

总体而言，国内外对生物沥青及沥青混合料的性能研究仍在起步阶段，有很多问题亟待梳理和解决。公路工程行业如果要实现生物沥青替代石油沥青，有如下工作需要进一步研究[16]。

（1）应对聚合物改性剂与生物油共同使用效果与改性机理进行分析。尤其应开展不同种类聚合物改性剂与生物油的配伍性研究。

（2）现有研究主要将生物结合料作为石油沥青的改性剂，缺少在沥青混合料中完全采用生物结合料（即100%替代石油沥青）的研究。

（3）大多数的粗制生物油初始性能不佳，需要经过预处理或精制过程以满足路用结合料的性能要求，当生物质原料来源不同时，该处理工艺有较大不同。

（4）现有的石油沥青性能规范（包括老化方法、性能评价方法和指标等）对生物结合料的适用性还需要更多验证。

（5）由于大多的生物结合料含水量大，为保证生物沥青混合料的长期耐久性能，应分析水分或湿度对沥青结合料的影响规律。

1.3 废旧油脂类生物沥青

废旧油脂，俗称"地沟油"，泛指生活中存在的各类劣质油，如回收的食用油、反复使用的炸油等。地沟油最大来源为城市大型饭店下水道的隔油池。我国是一个食用油消费大国，年均消费食用油约为2100万t，而每年产生废油为400万～800万t。据中国食用油信息网统计，国内城市每年餐饮业产生的地沟油超过500万t。现今可以利用废旧油脂制备工业原料或生物燃料。如2012年7月，荷兰在中国购入的2000t地沟油被荷兰航空的技术人员加工成航空生物煤油，供飞机使用。但生物燃料对工艺、设备以及产品质量的要求较严，导致最终的生物燃料产品价格非常高。作为筑路材料的沥青，其基本性能要求相对于生物燃料更低，这意味着生产过程中的费用也将相对更少。因此，探讨废旧油脂及副产物制备生物沥青的可行性，将可以更好地回收利用废旧油脂，减少环境污染，创造良好的经济与社会价值。在废旧油脂制备生物燃料过程中，产品为油脂内分子量较小的化合物，以及分子量较大的黑色副产物（俗称植物沥青）。这部分产物不易处理，已经成为废旧油脂转化过程中的新污染物。尽管该产物名字中包含沥青，但实际上黏性较小，不具备路用沥青的基本性能。

国内外对废旧油脂（地沟油）的综合利用主要有三种方式：一是对地沟油进行简单加工提纯，直接作为低档的工业油酸、硬脂酸和工业油脂等；二是利用地沟油制备无磷洗衣粉；三是将地沟油醇解制取生物柴油（脂肪酸甲酯）。地沟油在制取生物柴油方面成绩尤为突出。因此，我国对废旧油脂的研究集中在利用其制备生物柴油，也有相关研究探讨地沟油制生物柴油副产甘油的精制工艺。应该说，无论是国内还是国外，废旧油脂制备生物燃料的技术已经相对成熟，现有的研究主要关注不同制备工艺的对比，以及现有工艺的改进。总体而言，利用废旧油脂制备生物柴油主要有以下方法：化学催化、生物催化、超临界无催化剂的酯化/酯交换反应。此外，还有部分研究针对的是植物类废旧物，同样采用热化学手段制备生物柴油。

我国是豆油消费大国，早在 2007 年中国豆油消费量已超过美国，达到了863 万 t，成为豆油消费第一大国，约占据该年度全球豆油消费量 3562 万 t 的 24%。其中黑龙江省是大豆的主要产地，同时也是豆油消耗较大的省份。在油脂品生产和消费过程中，将产生大量的废旧油脂产物，其中既有油脂生产过程中的油渣废料，也有消费过程中产生的大量废旧油脂。对于利用废旧油脂或其余废旧材料制备生物沥青，国内在该领域的研究相对较少。应该看到，出现这种状况的原因主要在于生物燃料的高价格与高回报率。而随着沥青价格的上涨和石油资源的逐步减少，废旧油脂制备生物沥青的技术将会得到越来越多的重视。可以预见，采取合理的物理化学改性工艺，对这些废旧产物进行回收利用，在国家倡导绿色环保型社会的大背景下，具有重要的社会意义和经济价值。

近年来国内外学者都对废旧油脂类生物沥青开展了研究。如华盛顿州立大学的 Wen 等[19]将废旧油脂生物沥青加入到石油沥青中进行研究，结果表明在石油沥青中加入废旧油脂生物沥青将会降低其高温等级和抗疲劳破坏能力，但是能提高其低温抗开裂能力，除此之外，混合料的试验结果表明其动态模量将会有一定程度的减小，同时抵抗车辙和抗疲劳开裂破坏的能力降低，但低温开裂能力提高。孙朝杰[20]采用废旧油脂对基质沥青和 SBS 改性沥青进行了改性，并给出了各类石油沥青中废旧油脂的合理掺量。阿拉木[21]在孙朝杰的研究基础上采用红外光谱分析、热重分析等方法对生物聚合物改性沥青进行了研究，并给出了在寒冷地区的建议掺量。总体而言，探讨利用废旧油脂制备沥青替代品的可行性，将可以更好地回收利用废旧油脂，减少环境污染，创造巨大的经济与社会价值。

1.4　环氧沥青及其绿色化分析

环氧树脂作为一种热固性材料，具有优越的高温性能和黏结性能。研究者基于环氧树脂特性研发了环氧沥青，目前将环氧沥青作为机场道面和桥面等特殊领域的铺装已经取得了很好的效果。国外对树脂沥青的研究起步很早，20 世纪 60 年代 Mika[22]就第一次制备了环氧沥青材料。随后，壳牌石油公司也将研发出来的环氧沥青用于机场跑道罩面，以抵御航空发动机燃油和尾气对路面的损坏。

1967 年，美国 Adhesive 公司将壳牌石油公司生产的环氧沥青应用于实际工程，洛杉矶圣马特奥-海沃德大桥的桥面铺装便采用了该种环氧沥青混合料，在经过多年的使用后桥面仍然没有较大的损坏，依旧具有很好的路面工况。此外，该材料也被应用于旧金山-奥克兰海湾大桥的桥面铺装之中，在该桥的每条行车道上，日交通量最大时能达到 30000 辆/d。即使是在这样的交通荷载下，在使用寿命达到 30 年之后，桥面铺装仍然满足行车要求[23]。

20 世纪 70 年代，日本北海道大学土木系的间山正一、营原照雄研发了环氧沥青的制备工艺，并对生产出的环氧沥青混合料模量等性能进行了深入研究。到 20 世纪 90 年代，他们进一步解决了环氧沥青混合料生产中与温度和时间相关的问题，使得环氧沥青混合料在日本得到广泛的应用[24]。日本环氧沥青结合料与美国环氧沥青结合料施工工艺的差别较大，与美国温拌型环氧沥青结合料不同，它是一种高温型环氧沥青结合料，其养护温度通常需要超过 150℃[25]。查阅相关资料和文献可知，荷兰的壳牌石油公司、日本的 Watanabe Gumi 公司、美国的 ChemCo Systems 公司等都早已生产出具有独立知识产权的环氧沥青产品并投放到市场之中[26]，还根据产品撰写了相关的试验和施工专利。

总体而言，在 1961 年环氧沥青材料首次出现后的 60 多年间，美国、日本、澳大利亚等国家相继将这种材料投入到基础设施建设中，并取得了很好的应用效果。近年来，其他一些国家也都逐渐开始开发拥有自主知识产权的环氧沥青材料，使得该领域的研究得到了更多的关注。

在该类材料的具体性能分析方面，Ahmedzade 等[27]通过在 AC-10 沥青混合料的沥青中加入极少量的环氧树脂来改性，并成型马歇尔试件进行性能研究，结果表明，当用 0.75% 的环氧树脂进行改性时，其混合料的力学性能要优于其他几组试件。Bocci 等[28]分析了环氧沥青混合料的三维黏弹性特征，研究表明，相比较于热拌沥青混合料，环氧沥青混合料有着更高的刚度和热敏感性，同时二者的泊松比对温度和加载频率有着很高的依赖性。Bagshaw 等[29]在 35～45℃ 的温度下固化环氧沥青后在一定条件下对其耐久性能进行了测试，该条件相当于 3.5 年的使用。研究表明，环氧沥青的强度会随着使用年限的增加继续增大，同时也指出了研究需要改进的地方，包括低温性能、长期抗氧化能力等。

我国将环氧沥青应用于道路铺装领域的研究较晚，最初的研究主要是将其作为一种修补路面裂缝的材料。目前来说，我国对环氧沥青材料研究走在前列的主要是东南大学。1997 年，东南大学桥面铺装课题组引进美国 ChemCo Systems 公司的环氧沥青技术，全面系统深入地研究了环氧沥青混凝土桥面铺装技术，并于 2000 年成功地将该项技术运用到了南京二桥的南汊桥的钢桥面铺装中，掀开了我国将环氧沥青铺装技术运用于实际工程的序幕。在引进该技术之后，东南大学也报道了开始自研环氧沥青。亢阳等[30]将 90# 基质沥青与马来酸酐进行加成反应，得到改性后的顺酐化沥青，再加入环氧固化剂和助剂进行反应，得到冷却后的环氧沥青 B 组分，并进行环氧沥青的拉伸试验和混合料的马歇尔试验，结果表明顺酐化后的树脂沥青断裂延伸率有了一定程度的增长，环氧沥青混凝土性能有了极大的提升。不过，由于顺酐化沥青中仍含有游离的马来酸酐以及化合后的酸酐，而这些酸酐自带刺激性气味，因此需要在此基础上对顺酐化沥青进行改进。贾辉等[31]在前述产品中加入脂肪族多元醇，中和了顺酐化沥青中的酸酐基团，从而去除了产品中的刺激性气味，并将制备好的环氧沥青进行黏度试验以及力学性能、黏结性能的研究。张占军等[32]研究了不同交联度下环氧沥青混合料的低温变形性能，通过将试验得到的数据建立模型，发现环氧沥青混合料低温性能参数与交联度之间具有高度的相关性，在此基础上提出了回归方程，该方程能根据环氧沥青的交联度预测混合料的低温弯曲性能。

以上对环氧沥青的研究中，需要一定的技术实现常温下固态沥青的液态化，否则无法实现沥青与环氧树脂组分的调配。此时沥青的作用体现在既可以实现脆硬环氧树脂的柔韧化，也可以在一定程度上降低造价。废旧油脂、植物渣油、植物油脚等材料在常温下即为液态或者固液混合态，也有一定的黏聚效果。如果以这些废旧材料替代环氧沥青中的沥青材料，将可以有效实现这些废弃物的循环利用，减少对石油沥青的依赖。

1.5　植物油基沥青再生技术

沥青老化是影响沥青混合料全寿命周期使用与循环应用的重要原因，为实现废旧沥青混合料的高性能循环利用，针对沥青老化掺加适宜的再生剂是技术关键。再生剂的常见组分包括基质油分、增塑剂、增黏树脂、抗老化成分等，其中基质油分用以补充老化沥青损失的轻质油分，增塑剂用以提高沥青软化能力，增黏树脂用以改善沥青的高温性能，抗老化成分则用以提高沥青再生后的二次抗老化能力。

目前国内外已有关于植物油等材料制作再生剂的研究。Nigen-Chaidron 等[33]将新沥青与棕榈油复配制成新型再生剂，通过改变复配比例调节再生剂的黏度，可满足不同类型的再生需求。Oldham 等[34]发现生物再生剂可以有效地改善老化改性沥青的低温性能以及再生剂与老化沥青的融合问题。美国普渡大学的 Seidel 等[35]分析了大豆脂肪酸部分替代沥青的可能性，他们在硬质沥青里掺了部分大豆脂肪酸，并测试了其动态模量等基本性能，研究表明，掺入少量的大豆脂肪酸，可以改善硬质沥青的工作性能，尤其对于回收沥青混合料将有更大的帮助。龚明辉[36]以环氧植物油基生物作为再生剂的基质油料，研究发现，生物再生剂主要是通过降低氧化官能团与沥青质的比例来改善老化沥青的性质。孟建玮[37]以邻苯二甲酸二甲酯为增塑剂，菜籽油为基础油，加上一种含有机环氧基团的高分子材料共同混合制备再生剂，并将其与沥青混合料回收料（reclaimed asphalt pavement，RAP）进行混合验证，结果显示其路用性能较好，且可节约大量工程造价。于腾海[38]以芳烃油作为基础油分，并向其中添加增塑剂以及抗老化剂用以提高流变性与抗老化性，并对 RAP 掺量为 35% 和 50% 的沥青混合料进行高温、低温、水稳、疲劳等检测，结果显示路用性能良好。满琦[39]以大豆油、玉米油、葵花油作为植物油再生剂，基于四组分分析研究沥青老化中组分的变化，并从路用性能指标角度验证了植物油再生技术的可能性。曹雪娟等[40]研究了新鲜大豆油、煎炸大豆油、生物柴油对沥青三大指标、流变与微观组成的影响，通过红外光谱发现，植物油不含芳烃类物质，可以降低老化沥青亚砜基含量，增加羧基含量。索智等[41]用地沟油代替矿物油制备再生剂，可以有效降低老化沥青的黏度，对于低温性能也有所改善，以上研究工作为地沟油等生物质废弃物利用的可行性进行了初探。

此外，随着生活水平的提高以及农业与制造业的不断进步，消费者对于精制食用油产品的依赖性逐渐增强，所需植物油量也逐年增高，而在制油过程中，常会产生一些用处不大的植物油脚，其主要成分为水、磷脂、未分离干净的油脂、脂肪酸、烃类和树脂等，约占植物油质量的 1%~5%。目前国内外对于植物油脚的处理，尚未达到全面合理的利用，现有技术虽然能够从植物油脚中提炼出有效成分，但是成本过高，技术条件过于复杂，资源利用率较低，除此之外通过对单一的物质的提取，也容易造成二次污染等问题。总体来看，对于植物油脚综合利用大多局限于理论分析和室内试验，现实中的综合利用状况不容乐观。

由于资源紧缺及环保要求，沥青路面再生预计未来有较大的发展前景。同时，植物油脚产出数量相当可观，如何合理处置油脚成为工业化工研究的重点。综合以上关于植物油基材料制作再生剂的研究，同根同源的植物油脚制作再生剂具有较高的可能性，也值得进一步研究与论证。

1.6 路用纤维与绿色化分析

纤维，尤其是木质素纤维，在 SMA 中有着广泛的应用。在该应用场景下，木质素纤维主要起到吸附自由沥青、防止沥青高温泛油的作用。近年来，随着各种生物质原材料在各行各业的应用，一些具有类似功能的生物质纤维也开始在沥青路面中得到关注和应用。

部分针对油棕榈树纤维和椰树纤维的研究结果显示，生物质纤维可以改善沥青混合料的流变性能，尤其是采用生物质纤维后，原石油沥青的高温等级可以从PG58 提高到 PG70（油棕榈树生物质纤维）和 PG76（枣椰树生物质纤维）。但限于植物热稳定性不足的缺点，目前在沥青路面中的应用还处于研究阶段。Vale 等[42]研究了椰子纤维在 SMA 中的应用效果，试验结果表明椰子纤维可在 SMA 中替代纤维素纤维。Hadiwardoyo 等[43]以短去皮椰子纤维和果肉椰子纤维为添加剂，将 0.5~1.25cm 的短椰子纤维与沥青混合料混合，并进行了混合料的防滑性能试验，结果表明在沥青混合料中加入 0.75%的椰子纤维可以提高混合料的抗滑性。Ravada[44]与 Kumar 等[45]将香蕉纤维掺加到沥青混合料中，并对其性能进行了研究，通过室内试验分析了香蕉纤维混合料的高温性能以及力学性能，考察了香蕉纤维作为稳定剂在混合料中的适用性。Sheng 等[46]研究了竹纤维在沥青混凝土（asphalt concrete，AC）和 SMA 中的应用效果，竹纤维具有较高的抗拉强度、粗糙的表面纹理，以及较好的热稳定性。混合料试验结果表明，竹纤维可以有效地提高沥青混合料的路用性能，与聚酯纤维和木质素纤维混合料性能相比，竹纤维混合料的性能更好。

目前常用的路用纤维材料包括木质素纤维、玄武岩纤维及聚酯纤维等。其中木质素纤维具备良好的吸附沥青作用，作为沥青稳定剂已经被广泛应用在 SMA 和纤维沥青混凝土路面中。但木质素纤维的原材料木浆主要来源于木材，木材的生长周期一般很长，大量的应用会破坏我国森林资源。而与木材相比，农作物秸秆生长周期短，且属于一年一结果的植物，同时我国作为农业大国，每年都会产生大量的玉米等农作物秸秆。因此近年来也有部分研究开始关注该领域。雷彤等[47]将棉秸秆纤维应用于沥青路面中，进行了 AC-13 和 SMA-13 配合比设计，进行混合料性能试验，结果表明棉秸秆纤维能显著改善沥青混合料的高温稳定性及低温抗裂性，与木质素纤维沥青混合料的路用性能接近，棉秸秆纤维沥青混合料的最佳沥青用量略低于木质素纤维沥青混合料。黄小夏[48]制备了玉米秸秆纤维，并对玉米秸秆纤维沥青混合料的路用性能进行了研究，室内试验结果表明普通沥青混合料在掺入 0.3%玉米秸秆纤维后，与未掺加纤维的混合料相比，动稳定度提高了30.8%，低温破坏应变提高了 20.3%，冻融劈裂强度比与残留稳定度分别提高了4.1%、4.5%，相比于木质素纤维沥青混合料，其高温稳定性表现更佳，低温抗裂性与水稳定性能二者相差不多。

总体而言，大多数路用农作物秸秆纤维仍处于研究阶段，且对于其耐高温、沥青吸附机制与效果验证等仍缺少系统的研究。

第2章　废旧油脂类生物沥青及其路用性能

中国食品工业每年产生超过 500 万 t 的地沟油，一般用于生产生物柴油[49]。但是，在生物柴油生产过程中可获得 10%～20% 的副产品（废旧油脂）。尽管这种废旧油脂可用于精制甘油，但精制成本高，阻碍了其广泛使用。实际上，大多数废旧油脂只是保存在工厂中，占用了大量土地资源[50]。这些场所具有一定的泄漏风险，还可能对清洁和环保的材料回收系统有害。

使用该类废旧油脂制备适宜的生物沥青是现阶段的研究热点。总体而言，现有研究制备沥青替代品主要有两种思路：一种思路是用一些有机物（如大豆脂肪酸、有机蒙脱石、咖啡残渣等[10,50,51]）部分替代沥青，将其直接掺入沥青中进行物理改性制得生物沥青；另一种思路是将一些废旧材料（如植物秸秆、废旧油脂、动物粪便等[52-54]）通过化学工艺制得生物结合料，将其直接作为沥青替代品或者作为添加剂掺入沥青中进行化学改性制得生物沥青。物理改性法一般将改性材料和石油沥青通过机械搅拌等方式混合，由于其操作过程简单便捷，被大多数研究人员选用。相比之下，化学改性的结果是生成新的官能团，即新化学物质，因此为了化学反应的发生需根据不同的改性材料独立配置引发剂、催化剂等[55]，操作复杂麻烦，但由于生成的沥青替代品具有牢固的化学键，该方法往往会产生更具潜力的生物沥青。

本章主要介绍废旧油脂类生物沥青的物理和化学制备工艺，并分析了所制备生物沥青的路用性能。

2.1　废旧油脂类生物沥青的物理制备工艺

2.1.1　原材料

1. 沥青

本章中所介绍的基质沥青的针入度等级为 40/60，即 50# 基质沥青，其基本性能如表 2-1 所示。同时，本章也针对废旧油脂对 SBS 改性沥青的性能影响开展了研究，SBS 改性沥青的基本性能如表 2-2 所示。

表 2-1　基质沥青的基本性能

基本性能		单位	试验结果
25℃针入度		0.1mm	43.0
软化点		℃	52.3
15℃延度		cm	150
15℃密度		g/cm³	1.03
蜡含量		%	1.7
闪点		℃	310
旋转薄膜烘箱老化后	25℃残留针入度比	%	70.2
	15℃残留延度	cm	110

表 2-2　SBS 改性沥青的基本性能

基本性能		单位	试验结果
25℃针入度		0.1mm	67.2
软化点		℃	59.4
5℃延度		cm	39.4
25℃弹性恢复		%	92
135℃运动黏度		Pa·s	2.5
闪点		℃	260
旋转薄膜烘箱老化后	25℃残留针入度比	%	85
	5℃残留延度	cm	35

2. 废旧油脂

通过物理和化学方法制备生物沥青时所采用的废旧油脂俗称植物沥青（图 2-1），又叫"地黑油"，是地沟油在精馏生物柴油过程中得到的一种副产品，其呈黑色油状，主要用于生产铸造黏结剂、橡胶软化剂、水泥预制隔离剂、黑色印刷油墨和沥青涂料等，也可用于调配船舶油、燃料油和烧火油等[56]。

图 2-1　植物沥青样品

2.1.2　制备方法

通过将废旧油脂与基质沥青、SBS 改性沥青进行拌和，从而制得生物沥青。控制废旧油脂在基质沥青中的掺配比例（指质量的掺配比例，余同）为 0、2%、4%、6%和 8%，在 SBS 改性沥青中的掺配比例为 0、4%、8%、12%和 16%。在研究过程中，生物沥青的实验室制备方法如下。

（1）采用加热设备将沥青加热至指定温度（基质沥青为 150℃，SBS 改性沥青为 160℃），并采用保温设备将其恒温待用。

（2）将废旧油脂按不同的掺配比例掺入恒温的沥青中。

（3）采用高剪切混合乳化机搅拌 30min，搅拌速度为 4000～5000r/min，应保证废旧油脂与沥青混合均匀，混合仪器见图 2-2。

图 2-2　高剪切混合乳化机

2.2　废旧油脂类生物沥青的化学制备工艺

2.2.1　反应机理

根据废旧油脂的组成特点，可基于自由基聚合反应原理将小分子生物油制备成大分子生物沥青[57]。自由基的聚合反应一般由链引发、链增长和链转移或链终止等基本反应组成[58]。这些基本反应构成了自由基聚合的微观过程，反应的先后顺序如下所述。

首先，引发剂 I 分解成初始自由基 R*。R*与单体中的碳碳双键发生反应，生成单体自由基。这个过程称为链引发（图 2-3）。

随后，单体自由基与其他单体中的碳碳双键连续不断地反应，从而增加了链的长度（图 2-4）。该反应的发生位置始终在链的末端。

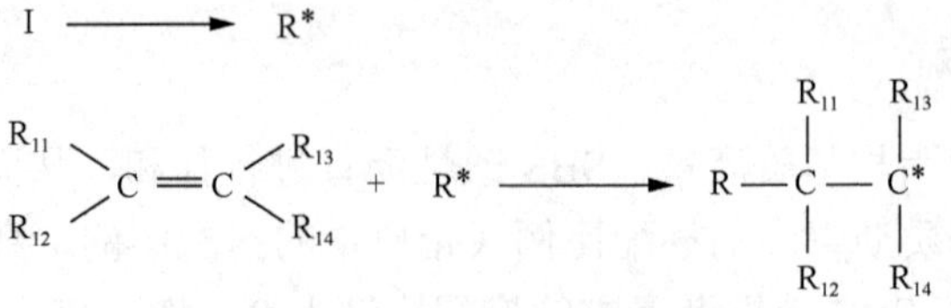

$$I \longrightarrow R^*$$

图 2-3　链引发的示意图

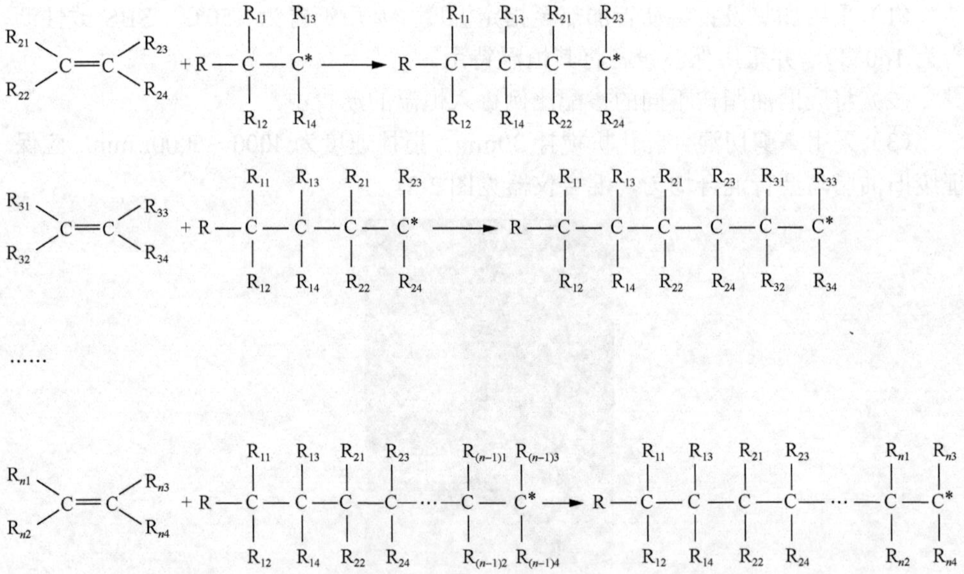

......

图 2-4　链增长的示意图

最后，长的活性链将自身的能量转移到单体或溶剂 M 中，并变得稳定，此过程称为链转移。活性链也可以通过自身终止为惰性聚合物的方法，结束聚合反应，称为链终止（图 2-5）。

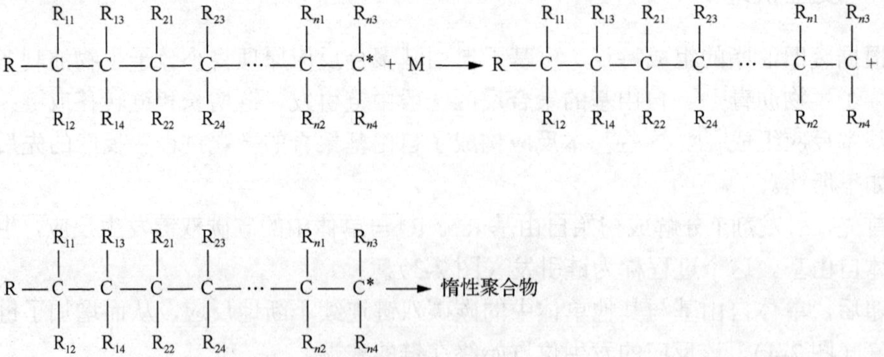

图 2-5　链转移和链终止的示意图

2.2.2　原材料

1. 废旧油脂

化学改性法用到的废旧油脂原料与物理改性法相同，详情参见 2.1.1 节。

2. 引发剂

用于聚合反应的引发剂选用过氧苯甲酸叔丁酯（tert butyl peroxy benzoate, TBPB），其是一种外观呈透明、无色至微黄色、散发轻度芳香的液体，其化学文摘社（Chemical Abstracts Service, CAS）的编号为 614-45-9。TBPB 应与惰性固体混合并作为溶剂浆液进行储存和运输，以减轻其爆炸危险。作为引发剂，TBPB 在加热引发聚合过程中会分解为活性自由基[59]。TBPB 的结构式和分解过程见图 2-6。

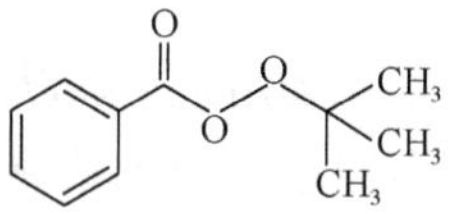

（a）TBPB的结构式

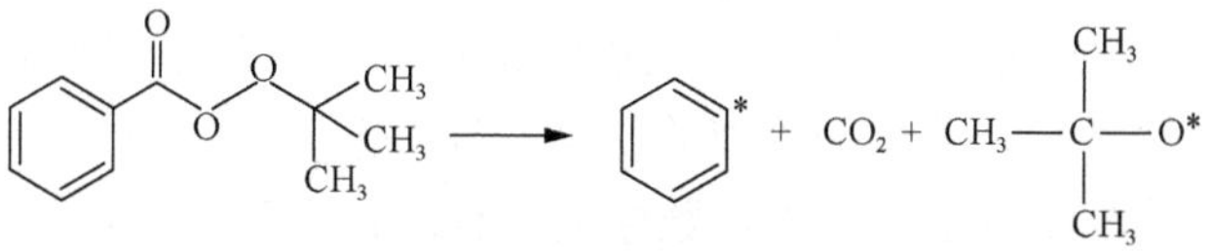

（b）TBPB分解过程

图 2-6　TBPB 的结构式和分解过程示意图

3. 催化剂

用于聚合反应的催化剂选用环烷酸钴，其 CAS 编号为 61789-51-3。环烷酸钴是一种紫色至深棕色液体，容易点燃，点燃后会剧烈燃烧，可作为制备油漆的原料。在制备生物沥青的过程中加入催化剂，可以降低反应的活化能，从而加速聚合过程。环烷酸钴的结构式见图 2-7。

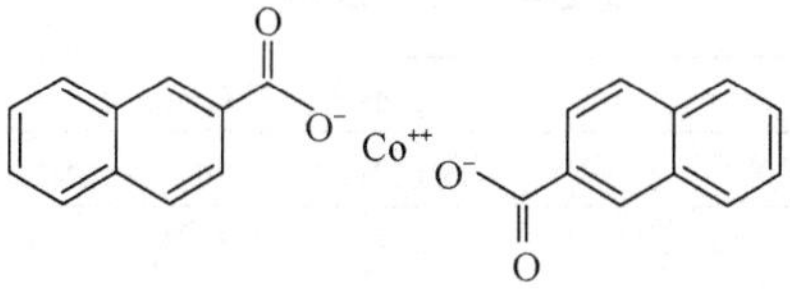

图 2-7　环烷酸钴的结构式

4. 溶剂

为了确保自由基聚合反应的顺利进行，引入苯乙烯作为溶剂，其 CAS 编号为 100-42-5。苯乙烯又名乙烯基苯，是无色至黄色的油状液体，具有高折射性和特殊芳香气味。溶剂的存在为改性过程提供了稳定的反应环境。苯乙烯的结构式见图 2-8。

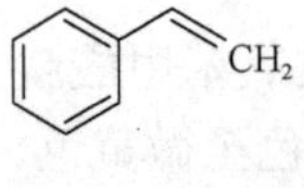

图 2-8　苯乙烯的结构式

2.2.3　制备方法

通过化学改性法制备生物沥青的过程可以描述如下。首先，将废旧油脂或生物油以 1：2 的质量比溶解在苯乙烯溶剂中，以获得均质的生物油溶液。同时，环烷酸钴以 8：92 的质量比也溶于苯乙烯溶剂中，以获得均质的催化剂溶液。随后，将生物油溶液、引发剂和催化剂溶液以一定的质量比均匀混合。最后，将混合液加入反应器中，在一定温度下经过一段时间的充分反应后，制得较高分子量的生物沥青。这一由低分子量化合物生成高分子量化合物的过程即为自由基聚合[60]。

具体试验中，将生物油溶液的质量定为 100g，并基于此不断调整其他反应因素，例如引发剂的质量、催化剂溶液的质量、反应温度和反应时间。通过正交试验法得到这些参数在制备生物沥青试验中的最佳取值。表 2-3 给出了各反应因素的不同水平的具体数值，表 2-4 给出了正交试验方案。

表 2-3　各反应因素的不同水平的具体数值

水平	因素 A	因素 B	因素 C	因素 D
	引发剂质量/g	催化剂溶液质量/g	反应温度/℃	反应时间/h
1	1	1	85	2
2	2	2	100	4
3	3	3	115	6
4	4	4	130	8

表 2-4　正交试验方案

编号	不同因素对应的水平			
	因素 A	因素 B	因素 C	因素 D
1	1	1	1	1
2	1	2	2	2
3	1	3	3	3

续表

编号	不同因素对应的水平			
	因素 A	因素 B	因素 C	因素 D
4	1	4	4	4
5	2	1	2	3
6	2	2	1	4
7	2	3	4	1
8	2	4	3	2
9	3	1	3	4
10	3	2	4	3
11	3	3	1	2
12	3	4	2	1
13	4	1	4	2
14	4	2	3	1
15	4	3	2	4
16	4	4	1	3

2.3　废旧油脂类生物沥青的化学组成分析

已有研究结果表明，废旧油脂的掺入可显著改善沥青的低温性能[61]，对于不同的制备方法，废旧油脂对沥青的改性机理不同。为了深入了解废旧油脂类生物沥青的特性，采用红外光谱技术对其化学组成进行分析。由于特定种类的具有特定频率的红外光只能被特定的官能团吸收，因此每个官能团在红外光谱中具有相应的特征吸收带。通过观察红外光谱图，可以分析出生物沥青产品的化学成分。通过对比生物油和沥青化学成分之间的差异，即可判断废旧油脂与沥青是否发生化学反应而产生新的官能团[62]。

2.3.1　红外光谱技术简介

红外光谱（infrared spectrum, IR）又称为分子振动-转动光谱，是一种分子光谱。分子的运动包括整体的平动、转动、振动及电子的运动。分子的总能量可近似地看成是这些运动的能量之和，即

$$E_Q = E_t + E_r + E_v + E_e \tag{2-1}$$

式中，E_t、E_r、E_v、E_e 分别代表分子的平动能、转动能、振动能和电子运动能。除 E_t 外，其余三项都是量子化的，统称为分子内部运动能。分子光谱产生于分子内部运动状态的改变。

分子有不同的电子能级（$S_0, S_1, S_2, \cdots$），每一个电子能级又有不同的振动能级（$V_0, V_1, V_2, \cdots$），而每一个振动能级又有不同的转动能级（$J_0, J_1, J_2, \cdots$）。当一定波

长的电磁波作用于被研究物质的分子上时，引起分子相应能级的跃迁，产生分子吸收光谱[63]。分子电子能级跃迁产生的光谱称为电子吸收光谱，其波长位于紫外-可见光区，称为紫外-可见光谱。电子能级跃迁的同时伴有振动能级和转动能级的跃迁，分子振动能级跃迁产生的光谱称为振动光谱，振动能级跃迁的同时伴有转动能级的跃迁，从而产生分子振动-转动光谱，红外光谱即是一种分子振动-转动光谱[64]。

当用一定波长的红外光照射被研究物质的分子时，若其辐射能（hv）等于振动基态（V_0）的能级（E_0）与第一振动激发态（V_1）的能级（E_1）之间的能量差（ΔE），则分子可吸收能量，由振动基态跃迁到第一振动激发态（$V_0 \rightarrow V_1$），其中：

$$\Delta E = E_1 - E_0 = hv \tag{2-2}$$

分子吸收红外光后，引起辐射光强度的改变，由此可记录红外吸收光谱。通常以波长（μm）或波数（cm^{-1}）为横坐标，以透过率（T）或吸光度（A）为纵坐标记录。透过率愈低，吸光度就愈强，谱带强度就愈大。

红外光谱根据波长的大小分为近红外区、中红外区和远红外区，最常用的红外光谱区是波数为 400～4000cm^{-1} 的中红外区。其中在 1300～4000cm^{-1} 范围内的每一个吸收峰都与特定的官能团相对应，是官能团鉴定最有价值的区域，称为官能团区；在 400～1300cm^{-1} 范围内的吸收峰大部分仅显示了化合物的红外特征，犹如人的指纹，称为指纹区。在进行红外光谱分析时，一般先在官能团区寻找官能团的特征吸收峰，再根据指纹区进一步确认该官能团的存在以及与其他官能团的结合方式[65]。

红外光谱法一直是物质化学结构分析的最重要的方法，主要是由于其谱图的峰值具有特征性，在其谱图中有许多谱带，谱带的频率、强度和形状与分子结构密切相关，特定的官能团都有其特征吸收带，在了解并掌握这些特征吸收带的基础上，就可以根据红外光谱图，确认某些官能团的存在，并实现对化合物的定性或定量分析[66]。

2.3.2 物理改性后化学组成分析

采用 Thermo Scientific Nicolet iS5 型傅里叶变换红外光谱仪（Fourier transform infrared spectrometer, FTIR）对废旧油脂和经物理改性法制备的生物沥青化学键合作用进行分析，试验设备如图 2-9 所示，测试波数范围为 400～4000cm^{-1}，分辨率为 4cm^{-1}，扫描次数为 32 次。

针对废旧油脂和不同废旧油脂掺量的生物沥青进行傅里叶变换红外光谱测试，测试结果对比图如图 2-10（a）所示。从图中可以看出，废旧油脂的红外光谱图与基质沥青有较大差异，并且与基质沥青相比，生物沥青的红外光谱图上出现了新的吸收峰（1740cm^{-1} 和 1170cm^{-1} 处），但新吸收峰的位置与废旧油脂红外光谱图中吸收峰的位置重合。因此，生物沥青的红外光谱图为废旧油脂与基质沥青红外光谱图的叠加，并没有出现新的吸收峰，说明废旧油脂与基质沥青之间以物理反应为主，但不排除有弱的化学反应耦合作用。同理分析图 2-10（b）中 SBS 改性沥青及其生物沥青的红外光谱图也可得到类似的结论。

图 2-9　傅里叶变换红外光谱仪

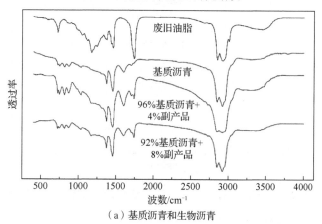

（a）基质沥青和生物沥青

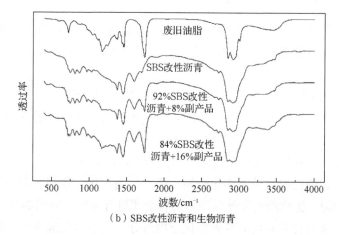

（b）SBS 改性沥青和生物沥青

图 2-10　废旧油脂与生物沥青 FTIR 测试结果对比图

为了研究 SBS 改性剂的掺入对沥青化学组成的影响，将基质沥青与 SBS 改性沥青的 FTIR 测试结果进行对比，探讨二者官能团之间的差异，如图 2-11 所示。从图中可以看出，不同标号的基质沥青与 SBS 改性沥青的红外光谱图十分相似，吸收峰的位置和形状基本相同，在官能团区没有出现新的吸收峰，只是表现为吸收峰强度的微小变化；在指纹区，SBS 改性沥青在 $970cm^{-1}$ 和 $650cm^{-1}$ 处比基质沥青多出了两个吸收峰，其中 $970cm^{-1}$ 处为聚丁二烯中双键的特征吸收峰，$650cm^{-1}$ 处为聚苯乙烯的特征吸收峰，而 SBS 改性剂正是由苯乙烯和丁二烯构成的三嵌段共聚物。因此，SBS 改性沥青的红外光谱图为基质沥青与 SBS 改性剂红外光谱图的叠加，并没有出现新的吸收峰，说明基质沥青与 SBS 改性剂之间以物理反应为主，但不排除有弱的化学反应耦合作用。

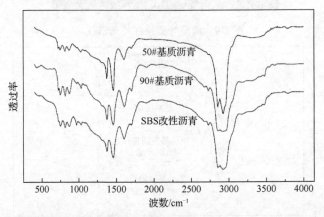

图 2-11　基质沥青与 SBS 改性沥青 FTIR 测试结果对比图

2.3.3　化学改性后化学组成分析

在测试过程中，将样品溶解在甲苯中，然后滴铸到具有特定厚度的溴化钾（KBr）盐板上。在化学改性法中用到的波数范围为 $400\sim4000cm^{-1}$，扫描分辨率为 $1cm^{-1}$。

图 2-12 为前面不同组合下，四种典型化学改性生物沥青产品的红外光谱测试结果。可以看出，生物沥青的红外光谱几乎是相同的，这意味着它们的官能团没有显著差异。

通过红外光谱分析，典型生物沥青产品的官能团如图 2-13 所示。生物沥青由饱和烃、烯烃、酰胺类、芳香族化合物、酯类、酮类化合物和亚砜类化合物等组成[67]。将生物油、生物沥青和基质沥青的官能团进行对比，如图 2-14 所示，与生物油相比，生物沥青具有新的芳香族化合物组分。产生这种现象的原因是 TBPB

引起的生物油聚合[68]。聚合过程中的真实反应是非常复杂的，因为生物油和苯乙烯都有不饱和的碳碳双键。因此，聚合只能发生在生物油单体之间，或苯乙烯单体之间，或生物油单体与苯乙烯单体之间[69]。此外，从图 2-14 中可以看出，生物沥青与基质沥青相比，具有新的烯烃和酯类组分。

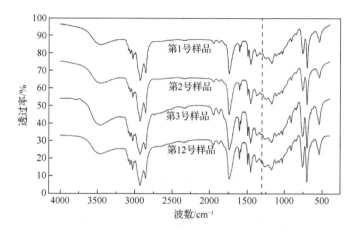

图 2-12　典型生物沥青产品的红外光谱

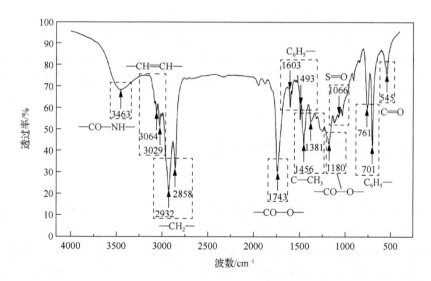

图 2-13　典型生物沥青产品的官能团

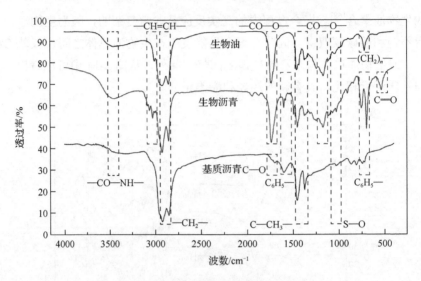

图 2-14　不同材料中官能团的比较

2.4　废旧油脂类生物沥青的高温性能研究

沥青材料为一种温度敏感型材料。高温时其黏度降低，容易发生塑性流动，抵抗外荷载的能力降低；低温时其变硬、变脆，自身的收缩能力无法抵消因温度降低而产生的温度应力，从而容易产生低温开裂。对于本书中的废旧油脂类生物沥青，废旧油脂的引入必定会改变沥青的细观参数，而材料的分子量、分子结构等细观参数影响着其流变性能[70]，因此废旧油脂将对沥青的流动和变形规律产生影响。沥青的流变性能与其路用性能关系密切，本节基于剪切流变学原理对废旧油脂类生物沥青的高温性能进行分析。

2.4.1　动态剪切流变试验原理与方法

1. 试验原理

路面面层要承受连续不断、反复作用的行车荷载，其上任一点在有车辆通过时均要经历"受压—受拉—受压"的受力过程，因此采用动态加载模式分析沥青路面在动载作用下的黏弹特性更符合其真实的受力状况[71]。本节采用动态剪切流变仪（dynamic shear rheometer, DSR）对沥青试样施加正弦剪切应变或应力，荷载作用示意图如图 2-15 所示。加载时下平行板固定不动，上平行板从 A 点开始运动至 B 点，再从 B 点返回经过 A 点运动至 C 点，最后从 C 点回到 A 点完成一个循环周期。当采用不同的控制模式时，试样的动态力学响应是不同的，下面分别就应变控制模式和应力控制模式下试样的响应作简要论述。

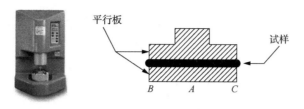

图 2-15　动态剪切流变仪及其荷载作用示意图

1）应变控制模式

设对材料施加一正弦交变剪切应变，其表达式为

$$\gamma(t) = \gamma_0 \sin(\omega t) \tag{2-3}$$

式中，γ_0 表示应变幅值；ω 表示角频率（rad/s）。

对于不同的材料，其动态力学响应是不同的。弹性材料的应力与应变瞬时就建立了平衡，当其受到正弦变化的应变时，其响应应力也会发生同频同步的正弦变化，无滞后现象，如图 2-16（a）所示，其响应应力表达式为

$$\sigma(t) = G\gamma(t) = G\gamma_0 \sin(\omega t) \tag{2-4}$$

对于黏性材料，由牛顿内摩擦定律可得其响应应力表达式为

$$\sigma(t) = \eta \frac{\mathrm{d}\gamma(t)}{\mathrm{d}t} = \eta\gamma_0\omega\cos(\omega t) = \eta\gamma_0\omega\sin\left(\omega t + \frac{\pi}{2}\right) \tag{2-5}$$

可以看出，黏性材料的响应应力与应变同频不同步，相位角相差 $\frac{\pi}{2}$，应变滞后于应力 90°，如图 2-16（b）所示。

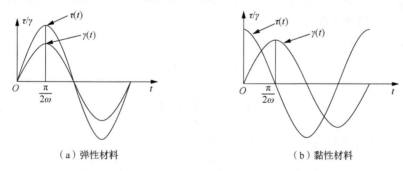

（a）弹性材料　　　　　　　　　　　　（b）黏性材料

图 2-16　弹性材料与黏性材料的应力与应变关系示意图

在通常的交通荷载和路面温度作用下，沥青为黏弹性材料。黏弹性材料的动态力学响应依赖时间，当沥青受到正弦变化的应变时，其响应应力会发生同频不同步的正弦变化，响应应力幅值与应变幅值之间的相位差为 $\Delta\delta\left(0 < \Delta\delta < \frac{\pi}{2}\right)$，如图 2-17 所示，响应应力表达式为

$$\sigma(t) = \sigma_0 \sin(\omega t + \delta) \qquad (2\text{-}6)$$

式中，σ_0 表示应力幅值（Pa）；ω 表示角频率（rad/s）；δ 表示相位角（°）。

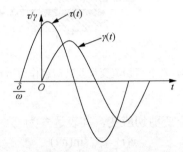

图 2-17　黏弹性材料的应力与应变关系示意图

将交变的物理量用复数的形式表达更便于计算，故上述的交变应变与应力可表示为

$$\gamma^* = \gamma_0 e^{i\omega t} \qquad (2\text{-}7)$$

$$\sigma^* = \sigma_0 e^{i(\omega t + \delta)} \qquad (2\text{-}8)$$

定义复数模量为

$$G^*(\omega) = \frac{\sigma^*}{\gamma^*} = \frac{\sigma_0}{\gamma_0} e^{i\delta} = \frac{\sigma_0}{\gamma_0}(\cos\delta + i\sin\delta) = G'(\omega) + iG''(\omega) \qquad (2\text{-}9)$$

式中，$G'(\omega)$ 为储存剪切模量（storage shear modulus，简称为储存模量），表示黏弹性材料的弹性部分，表征黏弹性材料储存能量能力的大小（Pa）；$G''(\omega)$ 为损耗剪切模量（loss shear modulus，简称为损耗模量），表示黏弹性材料的黏性部分，表征黏弹性材料损耗能量能力的大小（Pa）。

对照式（2-9）两端可知二者的表达式为

$$G'(\omega) = \frac{\sigma_0}{\gamma_0}\cos\delta \qquad (2\text{-}10)$$

$$G''(\omega) = \frac{\sigma_0}{\gamma_0}\sin\delta \qquad (2\text{-}11)$$

动态模量为复数模量 $G^*(\omega)$ 的模，即

$$G(\omega) = \left| G^*(\omega) \right| = \sqrt{[G'(\omega)]^2 + [G''(\omega)]^2} = \frac{\sigma_0}{\gamma_0} \qquad (2\text{-}12)$$

参照黏度的定义，定义复数黏度：

$$\eta^*(\omega) = \frac{\sigma^*}{\dot{\gamma}^*} = \frac{\sigma_0}{i\omega\gamma_0} e^{i\delta} = -\frac{i\sigma_0}{\omega\gamma_0}(\cos\delta + i\sin\delta) = \frac{\sigma_0}{\omega\gamma_0}\sin\delta - i\frac{\sigma_0}{\omega\gamma_0}\cos\delta \\ = \eta'(\omega) - i\eta''(\omega) \qquad (2\text{-}13)$$

2）应力控制模式

设对材料施加一正弦交变剪切应力，其表达式为

$$\sigma(t) = \sigma_0 \sin(\omega t) \qquad (2\text{-}14)$$

式中，σ_0 表示应力幅值（Pa）；ω 表示角频率（rad/s）。

黏弹性材料的响应应变会发生与应力同频不同步的正弦变化，相位角滞后于应力，应变幅值与应力幅值的相位差为

$$\gamma(t) = \gamma_0 \sin(\omega t - \delta) \qquad (2\text{-}15)$$

式中，γ_0 表示应变幅值；ω 表示角频率（rad/s）；δ 表示相位角（°）。

将上述交变的应力与应变用复数的形式表示为

$$\sigma^* = \sigma_0 e^{i\omega t} \qquad (2\text{-}16)$$

$$\gamma^* = \gamma_0 e^{i(\omega t - \delta)} \qquad (2\text{-}17)$$

则复数柔量为

$$J^*(\omega) = \frac{1}{G^*(\omega)} = \frac{\gamma^*}{\sigma^*} = \frac{\gamma_0}{\sigma_0} e^{-i\delta} = \frac{\gamma_0}{\sigma_0}\cos\delta - i\frac{\gamma_0}{\sigma_0}\sin\delta = J'(\omega) - iJ''(\omega) \qquad (2\text{-}18)$$

动态柔量为复数柔量 $J^*(\omega)$ 的模，即

$$J(\omega) = \left| J^*(\omega) \right| = \sqrt{[J'(\omega)]^2 + [J''(\omega)]^2} = \frac{\gamma_0}{\sigma_0} \qquad (2\text{-}19)$$

2. 试验方法

依据《公路工程沥青及沥青混合料试验规程》（JTG E20—2011）中 T0628—2011 的试验方法，采用动态剪切流变仪法对废旧油脂类生物沥青进行温度扫描和频率扫描，分析废旧油脂的掺入对沥青车辙因子的影响，以评价废旧油脂类生物沥青的高温性能。试验仪器为英国马尔文仪器有限公司生产的 Bohlin Gemini HR Nano 型流变仪。

2.4.2　车辙因子

在美国公路战略研究计划（Strategic Highway Research Program, SHRP）的沥青性能分级中，将黏弹性特征函数 $G^*/\sin\delta$ 作为评价沥青高温性能的技术指标[72]，而 $G^*/\sin\delta$ 为损失剪切柔量 J'' 的倒数，根据蠕变柔量的定义，J'' 为蠕变过程中的耗能分量。因此，J'' 越小（$G^*/\sin\delta$ 越大），沥青在高温时耗能越少，流动变形越小，抗车辙能力就越强，故 $G^*/\sin\delta$ 又被称为车辙因子，其可以反映沥青材料抗永久变形的能力[73]。为了评价废旧油脂类生物沥青的抗车辙性能，本节对其在某一固定频率下进行温度扫描，研究废旧油脂的掺入对沥青车辙因子温度响应谱的影响。

1. 物理改性后沥青的车辙因子

沥青包括基质沥青和 SBS 改性沥青，基质沥青及其生物沥青的试验温度为 5℃、10℃、15℃、20℃、25℃、30℃、35℃和 40℃，SBS 改性沥青及其生物沥

青的试验温度为 0℃、10℃、20℃、30℃ 和 40℃。试验时采用 ϕ8mm 的平行板，板间距为 2mm，频率为 1.59Hz，控制应变为 1%。废旧油脂类生物沥青的车辙因子随温度升高的变化规律如图 2-18 所示。

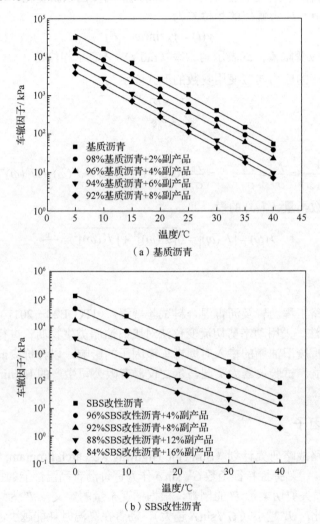

（a）基质沥青

（b）SBS改性沥青

图 2-18　废旧油脂类生物沥青车辙因子随温度升高的变化规律

由图 2-18 可以看出，废旧油脂类生物沥青的车辙因子随着温度的升高而逐渐降低，且在半对数坐标系中，车辙因子与温度之间有良好的线性关系。随着废旧油脂掺配比例的增加，其车辙因子温度响应谱逐渐向下平移，说明废旧油脂的掺入降低了沥青的抗车辙能力。

2. 化学改性后沥青的车辙因子

基于表 2-4 中所列的正交试验方案，通过对比在不同试验条件下制备沥青产品的车辙因子（图 2-19），从而可选出最佳的生物沥青制备方案。试验采用了直径为 25mm 的平行板，控制应变为 12%，角频率为 10rad/s，试验温度为 64℃。

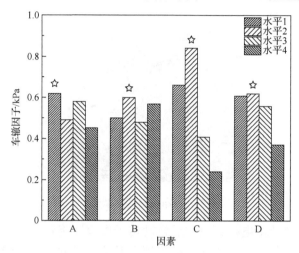

图 2-19　不同因素组合下化学制备生物沥青的车辙因子

☆表示每组最大值

由图 2-19 可以看出，从车辙因子的角度来看，生物沥青生产的最佳工艺是 A1B2C2D2 组合，这意味着最佳试验材料的质量比例是生物油溶液∶引发剂∶促进剂溶液=100∶1∶2，最佳反应温度为 100℃，最佳反应时间为 4h。

2.5　废旧油脂类生物沥青的施工性能研究

沥青材料在施工时应该具有一定的流动性，以易于混合料的摊铺和碾压。黏度能够反映材料在外力作用下抗剪切变形的能力，其可以用来表征沥青的流动特性。黏度越大，抗剪切能力越强，流动性越差；反之，黏度越小，抗剪切能力越弱，流动性越好。沥青的黏度对温度很敏感，随着温度的升高，其黏度迅速降低。为了保证沥青混合料的施工和易性，其在拌和与压实成型时，沥青的黏度应满足一定的范围要求，其对应的温度范围即为拌和温度范围与压实成型温度范围[74]。沥青的拌和温度与压实成型温度是施工时的重要指标，因此，本节将通过黏温曲线确定生物沥青的拌和温度与压实成型温度变化规律，从而评价废旧油脂的掺入对沥青施工性能的影响。

2.5.1　旋转黏度试验原理及方法

本节采用旋转黏度试验测定废旧油脂类生物沥青在不同温度下的表观黏度，从而由黏温曲线确定其拌和温度与压实成型温度，研究废旧油脂掺入对沥青施工性能的影响。所采用的试验仪器为 NDJ-1F 型布洛克菲尔德旋转黏度计（简称布氏旋转黏度计），如图 2-20 所示。

图 2-20　布氏旋转黏度计

布氏旋转黏度计由电机经变速后带动转子做恒速旋转，当转子在某种液体中旋转时会受到液体产生的黏滞力矩作用，黏滞力矩的大小与液体的黏度成正比[75]。下面将基于牛顿内摩擦定律对布氏旋转黏度计测定黏度的基本原理进行研究。

外圆筒是用来盛被测液体的容器，其内半径为 R_2，固定不动，内圆筒为浸入被测液体内可旋转的转子，它与外圆筒同轴，其外半径为 R_1，高度为 l，旋转角速度为 Ω，转速为 n。当转子转动时，液体各层的速度不同，有速度梯度 $\mathrm{d}v/\mathrm{d}r$ 存在，液体各层间内摩擦力 f 不仅正比于层间接触面积 ΔS，还正比于该处的速度梯度 $\mathrm{d}v/\mathrm{d}r$，即

$$f = \eta \frac{\mathrm{d}v}{\mathrm{d}r} \Delta S \tag{2-20}$$

式中，η 为黏滞系数，简称黏度。

对于半径为 r 处的中间流层，其速度梯度 $\dfrac{\mathrm{d}v}{\mathrm{d}r} = r\dfrac{\mathrm{d}\omega}{\mathrm{d}r}$，层间接触面积 $\Delta S = 2\pi rl$，将其代入式（2-20）即可得到该流层处的内摩擦力，即

$$f = \eta r \frac{\mathrm{d}\omega}{\mathrm{d}r} 2\pi rl \tag{2-21}$$

则此处的黏滞力矩为

$$T = rf = r\eta r \frac{\mathrm{d}\omega}{\mathrm{d}r} 2\pi rl = 2\pi \eta l r^3 \frac{\mathrm{d}\omega}{\mathrm{d}r} \tag{2-22}$$

转子表面液体角速度与转子相同，均为 Ω ；外圆筒内壁表面的液体与外圆筒无相对滑动，角速度 $\Omega' = 0$ 。将式（2-22）分离变量并积分，即

$$T\int_{R_1}^{R_2}\frac{\mathrm{d}r}{r^3}=2\pi\eta l\int_{\Omega}^{0}\mathrm{d}\omega \qquad (2\text{-}23)$$

整理后可得

$$T\left(\frac{1}{R_2^2}-\frac{1}{R_1^2}\right)=4\pi\eta l\Omega \qquad (2\text{-}24)$$

当外圆筒内的液体随转子一起转动达到稳定状态时，黏滞力矩 T 与电机壳体上的游丝扭矩 M 相平衡，即 $M+T=0$ ，则黏度 η 为

$$\eta=\frac{M}{4\pi l\Omega}\left(\frac{1}{R_1^2}-\frac{1}{R_2^2}\right) \qquad (2\text{-}25)$$

由于角速度 $\Omega=\dfrac{2\pi n}{60}$ ，将其代入式（2-25）可得

$$\eta=\frac{15M}{2\pi^2 nl}\left(\frac{1}{R_1^2}-\frac{1}{R_2^2}\right) \qquad (2\text{-}26)$$

作用在转子上的黏滞力矩可被传感器检测出来，再确定转速以及转子和外圆筒的基本尺寸，即可按式（2-26）求得被测液体的黏度值。布氏旋转黏度计采用微电脑技术能方便地设定转子型号和转速，对传感器检测到的数据进行处理后，可在显示屏上清晰地显示出转子型号、转速、被测液体的黏度值及其占总量程百分比等内容，操作简单快捷。

在试验时，为了避免向布氏旋转黏度计的盛样筒中添加的试样量过多或不足，可按表 2-5 确定不同型号转子所用试样量的推荐值（可根据试样的密度换算成质量）。

表 2-5　不同型号转子所用试样量推荐值

转子型号	试样量推荐值/mL	转子型号	试样量推荐值/mL
21	8.0	28	11.5
27	10.5	29	13.0

2.5.2　废旧油脂对黏温曲线的影响

1. 物理改性后沥青的黏度值

采用布氏旋转黏度计测得废旧油脂类生物沥青在不同温度下的旋转黏度，并据此绘出黏温曲线，研究废旧油脂的掺入对沥青黏温曲线的影响。试验温度选择 135℃、155℃和175℃，废旧油脂类生物沥青的黏温曲线如图 2-21 所示。

由图 2-21 可以看出，废旧油脂类生物沥青的黏度随着温度的升高而逐渐降

低，且在半对数坐标系中，黏度和温度之间有良好的线性关系。随着废旧油脂掺配比例的增加，其黏温曲线逐渐向下平移，且平移量基本一致，可反映出废旧油脂的掺入不改变沥青黏度的温度敏感性。对石油沥青而言，宜以黏度为(0.17±0.02)Pa·s时的温度作为拌和温度范围，如图 2-21（a）、（b）中下方的两条虚线所包络的范围；以黏度为(0.28±0.03)Pa·s 时的温度作为压实成型温度范围，如图 2-21（a）、（b）中上方的两条虚线所包络的范围。由图 2-21 可以看出，随着废旧油脂掺配比例的增加，沥青结合料的拌和温度与压实成型温度逐渐降低，即废旧油脂的掺入，提高了沥青结合料的施工和易性，降低了施工时的能耗。

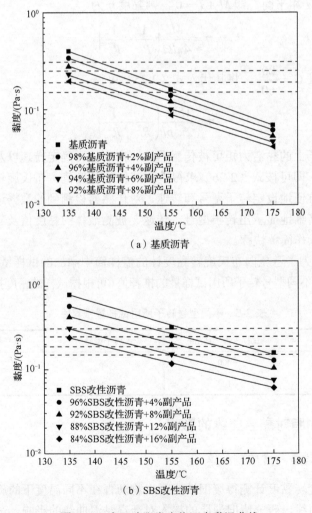

（a）基质沥青

（b）SBS改性沥青

图 2-21　废旧油脂类生物沥青黏温曲线

为了研究废旧油脂掺量对沥青表观黏度的影响程度，将由基质沥青制得的生物沥青的黏温曲线与 90# 基质沥青进行对比，如图 2-22 所示，从图中可以看出，当 50# 基质沥青中的废旧油脂掺量为 4%～6% 时，其黏温曲线与 90# 基质沥青接近，即二者的施工性能相似。

为了研究 SBS 改性剂对黏温曲线的影响，将 SBS 改性沥青的黏温曲线与基质沥青进行对比，如图 2-23 所示。

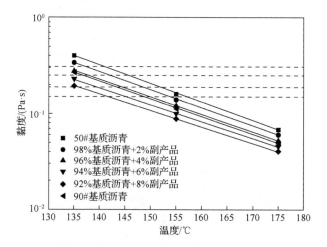

图 2-22　基质沥青及其生物沥青黏温曲线

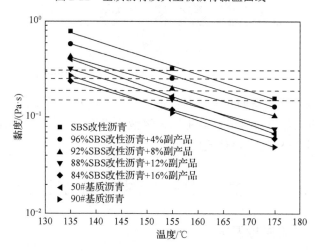

图 2-23　SBS 改性沥青与基质沥青、生物沥青黏温曲线对比图

由图 2-23 可以看出，SBS 改性沥青及其生物沥青的黏温曲线平行，50# 基质沥青与 90# 基质沥青的黏温曲线平行，且 SBS 改性沥青及其生物沥青黏温曲线的斜率绝对值较基质沥青小，即 SBS 改性剂的掺入降低了沥青黏度的温度敏感性。

此外，当 SBS 改性沥青中的废旧油脂掺量为 8%～12%时，其黏温曲线与 50# 基质沥青接近；当 SBS 改性沥青中的废旧油脂掺量为 16%附近时，其黏温曲线与 90# 基质沥青接近。当两种沥青结合料的黏温曲线接近时，意味着二者的拌和温度与压实成型温度等施工性能相似。

2. 化学改性后沥青的黏度值

采用化学改性后，预期生物沥青产品具有更高的黏度。基于表 2-4 中所列的正交试验方案，通过对比在不同试验条件下制备的沥青产品的黏度值的大小（图 2-24），从而选出最佳的生物沥青制备方案。试验温度为 135℃。

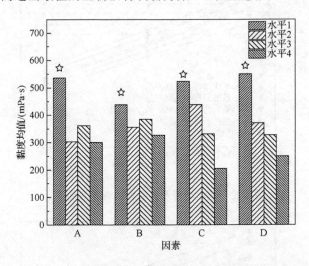

图 2-24   不同因素组合下化学制备生物沥青的黏度值

图 2-24 显示，从黏度的角度来看，最佳的生物沥青生产工艺是 A1B1C1D1，这意味着最佳的试验材料质量比是生物油溶液：引发剂：促进剂溶液=100：1：1，最佳反应温度为 85℃，最佳反应时间为 2h。

2.6   废旧油脂类生物沥青的黏韧性研究

2.6.1   黏韧性试验原理及方法

黏韧性试验通过测定改性沥青的黏韧性，以评价沥青改性剂的改性效果。试验时，将测试样品放入规定的试样容器内，按规定的拉伸速度进行拉伸，并实时记录试样拉伸至一定长度时的变形与荷载值，从而计算出试样的黏韧性与韧性评价指标。本节所采用的试验仪器为 SYD-0624 型沥青黏韧性测试仪（图 2-25），试验温度为 25℃，拉伸速度为 500mm/min。

黏韧性试验荷载-变形曲线如图 2-26 所示。Ⅰ型曲线中拉力在很短的时间内即达到峰值，此时的拉力为屈服力 F_1，随着变形的累积，沥青试样中间部分逐渐变细，拉力迅速降低，最终趋近于 0；Ⅱ型曲线中，开始拉伸时拉力与变形成比例增加，此时沥青试样有颈缩现象，随着变形的累积，试样中间部分截面面积逐渐减小，出现细颈，拉力下降直至转折点(F_0, D_0)，此后一段时间内细颈截面面积变化不大，拉力基本不变，在荷载-变形曲线中表现为一段平台，随后试样两端未成细颈部分的长度逐渐减小，而中间细颈部分的长度逐渐增加，此时拉力开始增大，直至某一程度时突然断裂，拉力突变为 0。

（a）黏韧性测试仪　　　　　　　　　　（b）黏韧性测试过程

图 2-25　沥青黏韧性试验

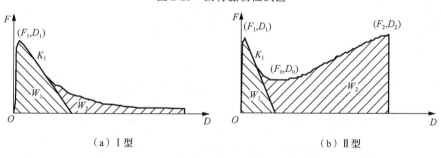

（a）Ⅰ型　　　　　　　　　　　　　　（b）Ⅱ型

图 2-26　黏韧性试验荷载-变形曲线

在黏韧性试验的荷载-变形曲线中，曲线与横轴所围面积可以用来表征沥青的黏韧性。在图 2-26 中，在拉力出现第一个峰值 F_1 后有一段下降的直线段，将其延长至横轴，并将这条直线记为 K_1。K_1 与其左边曲线所围面积记为 W_1，K_1 与其右边曲线所围面积记为 W_2。沥青的黏弹性、韧性和黏韧性分别按式（2-27）、式（2-28）和式（2-29）计算，沥青的黏弹性比例、韧性比例和黏韧比分别按式（2-30）、式（2-31）和式（2-32）计算。

$$T_n = W_1 \tag{2-27}$$

$$T_r = W_2 \tag{2-28}$$

$$T = W_1 + W_2 \tag{2-29}$$

$$\eta_1 = \frac{T_n}{T} = \frac{W_1}{W_1 + W_2} \tag{2-30}$$

$$\eta_2 = \frac{T_r}{T} = \frac{W_2}{W_1 + W_2} \tag{2-31}$$

$$\eta = \frac{\eta_1}{\eta_2} = \frac{T_n}{T_r} = \frac{W_1}{W_2} \tag{2-32}$$

式中，T_n 表示沥青的黏弹性（N·m）；T_r 表示沥青的韧性（N·m）；T 表示沥青的黏韧性（N·m）；η_1 表示沥青的黏弹性比例；η_2 表示沥青的韧性比例；η 表示沥青的黏韧比。

基质沥青与 SBS 改性沥青黏韧性试验荷载-变形曲线如图 2-27 所示，可以看出基质沥青的荷载-变形曲线为典型 I 型曲线，而 SBS 改性沥青的荷载-变形曲线兼具 I 型和 II 型曲线的特点。

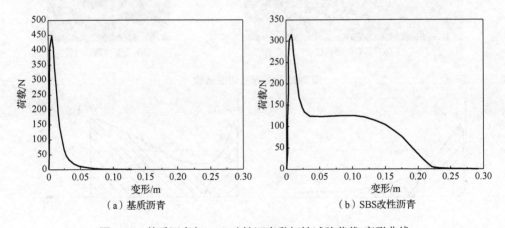

（a）基质沥青　　　　　　　　　　（b）SBS 改性沥青

图 2-27　基质沥青与 SBS 改性沥青黏韧性试验荷载-变形曲线

2.6.2　废旧油脂对沥青黏韧性的影响

由图 2-27 可以看出，SBS 改性沥青的黏韧性和韧性明显比基质沥青大。因此，为了对比效果，以 SBS 改性沥青为例研究废旧油脂的掺入对沥青黏韧性的影响。废旧油脂对沥青黏韧性、黏弹性和韧性的影响曲线分别如图 2-28、图 2-29 和图 2-30 所示。从图中可以看出，废旧油脂的掺入显著降低沥青的黏韧性、黏弹性和韧性，当掺配比例小于 8%时，三者随着掺配比例的增加而迅速降低，当掺配比例达到 16%时，沥青的黏韧性和韧性变得很小，黏弹性几乎为零。

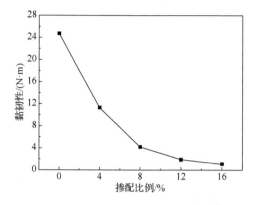

图 2-28　废旧油脂对沥青黏韧性影响曲线

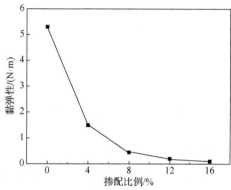

图 2-29　废旧油脂对沥青黏弹性影响曲线

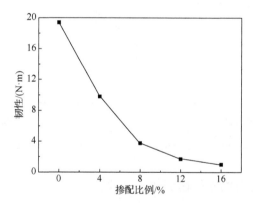

图 2-30　废旧油脂对沥青韧性影响曲线

废旧油脂对沥青黏韧比、黏弹性比例和韧性比例的影响曲线分别如图 2-31、图 2-32 和图 2-33 所示。从图中可以看出，废旧油脂的掺入降低了沥青的黏韧比，使其黏弹性比例降低，韧性比例增加，即废旧油脂更加显著地降低了沥青的黏弹性，尤其当掺配比例在 0～8%范围内时效果更明显。废旧油脂对最大拉力的影响曲线如图 2-34 所示，从图中可以看出，废旧油脂的掺入显著降低沥青的最大拉力，当掺配比例小于 8%时，最大拉力随着掺配比例的增加而迅速降低，当掺配比例达到 16%时，最大拉力变得很小。

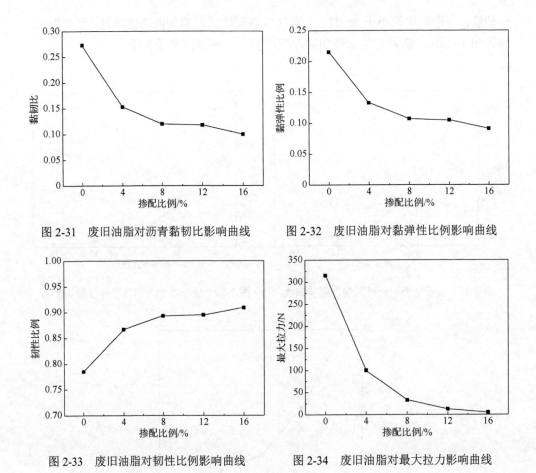

图 2-31　废旧油脂对沥青黏韧比影响曲线　　　　图 2-32　废旧油脂对黏弹性比例影响曲线

图 2-33　废旧油脂对韧性比例影响曲线　　　　图 2-34　废旧油脂对最大拉力影响曲线

2.6.3　SBS 改性剂对沥青黏韧性的影响

为了研究 SBS 改性剂对沥青黏韧性的影响，将 SBS 改性沥青的黏韧性试验结果与基质沥青进行对比，如图 2-35 所示。由图 2-35（a）可以看出，不同标号的基质沥青的黏弹性、韧性和黏韧性基本相同，而 SBS 改性剂的加入基本不影响沥青的黏弹性，而可以显著提高沥青的韧性，从而提高其黏韧性；由图 2-35（b）可以看出，不同标号基质沥青的黏弹性比例、韧性比例和黏韧比基本一致，且以黏弹性为主，而 SBS 改性剂的加入增大了沥青的韧性，从而使其以韧性为主，因此基质沥青的黏韧比较大，而 SBS 改性沥青的黏韧比较小；由图 2-35（c）可以看出，不同标号基质沥青的最大拉力差别不大，而 SBS 改性剂的加入降低了沥青的最大拉力。

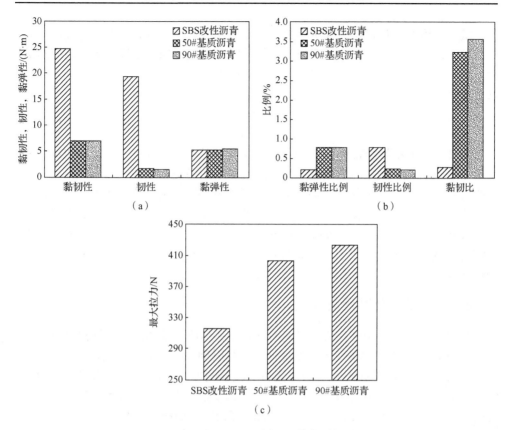

图 2-35　SBS 改性沥青与基质沥青黏韧性对比图

2.7　废旧油脂类生物沥青的低温性能研究

2.7.1　弯曲梁流变试验原理及方法

弯曲梁流变仪法是应用简支梁理论采用弯曲梁流变仪（bending beam rheometer, BBR）对沥青小梁试件施加蠕变荷载，以模拟沥青在路面温度应力作用下的力学响应[76]。通过试验获得两个参数：一个是蠕变劲度 S，另一个是蠕变速率 m。

根据经典的简支梁理论，沥青的蠕变劲度可按式（2-33）计算：

$$S(t) = \frac{PL^3}{4bh^3\delta(t)} \tag{2-33}$$

式中，$S(t)$ 表示沥青的蠕变劲度（MPa）；P 表示施加于沥青梁上的荷载（mN）；L 表示沥青梁的跨度（mm）；b 表示沥青梁的宽度（mm）；h 表示沥青梁的高度（mm）；$\delta(t)$ 表示沥青梁的跨中挠度（mm）。

蠕变劲度并不是材料的性质常数，而是时间和温度的函数。温度越高或加载时间越长，蠕变劲度越小；温度越低或加载时间越短，蠕变劲度越大。在双对数坐标系中蠕变劲度与时间关系曲线某一时刻所对应的斜率即为蠕变速率 m，其可以表征沥青结合料的变形速率[77,78]。蠕变速率 m 可按式（2-34）计算：

$$m = \frac{\mathrm{d}\lg S(t)}{\mathrm{d}\lg t} \qquad (2\text{-}34)$$

研究依据《公路工程沥青及沥青混合料试验规程》（JTG E20—2011）中 T0627—2011 的试验方法，采用弯曲梁流变仪法测定废旧油脂类生物沥青在不同温度条件下的荷载-变形曲线，分析废旧油脂的掺入对沥青蠕变劲度、蠕变速率和蠕变劲度主曲线的影响，以评价废旧油脂类生物沥青的低温流变性能。试验仪器采用美国凯能仪器公司（Cannon Instrument Company）生产的弯曲梁流变仪。试验温度为−18℃、−24℃和−30℃，沥青小梁试件尺寸为127mm×12.7mm×6.35mm，跨度为101.6mm。

2.7.2　蠕变劲度及其预估模型

从理论上讲，沥青结合料的蠕变劲度是在路面所在地的最低设计温度下加载2h 测定的，这样的试验条件不仅温度低，而且时间长，相对来说测试比较困难。因此 SHRP 研究者利用时-温等效原理将试验温度提高 10℃，使加载时间缩短为60s，这两种试验条件是等效的，所测的蠕变劲度也等效，然而后者却节省了试验时间。因此，一般取加载时间为 60s 时的蠕变劲度 S 和蠕变速率 m。

废旧油脂类生物沥青在不同温度下的蠕变劲度如图 2-36 所示，图中有的点无数据是由于其对应的沥青在相应试验温度下变形过大，超过仪器量程而无法准确测得。由图 2-36 可以看出，生物沥青的蠕变劲度随着废旧油脂掺配比例的增加而减小，即废旧油脂的掺入增加了沥青的柔性，降低了沥青低温开裂的可能性，提高了沥青的低温性能。

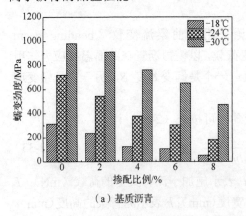
（a）基质沥青

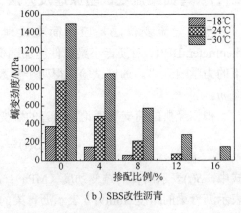
（b）SBS改性沥青

图 2-36　废旧油脂类生物沥青在不同温度下的蠕变劲度

为了研究 SBS 改性剂的掺入对沥青蠕变劲度的影响，将 SBS 改性沥青与50# 基质沥青和 90# 基质沥青在不同温度下的蠕变劲度进行对比，如图 2-37 所示。从图中可以看出，不同标号的基质沥青在不同温度下的蠕变劲度基本相同，而 SBS 改性剂的加入提高了沥青的蠕变劲度，且温度越低提高效果越显著。

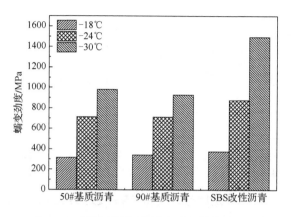

图 2-37 不同种类沥青蠕变劲度模量对比图

为了深入研究废旧油脂掺配比例对生物沥青低温流变性能的影响，本节通过对试验数据的回归分析，建立蠕变劲度与废旧油脂掺配比例的关系，提出废旧油脂掺配比例对沥青蠕变劲度影响的预估模型，为后期的工程应用奠定基础。在正常坐标系下，对不同废旧油脂掺配比例的沥青蠕变劲度进行线性拟合，拟合结果如图 2-38 所示。

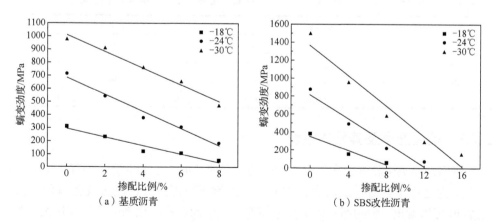

图 2-38 正常坐标系下生物沥青蠕变劲度线性拟合结果

由图 2-38 可以看出，在正常坐标系下，对不同废旧油脂掺配比例的沥青蠕变劲度进行线性拟合的效果不好，尤其是 SBS 改性沥青制得的生物沥青，实测值与拟合值偏差较大。因此，在正常坐标系下，线性模型不能很好地描述蠕变劲度与废旧油脂掺配比例之间的关系。为了寻找更好的蠕变劲度预估模型，尝试在半对数坐标系下，对不同废旧油脂掺配比例的沥青蠕变劲度进行线性拟合，拟合结果如图 2-39 所示。

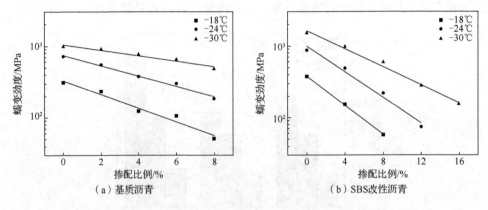

（a）基质沥青　　　　　　　　　（b）SBS改性沥青

图 2-39　半对数坐标系下生物沥青蠕变劲度线性拟合结果

由图 2-39 可知，在半对数坐标系下，沥青蠕变劲度与废旧油脂掺配比例间具有良好的线性关系，因此采用半对数坐标系下的线性模型对不同掺配比例的生物沥青蠕变劲度进行预估，预估模型如式（2-35）所示，模型参数如表 2-6 所示。

$$\lg y = kx + b \tag{2-35}$$

式中，y 为沥青蠕变劲度预估值；x 为废旧油脂掺配比例。

表 2-6　废旧油脂掺配比例对沥青蠕变劲度影响预估模型参数汇总表

温度/℃	基质沥青			SBS 改性沥青		
	k	b	R^2	k	b	R^2
-18	-0.096	2.520	0.957	-0.103	2.580	0.999
-24	-0.072	2.871	0.977	-0.090	2.996	0.972
-30	-0.039	3.020	0.931	-0.063	3.212	0.990

2.7.3　蠕变速率及其预估模型

废旧油脂类生物沥青在不同温度下的蠕变速率如图 2-40 所示。同理图中部分点无数据是由于其对应的沥青在相应试验温度下变形过大，超过仪器量程。由图 2-40 可以看出，生物沥青的蠕变速率随着废旧油脂掺配比例的增加而增大，即废旧油脂的掺入提高了沥青的变形速率，增大了沥青的应力松弛能力，降低了沥青低温开裂的可能性，提高了沥青的低温性能。

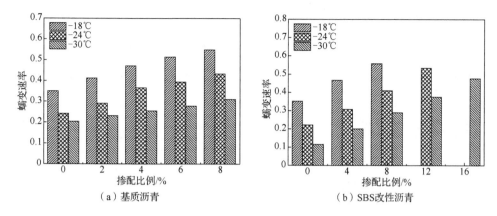

图 2-40　废旧油脂类生物沥青在不同温度下的蠕变速率

　　为了研究 SBS 改性剂的掺入对沥青蠕变速率的影响,将 SBS 改性沥青与 50# 基质沥青和 90# 基质沥青在不同温度下的蠕变速率进行对比,如图 2-41 所示。从图中可以看出,SBS 改性沥青的蠕变速率介于 50# 基质沥青和 90# 基质沥青之间,但差别不大,因此 SBS 改性剂的掺入对沥青蠕变速率影响不大。

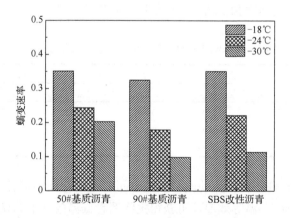

图 2-41　不同种类沥青蠕变速率对比图

　　为了进一步研究废旧油脂掺配比例对生物沥青低温流变性能的影响,本节通过对试验数据的回归分析,建立了蠕变速率与废旧油脂掺配比例的关系,提出了废旧油脂掺配比例对沥青蠕变速率影响的预估模型,为后期的工程应用奠定基础。在正常坐标系下,不同废旧油脂掺配比例的沥青蠕变速率线性拟合结果如图 2-42 所示。

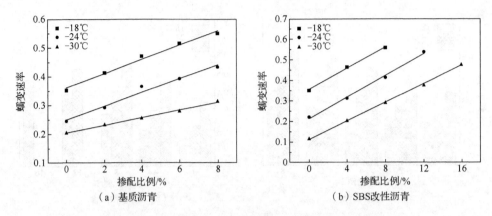

图 2-42　正常坐标系下生物沥青蠕变速率线性拟合结果

由图 2-42 可知，在正常坐标系下，沥青蠕变速率与废旧油脂掺配比例间具有良好的线性关系，因此采用正常坐标系下的线性模型对不同掺配比例的生物沥青蠕变速率进行预估，预估模型如式（2-36）所示，模型参数如表 2-7 所示。

$$y = kx + b \qquad (2\text{-}36)$$

式中，y 为沥青蠕变速率预估值；x 为废旧油脂掺配比例。

表 2-7　废旧油脂掺配比例对沥青蠕变速率影响预估模型参数汇总表

温度/℃	基质沥青			SBS 改性沥青		
	k	b	R^2	k	b	R^2
-18	0.025	0.360	0.980	0.026	0.355	0.992
-24	0.024	0.249	0.968	0.026	0.212	0.990
-30	0.013	0.203	0.995	0.023	0.112	0.999

沥青在低温条件下的蠕变劲度及其随时间的变化特征影响着沥青的低温流变性能[79]。因此，基于时-温等效原理可获得生物沥青低温条件下的蠕变劲度主曲线，以在更广的时-温空间内研究废旧油脂对沥青低温流变性能的影响。废旧油脂的掺入对沥青蠕变劲度主曲线的影响在不同温度下效果类似。因此，以-30℃为参考温度，将各温度下的沥青蠕变劲度曲线向其平移，得到该温度下的蠕变劲度主曲线，如图 2-43 所示。

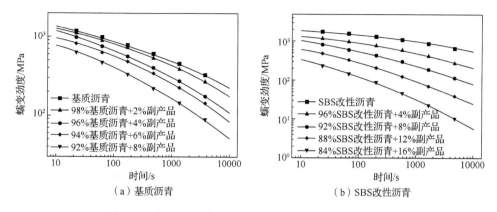

图 2-43　废旧油脂类生物沥青蠕变劲度主曲线（-30℃）

由图 2-43 可知，随着废旧油脂掺配比例的增加，沥青蠕变劲度主曲线逐渐向左平移。因此，废旧油脂的掺入可以显著降低沥青的低温蠕变劲度，这种影响使得温度降低时，废旧油脂类生物沥青的温缩应力小于基质沥青，发生低温开裂的风险也更低。蠕变劲度随时间的变化率可以反映材料的应力松弛能力，变化率绝对值越大，蠕变劲度下降得越快，说明沥青的应力松弛能力越强。由图 2-43 可以看出，废旧油脂的掺入增大了蠕变劲度随时间的变化率绝对值，使蠕变劲度下降得更快，且荷载作用时间越长效果越明显。因此，废旧油脂类生物沥青的应力松弛能力更强，低温抗裂性能更好。

第 3 章 环氧树脂基生物沥青开发及其路用性能

如第 2 章所述，将废旧油脂或废旧油脂类生物沥青用作道路黏结料的原料，首先可以解决其难处理的问题，其次可以保障黏结料低温性能，最后还能利用其低廉的价格大幅降低黏结料的单价，从而在环保、性能、经济三方面都获益。另外，环氧树脂能保障黏结料的高温性能和黏结性能。将以上这两种原料结合用于生产环氧树脂基生物沥青（简称树脂生物沥青），具有优势互补的效果。

环氧树脂的强度生成涉及化学反应，如何理解树脂强度生成过程中与废旧油脂材料的相互作用就成为技术关键。借鉴分子材料设计理念，采用量子化学方法来模拟原料结合时的反应，能有效节约大量的试验资源和时间，缩短研发周期，同时也能从分子层面解释树脂生物沥青的固化机理，而后续的试验则能对模拟的正确性进行验证。

因此本章将通过量子化学方法模拟废旧油脂类生物沥青与固化剂及环氧树脂三者之间的反应，确定树脂生物沥青的固化反应机理，为试验制备树脂生物沥青提供思路和方向。后续基于试验对模拟结果的正确性进行验证，并尝试在不同反应温度、反应时间、物质配合比等反应条件下，根据反应中的现象与结果，初步确定树脂生物沥青的制备方法。通过测试不同配合比下材料的高温抗变形特性及低温抗裂性能，得到树脂生物沥青的最优配比方案。为将制得的新型材料尽快推广于实际工程，针对树脂生物沥青混合料开展动态模量试验、高温蠕变试验以及半圆弯拉试验，以验证混合料的路用性能。

3.1 量子化学模拟及固化机理

量子化学模拟主要用于模拟环氧树脂基生物沥青两种制备方法的反应过程。第一种方法是单步法，即将所有的反应物都混合在一起，期望一步反应即可完成整个固化反应；第二种方法是两步法，先将固化剂和废旧油脂类生物沥青放置在一起进行反应，再将反应产物与树脂进行反应。根据上述反应中能量的变化判断何种反应更易于发生从而确定最合适的反应方法，描述反应进程并用于解释固化反应机理。

3.1.1 原材料分子式的确定

进行模拟前需要确定各种原材料的分子式，原材料包括环氧树脂、固化剂、废旧油脂类生物沥青。

1. 环氧树脂

采用的环氧树脂来自中国石化集团巴陵石化公司,其型号为 CYD-128,表 3-1 中列出了该型号环氧树脂的相关技术指标。

表 3-1　环氧树脂技术指标

分析项目	质量指标	实测值	试验方法
环氧当量/(g/eq)	184～194	185	Q/SH 1085 134—2013
可水解氯/%	≤0.1	0.0176	Q/SH 1085 135—2006
挥发分/%	≤0.2	0.114	Q/SH 1085 141—2013
色度（#）	≤100	20	Q/SH 1085 142—2013
黏度/(mPa·s)	11000～14000（25℃）	12600	Q/SH 1085 138—2006
外观	无机械杂质且透明	无机械杂质且透明	目测

双酚 A 型环氧树脂的通式如图 3-1 所示。而该种环氧树脂属于双酚 A 型环氧树脂中最低分子量的一个型号,即其通式中的 $n=0$,则其分子式如图 3-2 所示。

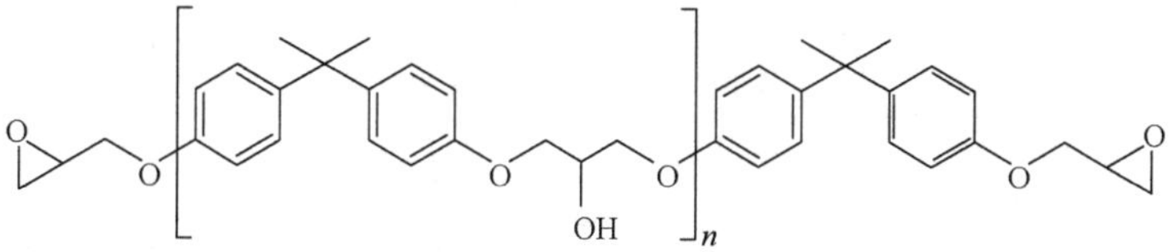

图 3-1　双酚 A 型环氧树脂通式

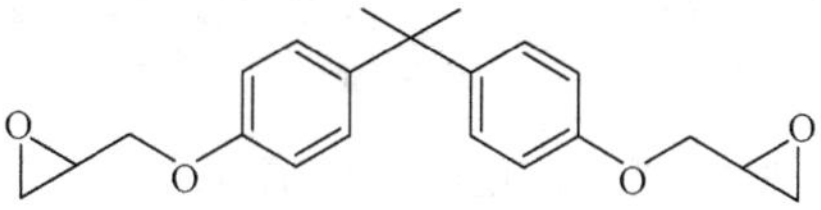

图 3-2　环氧树脂分子式

2. 固化剂

采用的固化剂来自中国石化集团巴陵石化公司,其型号为 CYDHD-593,表 3-2 中列出了该型号固化剂的相关技术指标。

表 3-2　固化剂技术指标

分析项目	质量指标	检测结果	试验方法
黏度/(mPa·s)	100～150（25℃）	118	Q/SH 1085 138—2006
胺值/(mgKOH/g)	600～700	673.6	Q/SH 1085 015—2006
外观	浅色透明液体,无结晶	浅色透明液体,无结晶	目测

该种固化剂属于改性脂肪胺固化剂,由二亚乙基三胺与丁基缩水甘油醚经过

加成反应制得，其分子式如图 3-3 所示。

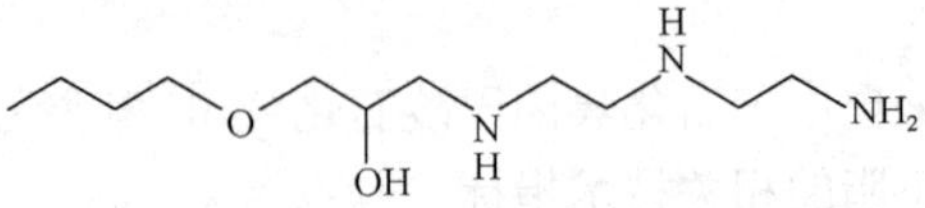

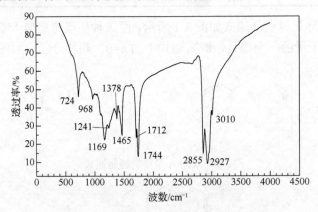

图 3-3　固化剂分子式

3. 废旧油脂类生物沥青

废旧油脂类生物沥青来源于哈尔滨某油脂有限公司，其产品的原料为大豆油提炼后剩余的渣油，其主要成分中 70% 以上是脂肪酸，剩余的成分包括植物甾醇类物质醇、蛋白质，以及高温提炼时碳化的物质等[80]。由于大豆油中脂肪酸的主要成分为亚油酸，因此在建模时，也将亚油酸作为三种主要的原料之一。检测该种废旧油脂类生物沥青的红外光谱，如图 3-4 所示。

图 3-4　废旧油脂类生物沥青红外光谱图

从图 3-4 中可以发现 2800～3100cm⁻¹ 处有宽而强的吸收峰，该区域的吸收峰主要是由饱和碳与不饱和碳连接碳氢键 "C—H" 的伸缩振动引起，其中 2927cm⁻¹ 和 2855cm⁻¹ 处吸收峰是由亚甲基 "—CH₂—" 中碳氢键 "C—H" 的伸缩振动引起，而 3010cm⁻¹ 处弱吸收峰则是由 "＝CH—" 中碳氢键 "C—H" 的伸缩振动引起，当然该处吸收峰也有可能是芳环中碳氢键 "C—H" 伸缩振动引起。因此该区域的吸收峰表明了废旧油脂类生物沥青中同时含有碳碳单键 "C—C" 与碳碳双键 "C＝C" 以及芳环。1744cm⁻¹ 处吸收峰是由酯类化合物中碳氧双键 "C＝O" 伸缩振动引起；1712cm⁻¹ 处吸收峰是由羧酸类化合物中碳氧双键 "C＝O" 伸缩振动引起；1465cm⁻¹ 和 1378cm⁻¹ 处吸收峰是由饱和碳氢键 "C—H" 弯曲振动引起；1241cm⁻¹ 处吸收峰是由羧酸类化合物中碳氧单键 "C—O" 的伸缩振动引起；1169cm⁻¹ 处吸收峰是由酯类化合物中碳氧单键 "C—O" 伸缩振动引起；968cm⁻¹ 处吸收峰是由不饱和碳中碳氢键 "C—H" 弯曲振动引起；724cm⁻¹ 处吸收峰是由不饱和碳连接碳氢键 "C—H" 面外振动引起。结合原料来源以及以上分析可以发现，该种大豆油生产过程中的副产品废旧油脂类生物沥青包含游离的不饱和脂肪酸、酯类化合物、芳香类化合物。其中芳香类化合物的来源可以推测为其中的植物甾醇或维生素 E。

根据以上分析可得该种废旧油脂类生物沥青与大豆油成品的主要成分并无太大差异，主要差异是在提炼过程中少量有机物的碳化导致了一些杂质的产生，但是这些杂质含量较少，且对后续的模拟并无太大影响。因此可以近似将该种材料等效为大豆油来处理。

查阅相关资料可得大豆油中的脂肪酸包括亚油酸、油酸、硬脂酸、棕榈酸以及亚麻酸等，其中含量最高的脂肪酸为亚油酸，因此在进行量子化学模拟时，也采用该种脂肪酸进行建模模拟。亚油酸的分子式如图 3-5 所示。

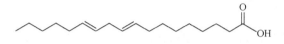

图 3-5   亚油酸分子式

3.1.2   量子化学模拟

模拟的思路主要是在构建各个反应前后的反应物和反应产物后再模拟反应过程以及反应时能量的变化。反应产物分子模型需要根据几种反应物之间最有可能进行的反应进行构建。

基于 3.1.1 节中红外光谱的分析结果以及已知的材料分子式，在 Materials Studio 中的 Visualizer 模块中构建亚油酸、固化剂以及环氧树脂的分子模型，如图 3-6～图 3-8 所示。

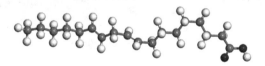

图 3-6   亚油酸分子模型

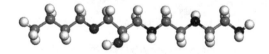

图 3-7   固化剂分子模型

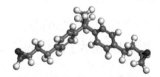

图 3-8   环氧树脂分子模型

　　构建各反应物的分子模型后需要将反应物和反应产物分别置于同一个空间中进行分子构型优化，分子构型的优化基于 DMol^3 模块，通过几何优化（geometry optimization）任务来完成。优化时选择局域密度近似（local-density approximation, LDA）方法中的 Perdew-Wang 泛函。由于量子化学模拟涉及电子层面，计算量远远大于同等结构的分子动力学模拟。因此若模拟的收敛水平设置过高，会造成计算时间过长且没有意义。所以在设置时将收敛水平调整为中等即可[81]。

　　构建分子模型还涉及电子的设置。电子的设置包含了基函数的精度、自洽场迭代误差、布里渊区采样、内核电子处理、基函数选择、各原子轨道半径设置[82]。参考国内外的量子化学模拟方法，其他的设置条件暂时采用系统默认参数。

1. 单步法反应

　　单步法反应的思路是将三种原材料混合在一个体系下进行反应，期望在该条件下即可完成整个固化反应，形成固化体系。但是在该反应需要确定固化剂与生物沥青和环氧树脂反应的先后顺序。若固化剂先与生物沥青反应，则最后能形成稳定的固化体系。若固化剂先与环氧树脂反应，则反应在制备树脂生物沥青时就会出现离析现象。因此下面根据反应中自由能的变化对反应的顺序进行了探究。

1）固化剂与生物沥青反应

　　采用上述的方法对固化剂与生物沥青两种反应物进行了构型优化，图 3-9 展示了反应物构型优化前与优化后的状态。

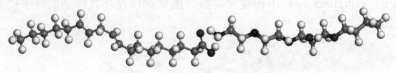

（a）固化剂与生物沥青反应物（构型优化前）

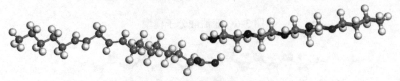

（b）固化剂与生物沥青反应物（构型优化后）

图 3-9　固化剂与生物沥青反应物构型优化前后的状态

　　将固化剂与生物沥青的反应产物也在 Visualizer 模块中构建出来，并同样在 DMol^3 模块中进行构型优化。图 3-10 展示了固化剂与生物沥青反应产物构型优化前与优化后的状态。

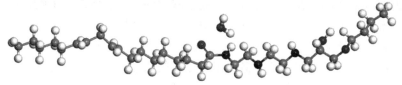

（a）固化剂与生物沥青反应产物（构型优化前）

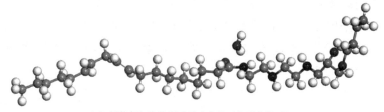

（b）固化剂与生物沥青反应产物（构型优化后）

图 3-10　固化剂与生物沥青反应产物构型优化前后的状态

然后使用反应预览功能将构型优化后的反应物和反应产物进行匹配，从而在反应物和反应产物之间创建一条通道，以供优化搜索过渡态。匹配完成后进行预览，可以发现第一步反应一共存在 7 个状态，图 3-11 示意了反应过程中的局部图。

（a）两种反应物的局部图

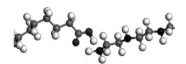

（b）两种反应物相互靠近

（c）亚油酸中的羟基率先断开

（d）固化剂中的氮氢键断开

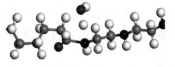

（e）亚油酸与固化剂之间形成酰胺键

（f）水分子生成

（g）酰胺键中的碳氮键长不断减小，反应完成

图 3-11　固化剂与生物沥青反应过程

根据图 3-11（c），在过渡态时，当亚油酸中的羟基从碳原子中断开后，原来的碳氧双键形成了碳氧三键。在该过程中，碳原子外层多余的电子与氧原子内层的电子结合，额外形成了一对电子对，此时碳氧三键中的氧原子带正电荷。根据图 3-11（d），当氮氢键断开后，氮原子吸收了氢原子外层的电子导致该处的氮原子带负电。因此当反应继续进行时，带负电的氮能与带正电的碳氧三键进行反应，而剩下游离的羟基和氢则能形成水分子[83]，从而完成最终的反应。

随后同样采用 DMol^3 模块对之前匹配好的反应路径文件进行优化搜索过渡态，见图 3-12。此时采用的泛函为广义梯度近似（generalized gradient approximation, GGA）方法的 Becke-Perdew。

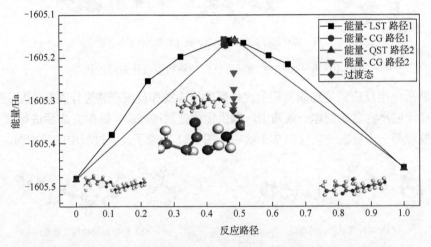

图 3-12　固化剂与生物油反应优化搜索过渡态

过渡态搜索采用的方法是线性同步度越（linear synchronous transit, LST）和四极同步度越（quadratic synchronous transit, QST）。类比等高线地形图，该过程相当于翻越鞍部的过程。通常情况下使用 LST 和 QST 来搜索找到反应过程中的能量最高点，采用共轭梯度（conjugate gradient, CG）法来找到能量最低的过渡态。

设定反应物的初始能量为 0，将其他状态能量归零后的数据列于表 3-3。

表 3-3　各阶段能量表

R/Ha	TS/Ha	P/Ha	LST$_{max}$/Ha	QST$_{max}$/Ha	Δ 自由能/(kcal/mol)
0	0.1620	0.0243	0.3249	0.3244	+15.2542

注：R 指反应物能量；TS 指过渡态能量；P 指反应产物能量；LST$_{max}$ 指 LST 中的最高能量；QST$_{max}$ 指 QST 中的最高能量。1kcal=4.184kJ/mol。1Ha=27.21138602(17)eV。余同。

从表3-3中可以发现优化过的过渡态能量比用 LST 方法和 QST 方法搜索得到的最高能量都低约 0.162Ha。此外，自由能差值的计算结果为+15.2542kcal/mol，这表明该反应几乎不会自发进行，需要外界的能量。例如加热是外界给予该反应能量的一种形式。

2）固化剂与环氧树脂反应

模拟固化剂与环氧树脂反应的方法与上述固化剂与生物沥青类似。首先对反应物进行构型优化，结果如图 3-13 所示。

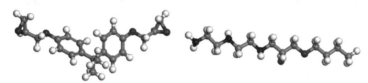

（a）固化剂与环氧树脂反应物（构型优化前）

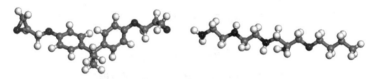

（b）固化剂与环氧树脂反应物（构型优化后）

图 3-13　固化剂与环氧树脂反应物构型优化前后的状态

然后构建反应产物并同样进行构型优化，结果如图 3-14 所示。

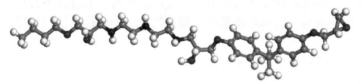

（a）固化剂与环氧树脂反应产物（构型优化前）

（b）固化剂与环氧树脂反应产物（构型优化后）

图 3-14　固化剂与环氧树脂反应产物构型优化前后的状态

接着使用反应预览功能创建反应物和反应产物之间的通道，从而进行优化搜索过渡态。固化剂与环氧树脂之间的反应过程如图 3-15 所示。

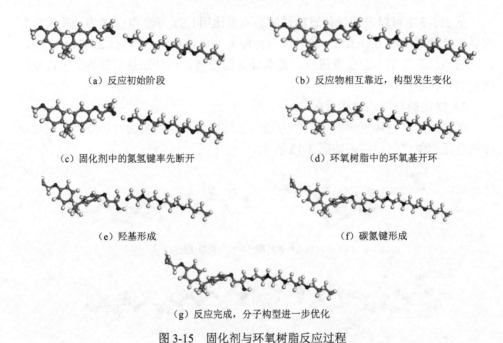

（a）反应初始阶段　　　　　　　　　　　（b）反应物相互靠近，构型发生变化

（c）固化剂中的氮氢键率先断开　　　　　　（d）环氧树脂中的环氧基开环

（e）羟基形成　　　　　　　　　　　　　（f）碳氮键形成

（g）反应完成，分子构型进一步优化

图 3-15　固化剂与环氧树脂反应过程

从图 3-15 中可以发现，固化剂与环氧树脂的反应为加成反应，本身并无其他杂质生成。由于该处模拟并不是为了模拟整个反应过程，而只是为了探究固化剂与生物沥青和环氧树脂分子反应的先后顺序和难易程度，因此对该反应进行了简化。该反应可以归结为环氧基与伯胺的反应，这个反应本身并不会形成交联的固化体系[84]，但是当另一端的环氧基与其他伯胺或者仲胺进行反应后即可完成整个固化反应。

同样对以上反应进行优化搜索过渡态，以求得反应过程中自由能的变化，结果如图 3-16 所示。

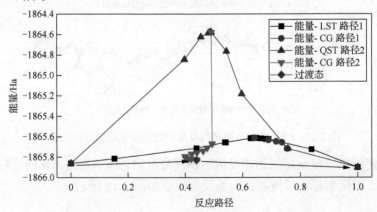

图 3-16　固化剂与环氧树脂反应优化搜索过渡态

图 3-16 中两个箭头所指的路径即为优化搜索过渡态后的反应路径。可以发现该路径中过渡态的能量都要低于 LST 和 QST 路径的最高点。

同样设定初始能量为零，将所有状态的能量归零后列于表 3-4。

表 3-4　各阶段能量表

R/Ha	TS/Ha	P/Ha	LST$_{max}$/Ha	QST$_{max}$/Ha	Δ 自由能/(kcal/mol)
0	0.0322	−0.0402	0.2504	1.2838	−25.1987

从表 3-4 中可以发现优化搜索后的过渡态能量都低于 LST 和 QST 方法的最大能量。而自由能的差值为-25.1987kcal/mol，这表明该反应是一个自发反应，无须外界提供能量即可自发进行。

对比固化剂分别与生物沥青和环氧树脂的反应可以发现，固化剂与生物沥青的反应自由能差值大于 0，为非自发反应，需要外界提供加热等形式的能量。而固化剂与环氧树脂的反应自由能差值小于 0，为自发反应，在常温下即可发生，若对其加热，则能更快地促进反应的进行。

根据以上数据可以推断出在单步法反应中，固化剂会率先与环氧树脂而不是生物沥青反应。也就是说在三种原材料都存在的体系下，固化剂会与环氧树脂反应形成交联固化体系，而生物沥青只能游离于固化体系之外。模拟结果反映到试验中则会出现明显的离析现象。

因此，单步法的模拟结果表明这种制备方法不可行，这可以为后续的试验提供理论依据，也减少了试验的盲目性，从而节约大量的试验资源与试验时间。

2. 两步法反应

两步法的思路是先将固化剂与生物沥青进行反应，然后再将二者的反应产物与环氧树脂进行反应，从而形成固化体系。在这个反应中，生物沥青中的亚油酸分子以反应的形式填充到了交联固化体系中，而固化剂则起到了交联的作用[85]。

1）第一步反应

第一步反应是固化剂与生物沥青的反应，这与单步法中固化剂与生物沥青反应的模拟内容完全相同，可以将该部分结果作为第二步反应的前提条件。

2）第二步反应

第一步反应模拟结束后进入第二步反应的模拟。第二步的反应物包含了第一步的反应产物与新增的两个环氧树脂分子。采用同样的方法与设置对第二步反应的反应物与反应产物进行构型优化，结果如图 3-17 与图 3-18 所示。

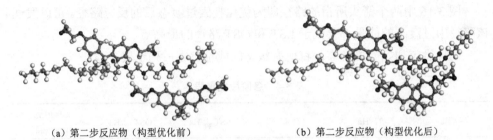

（a）第二步反应物（构型优化前）　　　　（b）第二步反应物（构型优化后）

图 3-17　第二步反应物构型优化前后的状态

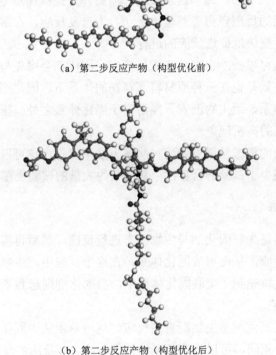

（a）第二步反应产物（构型优化前）

（b）第二步反应产物（构型优化后）

图 3-18　第二步反应产物构型优化前后的状态

　　同样使用反应预览功能将构型优化后的反应物和反应产物进行匹配。匹配后创建出反应物和反应产物之间的通道，总体而言第二步反应可归纳为图 3-19 所示的多个过程。

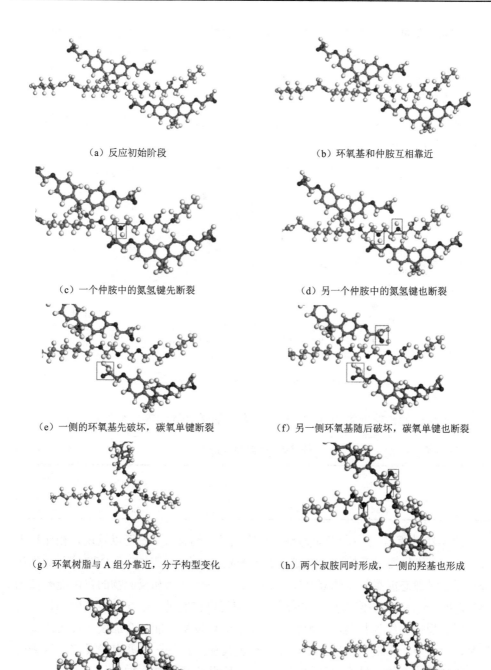

（a）反应初始阶段　　　　　　　　　　　　　（b）环氧基和仲胺互相靠近

（c）一个仲胺中的氮氢键先断裂　　　　　　　（d）另一个仲胺中的氮氢键也断裂

（e）一侧的环氧基先破坏，碳氧单键断裂　　　（f）另一侧环氧基随后破坏，碳氧单键也断裂

（g）环氧树脂与 A 组分靠近，分子构型变化　　（h）两个叔胺同时形成，一侧的羟基也形成

（i）碳氮键不断缩短，另一侧的羟基也形成　　　（j）分子构型进一步变化，反应完成

图 3-19　第二步反应过程

在第二步的反应过程中，仲胺中氮氢键的断裂以及环氧基中碳氧键的断裂并不同步，二者的四个断裂过程都是依次发生的[86]。但是在形成新化学键的时候，碳氮键却同时形成，氢氧键则是依次形成。第二步的反应过程中，分子构型出现了较大的变化。

采用与第一步反应相同的办法进行过渡态的搜索（图 3-20），以求得第二步反应中能量的变化。

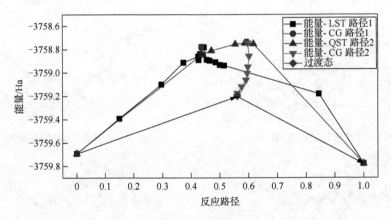

图 3-20　第二步反应优化搜索过渡态

设定反应物初始能量为 0，将其他状态的能量进行归零后得到表 3-5 数据。

表 3-5　各阶段能量表

R/Ha	TS/Ha	P/Ha	LST_{max}/Ha	QST_{max}/Ha	Δ自由能/（kcal/mol）
0	0.4918	−0.0859	0.9123	0.9457	−53.8770

图 3-20 中箭头方向所指即为整个反应过程。结合表 3-5 可以发现，相比较于 LST 方法，优化搜索后的过渡态能量低了约 0.42Ha。而相比较于 QST 方法，优化搜索后的过渡态能量低了约 0.45Ha。最后计算得到产物和反应物的自由能差值为 −53.8770kcal/mol，该值为负，这表明该反应可以自发进行。与单步法中固化剂与环氧树脂反应的结论相同，该反应在常温下即可发生，加热会加快其反应速率。但是，此处有一个例外状况。由于第一步的反应过程是一个非自发反应，这表明第一步的反应产物可能会出现逆反应过程，因此需要保持在加热状态下才能维持第一步反应的产物。

综上，第二步的反应仍然需要保持在加热状态下进行反应，但该温度不需要很高，维持第一步的反应产物不出现逆反应即可。此外，更高的温度会加速第二步反应的进行，反映到试验中则会缩短固化的时间，给树脂生物沥青的制备和混合料成型带来不便，具体的反应时间和温度需要结合试验进一步探究。

3.1.3　反应机理

由于单步法不可行，而两步法可行，因此接下来主要介绍两步法的反应机理。根据两步法中反应的各个过程状态，得到了两个反应中的化学方程式，如图 3-21 和图 3-22 所示。

根据图 3-21 和图 3-22，可以发现在第一步反应中，固化剂起到了一种交联的作用，它的一端将亚油酸连接起来，另外一端用于第二步与环氧树脂分子的反应。

在第二步反应过程中，目前只展示了固化反应的一步，但是根据这一步反应也可以推断出接下来形成交联网络的反应过程。在图 3-22 形成的最后一个分子中，结合到 A 组分（第一步反应的产物）上的环氧树脂分子另外一端还存在能继续进行反应的环氧基，此时只要存在另外一些 A 组分分子以及环氧树脂分子，该反应就能继续进行下去并形成无限大的交联网络，从而完成整个固化反应，为树脂生物沥青提供必要的强度以及其他力学性能。

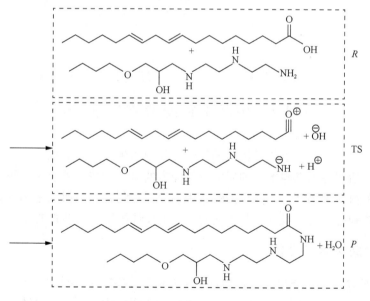

图 3-21　两步法第一步反应过程

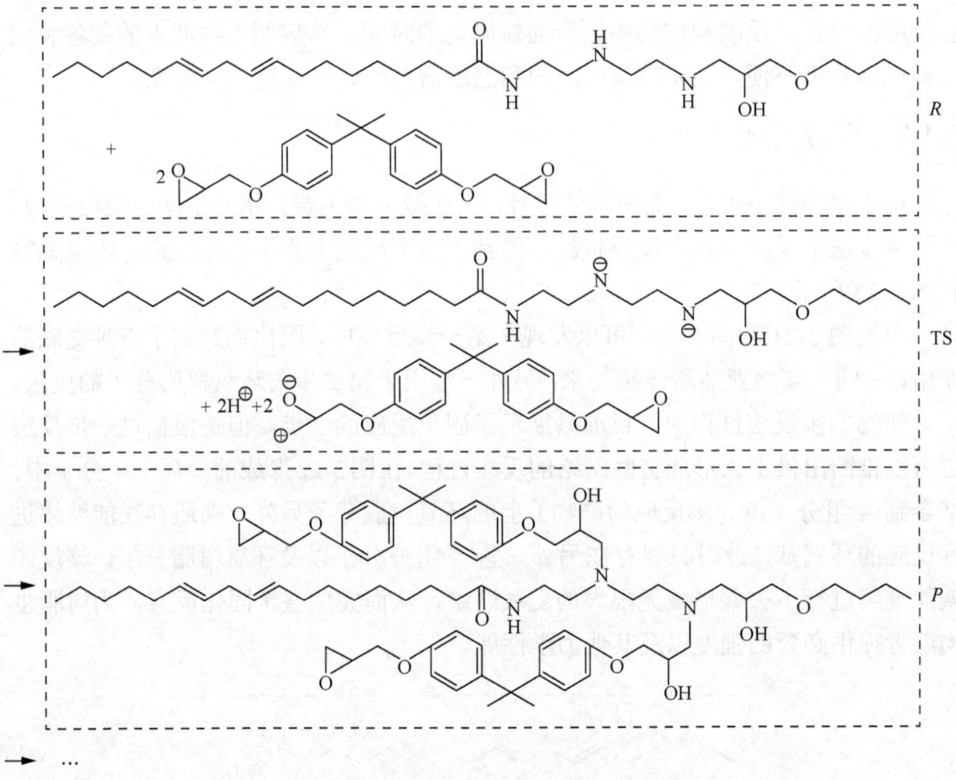

图 3-22　两步法第二步反应过程

3.2　树脂生物沥青的制备

本节内容包括对量子化学模拟的验证以及树脂生物沥青的制备。生物沥青的制备主要包括制备工艺与条件的研究以及配方的设计。按照单步法和两步法的工艺分别制备树脂生物沥青，并根据制备中的现象与制备出的树脂生物沥青成品确定最合适的制备工艺，最后在此工艺的基础上设计树脂生物沥青的配方。

3.2.1　辅助材料的准备

3.1.1 节介绍了制备树脂生物沥青的主要材料，其中环氧树脂采用的为中国石化集团巴陵石化公司生产的 CYD-128，固化剂采用的为中国石化集团巴陵石化公司生产的 CYDHD-593，生物沥青采用大豆油提炼后的渣油。但在进行模拟时忽略了很多次要因素，如各种助剂的加入。因此在进行实际制备时需要考虑到各方面的因素，否则会导致制备出来的树脂生物沥青成品质量不高。

1. 消泡剂

由于在固化反应过程中会产生大量的气泡，反应时温度越高，冒泡的现象也越明显。因此，为了有效地抑制气泡的产生，需要加入一定的消泡剂[87]。本节中一共备用了九种消泡剂以供选择，全部都来自某化工科技有限公司，相关性能列于表 3-6。

表 3-6　消泡剂相关性能

型号	类别	性能特点
JQ-800	矿物油消泡剂	优异的动态消泡性能，持久的抑泡性能；长期的储存稳定性；良好的相容性
JQ-801	组合型通用矿物油类消泡剂	同 JQ-800
JQ-802	水性消泡剂	100%活性，优异的动态消抑泡性能；体系相容性好，适合内添加
JQ-803	改性硅酮消泡剂	自乳化体系，使用方便；相容性好，性价比高
JQ-804	聚硅氧烷-聚醚共聚物消泡剂	100%活性，良好的消抑泡性能；适合研磨工艺
JQ-805	水性消泡剂	100%活性，优异的动态消抑泡性能；优异的涂抹相容性；快速分散，使用方便
JQ-806	高效多用途有机硅消泡剂	破泡性能佳，迅速消除小泡；添加量小；适合非水性体系
JQ-807	高效多用途有机硅消泡剂	同 JQ-806
JQ-825	聚醚改性有机硅消泡剂	优异的相容性。适合多种树脂体系；优异的动态消抑泡性能

2. 催化剂

催化剂采用粒状氢氧化钠。

3.2.2　制备工艺

1. 基于单步法的制备方法

为了验证 3.1.2 节模拟中单步法过程，首先尝试最简单的制备工艺，即将三种原料全部混在一起，进行一步反应。

主要的制备流程如下。

（1）将固化剂、环氧树脂和生物沥青分别加热至 100℃，然后进行混合，并进行搅拌。

（2）加入适量的消泡剂，搅拌均匀。

（3）保持加热状态直至其固化完成。

相关的制备流程如图 3-23 所示。

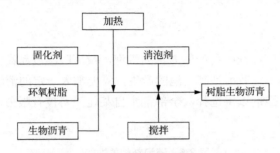

图 3-23　树脂生物沥青制备流程图（单步法）

该种方法制备出来的树脂生物沥青在固化后确实会出现离析分层的现象，即固化剂只与环氧树脂进行交联反应，而生物沥青在该过程中并不参与反应，只是作为一种填充剂存在于树脂生物沥青之中。在固化反应过程中，少量的生物沥青会填充至环氧树脂和固化剂形成的交联网络中，大部分的生物沥青只是作为一种完全游离的物质与固化体系形成明显的分层界限而存在。除此之外，填充于交联网络中的生物沥青由于并没有与环氧树脂或者固化剂进行反应，其存在也会打断某些已经形成的固化体系，造成固化体系强度的下降[88]。

图 3-24(a)展示了利用该方法制备出来的树脂生物沥青具有明显的分层现象，而图 3-24（b）则展示了该种材料成型后的强度非常之低，常温下用手即可破坏。

（a）分层现象　　　　　　　　　　　　　　（b）低强度

图 3-24　基于单步法制备的树脂生物沥青

2. 基于两步法的制备方法

基于单步法的制备方法并不可行，因此继续采用两步法进行试验验证。其主要原理为第一步反应采用固化剂作为生物沥青和环氧树脂之间的连接材料，将固化剂与生物沥青混合在一起进行反应，第二步反应为利用第一步反应产物中的活性基团固化环氧树脂并使其形成三维网状结构。

主要的制备流程如下。

（1）将固化剂、生物沥青与催化剂混合并置于 100℃的温度下混合搅拌若干小时。

（2）将反应完毕得到的 A1 组分进行过滤，过滤出其中的粒装氢氧化钠催化剂即可得到 A2 组分。

（3）加入适量消泡剂并搅拌即可得到 A 组分。

（4）加入适量的环氧树脂，继续加热并搅拌若干分钟。

（5）停止搅拌后保持加热状态即可在一定时间内固化，形成所需的树脂生物沥青。

相关的制备流程图如图 3-25 所示。

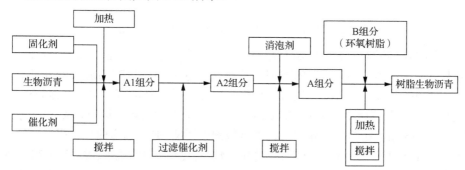

图 3-25　树脂生物沥青制备流程图（两步法）

利用该方法制备的树脂生物沥青在合适的配合比下既具有一定的弹性，又存在一定的黏性，且高低温性能优异。图 3-26 展示了利用该方法制备的具有优异黏弹特性的树脂生物沥青成品。

图 3-26　基于两步法制备的树脂生物沥青

上述结果表明室内试验与量子化学模拟的结果有较好的契合，采用量子化学模拟中的两步法确实可以制得所需的树脂生物沥青。除此之外，还可以扫描该反应过程中的中间产物与成品的红外光谱来提供更多的依据，从而对量子化学模拟进行进一步的验证。A 组分与红外光谱图如图 3-27 所示。

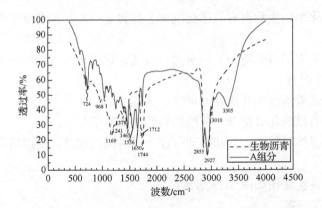

图 3-27　两步法第一步反应中材料红外光谱对比图

从图 3-27 中可以发现 A 组分相对于生物沥青多了 3305cm^{-1} 处的吸收峰，这是由胺类化合物中"N—H"的伸缩振动引起，这表明固化剂的加入引入了氨基"—NH$_2$"和亚氨基"—NH—"。而 A 组分中相对于生物沥青多出的 1650cm^{-1} 处吸收峰则是由酰胺键中碳氧双键"C═O"引伸缩振动引起。同时，A 组分中还多出了 1556cm^{-1} 处的吸收峰，这是由酰胺键中"N—H"的弯曲振动引起，这两个吸收峰都表明在第一步反应完成后的产物中就已经产生了酰胺键。图 3-28 主要对树脂生物沥青与前述两种材料不同之处进行对比。从图中可以发现树脂生物沥青仍然存在 3301cm^{-1} 处的吸收峰，这处吸收峰与 A 组分中 3305cm^{-1} 处吸收峰比较接近，都是由胺类化合物中"N—H"的伸缩振动引起，这表明树脂生物沥青中还含有未完全反应的氨基"—NH$_2$"和亚氨基"—NH—"；相对于 A 组分，树脂生物沥青在 1650cm^{-1} 和 1556cm^{-1} 处附近都有相应的吸收峰出现，这表明第二步固化反应并没有破坏第一步反应中生成的酰胺键。

红外光谱的数据同样与量子化学模拟有较好的契合，这从另外一个角度表明了量子化学模拟的合理性。

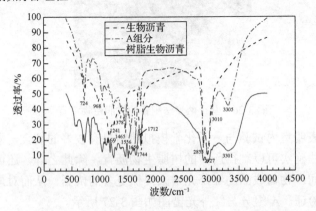

图 3-28　树脂生物沥青及原材料的红外光谱对比图

3.2.3　制备条件

由于基于单步法的制备方法不可行，因此在下文中各种条件的研究均基于两步法展开。在制备树脂生物沥青的过程中，反应的温度和时间等条件对树脂生物沥青制备的成功与否具有重要的影响[89]。

1. 反应温度

在基于两步法的制备过程中发现，在第一步反应过程中，当反应温度超过100℃之后，A 组分的质量会有所减少，同时也会在反应过程中冒出白雾。为了探究流失的物质以及白雾的组分，将三种主要原料生物沥青、固化剂和环氧树脂分别加热至不同的温度保持 1h，并称量其加热前后的质量，从而确定蒸发所流失物质，如图 3-29 所示，进而确定合适的加热温度上限。

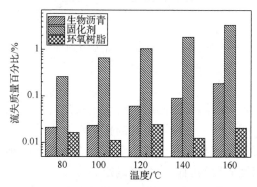

图 3-29　各组分流失质量百分比

从图 3-29 中可以发现，在加热过程中，蒸发最多的物质是固化剂，生物沥青与环氧树脂蒸发减少的质量可以忽略不计，因此加热温度上限主要由固化剂确定。由于当加热温度为 100℃时，固化剂流失质量低于 1%，因此宜将加热温度控制在100℃以下，同时在第一步的反应过程中，应能保证反应在密闭的容器中进行搅拌加热，最大程度减少其中固化剂组分的流失。

第二步反应的固化时间也受到固化温度的影响，所以第二步的反应温度需要根据实际的固化时间来确定。在实际的施工过程中，应先确定施工容留时间，再根据施工容留时间来确定固化反应的温度。

为了探究不同温度对固化时间的影响，本节进行了不同温度下的黏度试验，并以 10000mPa·s 作为控制指标，认为当黏度超过 10000mPa·s 后体系已固化。从图 3-30 中可以发现，当反应温度为 100℃时，只需 7min 即可完成固化反应，这种情况适用于一些小面积需要紧急修补的路段。使用时，在常温下将树脂生物沥青的 A、B 组分进行混合，并拌入集料与矿粉，铺筑于路面上，再覆盖以电热毯加热，短时间内即可形成强度；当反应温度为 60℃时，固化时间达到了 40min，在这种情况下，已经可以在该温度下厂拌树脂生物沥青混合料，并用运输车运送至一定距离之外的路段上进行大面积铺筑；在 80℃下的固化时间为 20min。因此可根据固化时间与反应温度关系确定不同应用场景的适宜温度与容留时间。

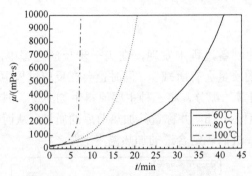

图 3-30　不同温度下的固化时间

2. 反应时间

上述在确定第二步反应温度的同时也确定了反应时间，此部分的反应时间指的是第一步的反应时间，即将生物沥青与固化剂混合用于制备 A 组分的时间。

第一步反应时间的确定相对而言比较粗糙，主要结合在第二步反应过程中的现象以及第二步反应完成后的固化体系来确定。

第一步的反应温度定为 100℃，将 A 组分的各种原材料混合后反应不同的时间，并记录其后续配置过程中的现象，具体如表 3-7 所示。

表 3-7　固化反应现象

时间/h	搅拌过程中生物沥青的游离程度	固化反应后离析程度
1	++	+
3	++	+
4	+	+
5	+	
6	−	
12	−	
18	−	
24	−	

注："−"代表无；"+"代表有；"++"代表程度很深。

从表 3-7 中可以看出当第一步反应时间大于等于 6h 以后，既不会在第二步的固化反应过程中出现游离的生物沥青，也不会在固化后的产物中出现离析现象，因此采用 6h 作为第一步的反应时间。

结合上述分析，可以确定第一步的反应时间、反应温度以及第二步的反应温度。在第一步中，反应温度被限制在 100℃ 以下，此时需要的反应时间为 6h，若少于此反应时间，则 A 组分并不能完全反应，也会出现生物沥青游离现象。而更低的温度则需要更久的反应时间，在制备 A 组分过程中需要消耗更多的能源且会降低生产 A 组分的效率，因此可以将第一步的反应温度确定为 100℃，反应时间确定为 6h。

第二步的反应温度需要结合实际工程中的施工容留时间来确定，常规的反应温度为 60℃、80℃ 和 100℃。在实验室进行试验时，为了提高研究效率，通常采用 100℃ 作为反应温度。

3.2.4　配合比设计

配合比的设计主要涉及生物沥青、固化剂和环氧树脂三者之间的比例。固定生物沥青的组分为 100 份，通过改变固化剂和环氧树脂的组分来配制出适宜的配合比。

1. 固化剂含量

初定固化剂的含量为 20 份、30 份、40 份、50 份、60 份。

将 100 份生物沥青分别与上述剂量的固化剂混合后，加入催化剂并置于 100℃ 的环境下加热搅拌 6h。将制得的 A1 组分过滤催化剂后加入适量的消泡剂搅拌，得到 A 组分，用于后续的试验过程。

在五种不同的固化剂配比下，设计了 10 种不同环氧树脂的配比，在反应结束后判断其是否完成固化。表 3-8 列出了固化剂配比设计及试验结果。

表 3-8　固化剂配比设计及试验结果

环氧树脂	固化剂				
	20	30	40	50	60
10	×	×	×	×	×
20	×	×	×	×	×
30	×	√	√	√	×
40	×	√	√	√	√
50	×	√	√	√	√
60	×	√	√	√	√
70	×	√	√	√	√
80	×	√	√	√	√
90	×	√	√	√	√
100	×	√	√	√	√

注："×"表示未固化；"√"表示固化。表中数值是以 100 份的生物沥青为基准的份数，余同。

从表 3-8 中可以看出当固化剂的配比为 20 份时，无论树脂的配比为多少，体系都无法完成固化。而当固化剂配比为 30~60 份时，都能在特定的树脂比例下完成固化反应，形成整体。不过，值得注意的是，虽然当固化剂为 30 份时，树脂生物沥青体系能在环氧树脂的某些配比下完成固化，但是固化后的体系会出现离析现象，这意味着当固化剂与生物沥青反应后，并没有剩余足够的基团来固化环氧树脂[90]。因此在后续的研究中采用固化剂的含量为 40 份、50 份和 60 份。

2. 环氧树脂含量

环氧树脂含量的确定是此配合比设计过程中的关键。

基于上述确定的固化剂含量，接下来在固化剂的含量为 40 份、50 份和 60 份时，采用的环氧树脂含量为 20 份至 40 份之间，进行更精确的配比研究。

将环氧树脂每间隔 2 份增设一组试验，在试验结果处于固化和未固化临界状态的结果附近增设间隔为 1 份的环氧树脂试验，从而得到更精确的结果。相关配比设计及试验结果列于表 3-9。

表 3-9　环氧树脂配比设计及试验结果

环氧树脂	固化剂		
	40	50	60
20	—	—	—
22	×	×	—
23	√	—	—
24	√	×	—
26	√	×	—
27	—	√	—
28	√	√	—
30	√	√	—
32	—	—	×
33	—	—	√
34	—	—	√
36	—	—	√
38	—	—	√

注："×"表示未固化；"√"表示固化；"—"表示未进行试验。

从表 3-9 中可以看出：当固化剂含量为 40 份时，环氧树脂的临界含量在 22 份和 24 份之间，因此增设了 23 份（简称该配比为"40-23"）这一组进行试验；当固化剂含量为 50 份时，环氧树脂的临界含量在 26 份和 28 份之间，因此增设了 27 份（简称该配比为"50-27"）这一组进行试验；当固化剂含量为 60 份时，环氧树脂的临界含量在 32 份和 34 份之间，因此增设了 33 份（简称该配比为"60-33"）

这一组进行试验。

根据以上试验结果，在不同的固化剂含量下，可以用临界状态的环氧树脂含量以及在该含量下增加 1 份的环氧树脂含量进行反应。在该种配方下制备出来的树脂生物沥青能成功完成固化反应，并且具有一定的黏弹性，在低温、常温以及高温下均具有很好的恢复能力与黏合能力。

3. 催化剂含量

参考废油脂制备生物柴油的技术[91]，采用的催化剂为碱性催化剂，可用的材料有 NaOH 和 KOH 等。考虑到材料的价格问题，最终选用 NaOH。

在材料的形状上考虑采用粒状 NaOH，虽然采用粉末状的 NaOH 可以提高催化的效率，但是由于该形状的 NaOH 无法在后续过程中过滤[56]，若过多地渗入材料中无法过滤出来，会严重影响树脂生物沥青的各类性能。因此采用粒状 NaOH，含量为 1 份。

4. 消泡剂含量

在没有加入消泡剂的对照组中，第二步的反应过程中会出现大量气泡，严重影响了该种材料的密实程度，也会影响其成型混合料的各类性能，因此需要加入消泡剂来抑泡与消泡。

消泡剂含量的选择统一采用厂家建议的 0.3%，本研究仅改变消泡剂种类和型号。在前文中已经列举了九种消泡剂的种类与特性，在试验中将九种消泡剂分别加入 A 组分中进行搅拌，然后加入适量的 B 组分（环氧树脂）进行反应，在反应过程中观察气泡溢出的现象，发现当加入"JQ-801"型号的消泡剂后，气泡的产生几乎可以忽略不计，因此在后续的试验过程中均采用该种矿物油消泡剂。

3.3　树脂生物沥青的性能测试

确定了树脂生物沥青的几种配比之后，需要对这几种配比下的材料进行性能测试，从而确定最优的配比。美国的 SHRP 中，对沥青进行性能测试的试验设备有 DSR、BBR 等[92]。其中前者可以用来衡量沥青类材料在高温下的抗变形性能，而后者则可以用来衡量沥青类材料的低温抗裂性能。

3.3.1　高温抗变形特性

在本次试验中采用 TA 公司生产的 DSR（图 3-31）测试树脂生物沥青的高温抗变形能力，该仪器可以选择应变控制模式或者应力控制模式。

图 3-31　DSR 设备图

1. 车辙因子与相位角

试验中采用应变控制模式，其原理详见 2.4.1 节。通过改变加载的频率以及控制的温度，确定树脂生物沥青材料的相位角 δ、复数模量 G^* 以及车辙因子 $G^*/\sin\delta$，用于评价该种材料的高温性能。相位角 δ 表征了作用在树脂生物沥青材料上的应力以及由此产生的应变之间的时间滞后，δ 介于 0° 和 90° 之间。当 δ 趋向于 0° 时，材料具有明显的弹性；当 δ 趋向于 90° 时，材料具有明显的黏性。石油沥青与本章研究的树脂生物沥青同属黏弹性材料，其相位角也介于 0°～90°。复数模量 G^* 是剪切变形所有阻力的度量，由储能模量 G' 和损耗模量 G'' 两部分构成。车辙因子 $G^*/\sin\delta$ 是用来表征沥青材料抵抗永久变形性能的指标，该值越大，表明该种材料在高温时抵抗车辙变形的能力越强。

在试验中，设定温度为 64℃，对"40-23"、"50-27"、"60-33"、基质沥青、SBS 改性沥青、橡胶沥青以及高黏沥青共七种不同配比或成分的沥青进行了频率扫描。并对这七种沥青的车辙因子和相位角进行了对比。各种沥青的车辙因子对比如图 3-32 所示，分析后可以得到以下结论。

（1）几乎所有材料的车辙因子都大于基质沥青，这意味着这些材料的抗高温变形性能要优于基质沥青。

（2）对比树脂生物沥青三种不同的配比，"40-23"这种配比下的车辙因子最大，即该配比制得的沥青产品的抗高温变形能力要优于另外两种配比。

（3）"40-23"配比的树脂生物沥青在所有加载角频率上的车辙因子都要大于 SBS 改性沥青，也显示出该种材料优异的抗高温变形能力。

（4）与橡胶沥青和高黏沥青进行对比，也可以发现当角频率较低时，树脂生物沥青的抗高温变形性能更加优异。同时根据时温等效原理，较低的角频率等效于较长的时间，也等效于较高的温度，因此也可以推断出该种材料的高温性能优异。同时，通过对比这三种材料的车辙因子随角频率变化的斜率也可以看出，相对于橡胶沥青和高黏沥青，树脂生物沥青温度敏感性更低。

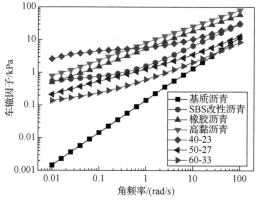

图 3-32　不同类型结合料的车辙因子对比图

各种沥青的相位角对比如图 3-33 所示，分析后可以得到以下结论。

（1）除了基质沥青，其他沥青材料经过改性后相位角都有了很大程度的减小，这也意味着材料中储能模量的比例得到了很大程度的提高。

（2）三种不同配比树脂生物沥青在绝大部分角频率上的相位角都要小于改性过的石油沥青，其中"40-23"这种配比的相位角在所有角频率上都小于其他两种配比，这表明该配比中弹性模量的占比更大。结合图 3-32，也解释了该配比的抗高温变形能力更加优异。

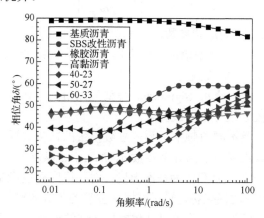

图 3-33　不同类型结合料的相位角对比图

2. 动态模量主曲线

除了对不同材料进行对比，也对三种不同配比下的树脂生物沥青进行了 46～82℃下的频率扫描。

对主曲线进行拟合的数学模型有以下几种。

1）Sigmoidal 模型[93]

$$\log\left|G^*\right| = a + \frac{b}{1 + e^{c + d\log\omega}} \qquad (3\text{-}1)$$

在该模型中，G^* 为复数模量，ω 为角频率，a、b、c、d 为四个待定的参数，需要根据最优化的主曲线来确定。

2）广义的修正 Sigmoidal 模型[94]

$$\log\left|G^*\right| = a + \frac{b}{(1 + \lambda e^{c + d\log\omega})^{1/\lambda}} \qquad (3\text{-}2)$$

广义的修正 Sigmoidal 模型相对 Sigmoidal 模型来说增加了参数 λ，该参数的加入允许主曲线采用非对称的形状，当 λ 为 1 时，该模型与 Sigmoidal 模型一致。

3）Christensen-Anderson（CA）模型[95]

$$\left|G^*\right| = G_g \left[1 + \left(\frac{\omega_c}{\omega}\right)^{\frac{\log 2}{R}}\right]^{\frac{R}{\log 2}} \qquad (3\text{-}3)$$

CA 模型相对前面两个模型来说更加直观，该模型中的参数都有明确的物理意义，G_g 表示玻璃态模量，ω_c 为交叉频率，R 为流变指数。

4）Christensen-Anderson-Marasteanu（CAM）模型[96]

$$\left|G^*\right| = G_g \left[1 + \left(\frac{\omega_c}{\omega}\right)^v\right]^{\frac{w}{v}} \qquad (3\text{-}4)$$

式中，v 为流变参数；w 为形状参数。

CAM 模型相对于 CA 模型增加了一个形状参数 w，该参数的引入解决了复数模量在频率变为 0 或 ∞ 时的收敛问题。

通常情况下，广义的修正 Sigmoidal 模型可以用来较好地拟合沥青的流变性能[97]，因此采用该模型进行主曲线拟合。

先将不同温度以及不同角频率下测得复数模量的试验数据绘在同一个对数坐标下。然后将广义修正模型中的五个参数 a、b、c、d 以及 λ 设定任意的初始值。根据时温等效原理，选择 64℃ 作为基准温度，对不同的温度设定一个初始移位因子，从而改变复数模量的横坐标。然后根据移位后的角频率对复数模量进行拟合，并得到拟合后的复数模量与试验测得复数模量之间的误差。最后采用 Excel 进行规划求解，求得最小的误差，从而反算出该误差下模型中的参数以及适宜的移位因子，最终得到一条平滑的主曲线。利用该条主曲线，可以预测更广频率范围内的黏弹性能。

三种配比的动态剪切复数模量数据列于图 3-34～图 3-36，并在图 3-37 中汇总了三种配比的主曲线，在图 3-38 中汇总了三种配比树脂生物沥青的移位因子。

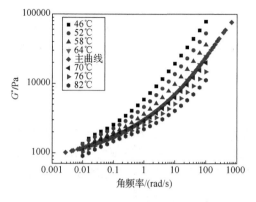

图 3-34　配比为"40-23"的树脂生物沥青的
复数模量

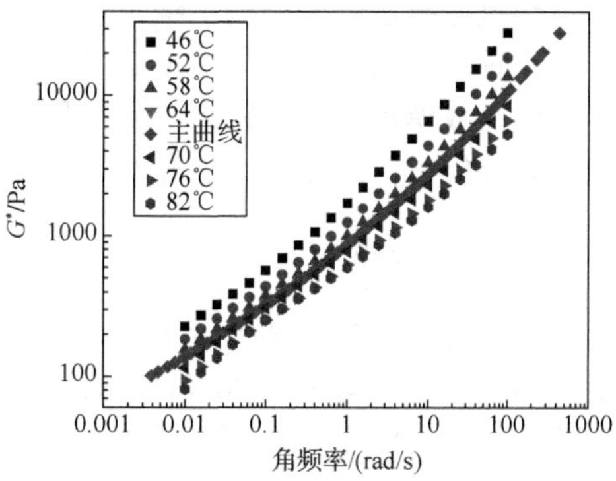

图 3-35　配比为"50-27"的树脂生物沥青的
复数模量

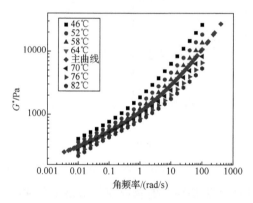

图 3-36　配比为"60-33"的树脂生物沥青的
复数模量

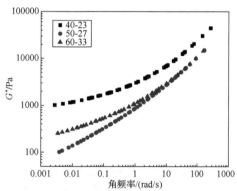

图 3-37　树脂生物沥青复数模量主曲线
对比图

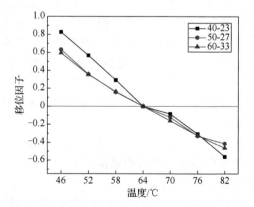

图 3-38　三种配比树脂生物沥青的移位因子

经过分析可以得到以下结论。

三种配比的复数模量"40-23">"60-33">"50-27"。"40-23"配比树脂生物沥青的复数模量在所有角频率下都是最大的，结合前面得到的关于相位角的结论，也可以分析出该配比的抗高温性能最优异。

3. 温度扫描

为了探索更宽广温度区间内各类石油沥青以及不同配比树脂生物沥青的性能，本章进行了动态剪切流变仪的温度扫描试验。固定扫描频率为10rad/s，设定扫描温度为10～82℃，以6℃为区间，共13个温度。试验结果见图3-39所示。

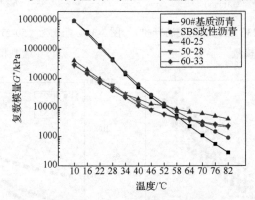

图 3-39　温度扫描下不同沥青复数模量对比图

从图 3-39 中可以看出：

（1）在中温以及低温区间，三种配比树脂生物沥青的复数模量都要小于 90# 基质沥青和 SBS 改性沥青。但是当温度超过 60℃之后，三种树脂生物沥青的复数模量则全部反超石油沥青，这能在高温时提供很好的抗车辙性能。同时，在三种树脂生物沥青之间也会出现一些差异。其中，"40-25"这种配比树脂生物沥青的复数模量几乎在所有的温度区间内均超过其他两种配比树脂生物沥青。这个现象在中低温范围内不是很明显，但是当温度超过 40℃以后，则非常明显。

（2）三种配比树脂生物沥青对温度的敏感性要小于 90# 基质沥青和 SBS 改性沥青。对路面来说，温度敏感性越小，对于抵抗温度变化导致的路面病害更为有利。

结合以上两个结论可以看出，三种配比树脂生物沥青材料中，"40-25"这种配比相对来讲性能更为优异。

与前文中对相位角的解释相同，在温度扫描时的相位角（图3-40）清晰地显示了在 10rad/s 加载频率下不同温度时材料的黏弹特性。

从图 3-40 中可以看出：

（1）90# 基质沥青和 SBS 改性沥青在 10～82℃ 范围内会出现不规则的变化规律，但是当温度超过 52℃以后，则会出现一致随温度增加而变大的规律。这说明在高温时，这两种沥青的黏性成分占比更大。而树脂生物沥青则一直保持着相同的变化规律，即当温度升高后，相位角变小，这说明树脂生物沥青类材料在升温后反而会出现趋向于弹性增加的黏弹特性，原因可能是在测试时树脂生物沥青中一些未固化成分在高温下继续固化。

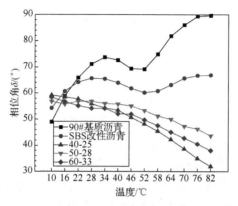

图 3-40　温度扫描下不同沥青相位角对比图

（2）三种配比树脂生物沥青材料之间的变化趋势一致，但"40-25"配比树脂生物沥青在高温时的相位角更小一些，其弹性特性比其他两种配比的树脂生物沥青更为明显。

结合图 3-39 和图 3-40 的数据，得到了车辙因子的数据（图 3-41）。由于车辙现象一般发生在高温条件下，因此着重分析超过 50℃的数据。可以看到，当温度超过 50℃后，"40-25"配比的树脂生物沥青率先与 SBS 改性沥青出现车辙因子交点。这一现象表明，在超过 50℃以后，"40-25"高温抗车辙性能超过了 90#基质沥青和 SBS 改性沥青。而其余两种树脂生物沥青的车辙因子则在 58℃时超过了 90# 基质沥青，在 64℃时超过了 SBS 改性沥青。因此，在三种树脂生物沥青中，"40-25"的高温抗变形性能最好。

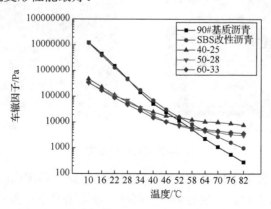

图 3-41　温度扫描下不同沥青车辙因子对比图

3.3.2　低温抗裂性能

沥青路面的低温开裂是一种常见的路面病害，该病害的主要原因是在低温状态下，沥青混合料的应力松弛能力低下。在温度梯度的作用下，过快下降的温度所产生的温度应力超过了沥青混合料的极限抗拉强度，导致了开裂的发生。对于这种病害，沥青作用比较显著。

1. 低温蠕变劲度

根据美国 SHRP 成果，弯曲蠕变劲度可以用来衡量沥青类材料的低温性能，因此采用 BBR 对树脂生物沥青的低温抗裂性能进行了测试。该试验借鉴了工程中梁的理论来测试沥青小梁在低温下的蠕变劲度 S，用蠕变荷载来模拟沥青材料在低温下因温度变化而产生的应力。为了防止沥青类材料因温度下降而开裂，对其蠕变劲度做出了一定的限制，规定在确定的测试温度下，低温蠕变劲度 S 值在 60s 时应小于 300MPa。其中，蠕变劲度的计算公式如下：

$$S(t) = \frac{PL^3}{4bh^3\delta(t)} \tag{3-5}$$

式中，$S(t)$为 60s 时的蠕变劲度（MPa）；P 为荷载，取 0.98N；L 为梁的间距，取 102mm；b 为梁的宽度，取 12.5mm；h 为梁的高度，取 6.25mm；$\delta(t)$为 60s 时的挠度（mm）。

本次试验采用美国 ATS 公司 BBR（图 3-42）。该仪器可以自动在不同时间段施加所需预加载与荷载，并记录小梁的挠度，同时根据公式计算出时间段内的蠕变劲度 S。

（a）仪器外观　　　　　　　　　　　　（b）仪器内部

图 3-42　BBR 设备图

试验中，同样采用"40-23""50-27""60-33"这三种配比的树脂生物沥青以及基质沥青和 SBS 改性沥青进行测试。同时，设定试验温度为-30℃、-24℃以及-18℃。图 3-43 是不同配比树脂生物沥青低温蠕变劲度对比图。

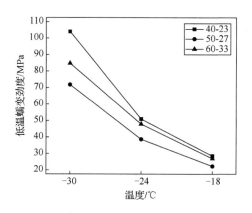

图 3-43　不同配比树脂生物沥青低温蠕变劲度对比图

从图 3-43 中可以发现，所有配比树脂生物沥青的低温蠕变劲度在三个试验温度下都远小于规定的 300MPa，皆满足要求。而对比树脂生物沥青三种配比的蠕变劲度，则有"50-27"＜"60-33"＜"40-23"，这表明三种配比中"50-27"的低温抗裂性能最为优异。同时联系前文的结论可以发现，"40-23"的高温性能最为优异，"50-27"的低温性能最为优异，"60-33"这种配比的高低温性能介于二者之间。

接下来对不同种类沥青的低温蠕变劲度开展了对比分析，如图 3-44 所示。需要说明的是，在图 3-44 中，当温度设定为-24℃时，基质沥青在加载后立即出现脆断，无法继续完成试验，因此只对其进行了-18℃下的弯曲梁流变试验，同时在-18℃的测试温度下也在超过 60s 后出现了脆断现象。因此图 3-44 中，不同于 SBS 改性沥青和树脂生物沥青，基质沥青只出现了-18℃下的数据点。

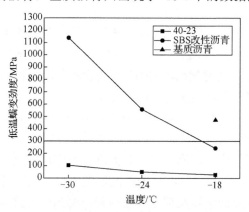

图 3-44　三种沥青的蠕变劲度

从图 3-44 中可以发现，"40-23"配比树脂生物沥青的蠕变劲度远小于本书中的两种石油沥青。这表明相对于石油沥青，树脂生物沥青具有更为优异的低温性能。

2. 蠕变劲度变化率

除了低温蠕变劲度 S, BBR 还可以根据前者自动计算得到蠕变劲度变化率 m。蠕变劲度变化率 m 表征了沥青材料对温度下降的响应，因此越大越好，规定该值在 60s 时应大于 0.3。

将 BBR 自动计算得到的蠕变劲度变化率 m 数据汇总于图 3-45 和图 3-46。由于基质沥青在-24℃及更低温度下的蠕变劲度数据缺失，因此只能计算得到-18℃时的蠕变劲度变化率 m。

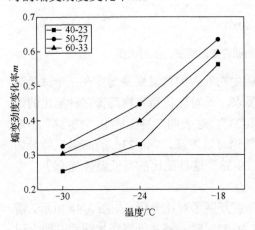

图 3-45　不同配比树脂生物沥青的　　　　图 3-46　三种沥青的蠕变劲度变化率
　　　　　蠕变劲度变化率

分析图 3-45 和图 3-46 可以发现：

（1）对比蠕变劲度变化率，"50-27" > "60-33" > "40-23"，这表明"50-27"配比的树脂生物沥青对于温度变化的响应更快。结合低温蠕变劲度的测试结果，在三种树脂生物沥青中，"50-27"的低温性能确实最为优异。

（2）除了"40-23"这种配比在-30℃时的蠕变劲度变化率没有超过 0.3，其他情况下，所有配比在三个试验温度下的蠕变劲度变化率都达到了要求。

（3）尽管"40-23"在低温性能上略差于其他两种配比，但是却远远优于基质沥青和 SBS 改性沥青，完全满足应用于结合料生产要求。

综合上述对不同配比下树脂生物沥青的高温稳定性能测试和低温抗裂性能测试，"40-23"这种配比树脂生物沥青的高温性能要优于其他两种配比的树脂生物沥青，同时也优于基质沥青以及部分改性沥青，而在低温抗裂性方面虽然比不上其他两种配比，但是也远远优于各类石油沥青。因此，后续的试验过程中拟采用"40-23"这种配比来制作树脂生物沥青混合料。

3.4　树脂生物沥青混合料的性能测试

树脂生物沥青制备完成后需要用其成型混合料并验证路用性能。本节内容首先设计了沥青混合料的级配和最佳油量，再对成型后混合料进行各项性能测试。混合料性能的对比主要通过三种试验实现，分别为动态模量试验、蠕变试验及半圆弯拉试验。动态模量试验可以初探树脂生物沥青混合料在各种温度下的力学性能，蠕变试验则可以验证树脂生物沥青混合料的抗高温变形能力，最后通过半圆弯拉试验评价其低温抗裂性能。

3.4.1　混合料组成设计

树脂生物沥青混合料不同于常规的沥青混合料，其在成型后还需要进行保温以促进其固化反应的完成，最终使其形成强度。树脂生物沥青混合料的配合比设计参考《公路沥青路面施工技术规范》（JTG F40—2004）中热拌沥青混合料配合比设计方法。

1. 石料及矿粉选取

1）石料
石料采用石灰岩，取自哈尔滨阿城石料厂。
2）矿粉
矿粉同样取自哈尔滨阿城石料厂。

2. 配合比设计

我们采用了 AC-13 级配料成型树脂生物沥青混合料。矿料的级配按照《公路沥青路面施工技术规范》（JTG F40—2004）规定的中值确定，如表 3-10 所示。

表 3-10　AC-13 矿料级配范围

筛孔孔径/mm	通过率范围/%	通过率中值/%
16	100	100
13.2	90～100	95
9.5	68～85	76.5
4.75	38～68	53
2.36	24～50	37
1.18	15～38	26.5
0.6	10～28	19

筛孔孔径/mm	通过率范围/%	通过率中值/%
0.3	7～20	13.5
0.15	5～15	10
0.075	4～8	6

3. 最佳沥青用量

在成型 AC-13 混合料时，采用的油量从 4%开始，每隔 0.5%增加一档油量，因此采用的油量为 4.0%、4.5%、5.0%、5.5%、6.0%。

对成型混合料进行马歇尔试验后得到表 3-11 所示的数据。

表 3-11　树脂生物沥青混合料马歇尔试验结果

油量 /%	毛体积密度/ (g/cm³)	空隙率 VV/%	矿料间隙率 VMA/%	沥青饱和度 VFA/%	稳定度 MS/kN	流值 FL/0.1mm
4.0	2.27	8.30	17.79	53.50	9.81	31.27
4.5	2.32	6.21	17.00	63.45	11.18	32.57
5.0	2.35	5.18	17.14	69.88	13.99	33.27
5.5	2.34	4.91	17.94	72.65	11.51	33.75
6.0	2.33	4.49	18.59	75.85	10.86	36.25

通过计算得到树脂生物沥青混合料的最佳油量为 5.39%。

3.4.2　动态模量试验

1. 动态模量与相位角

树脂生物沥青混合料与石油沥青混合料都是黏弹性材料，在不同的温度和车辆荷载速率作用下会出现不同的性能。而动态模量$|E^*|$及相位角 φ 可被用于评价沥青混合料的各类力学性能[98]。在试验中，对混合料加载不同频率的荷载可以模拟不同时速车辆经过时所产生的荷载，同时对试验温度进行控制也可以模拟不同的行车环境。动态模量$|E^*|$是复合模量 E^* 的绝对值。与动态剪切流变试验中沥青的复合模量类似，混合料的复合模量也是复数，由黏性模量和弹性模量二者共同构成。而相位角 φ 则可以非常明确地区分复合模量中的弹性模量与黏性模量成分，该指标位于 0°～90°。其中，弹性模量 $E'=E^*\cos\varphi$，黏性模量 E'' 又称损耗模量，$E''=E^*\sin\varphi$[99]。可以看出，当相位角 φ 趋向于 0°时，动态模量中弹性成分居多；当相位角 φ 趋向于 90°时，动态模量中黏性成分居多。

在动态模量试验中，根据树脂生物沥青混合料的最佳油量，采用旋转压实成型ϕ150mm×170mm 圆柱形试件，然后通过钻芯取得ϕ100mm×150mm 的圆柱形试件从而消除边缘效应。在取得最终进行动态模量试验的试件后，需要在其侧面每隔 120°粘贴定位钉以便于放置位移传感器。图 3-47 展示了动态模量试验。

（a）试件

（b）试验中的试件

图 3-47　动态模量试验

本试验采用 IPC 公司的 UTM-250 试验机进行试验。在试验中，控制五种不同的试验温度，分别为-10℃、5℃、20℃、35℃以及 50℃；同时控制六种不同的加载频率，分别为 25Hz、10Hz、5Hz、1Hz、0.5Hz 以及 0.1Hz。最终得到动态模量$|E^*|$与相位角 φ 的数据，如图 3-48 所示。

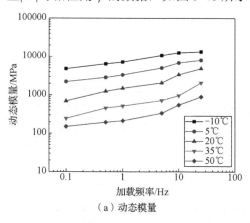
（a）动态模量

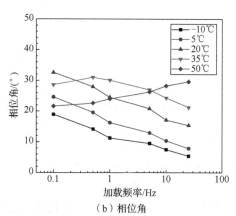
（b）相位角

图 3-48　树脂生物沥青混合料动态模量与相位角

从图 3-48 中可以发现：树脂生物沥青混合料的动态模量在同一种加载频率下都随着温度的降低而增大，在同一种试验温度环境下，都随着加载频率的增大而增大。当温度低于或等于 20℃时，相位角在相同的加载频率下随着温度的降低而降低。其原因是当温度降低时，沥青混合料的强度提高，从而增加了其弹性成分的比重。而在相同温度下动态模量随着加载频率的增大而降低，即当温度为中低温时，沥青混合料的强度较高，能对更高的加载频率有很好的响应，从而解释了其弹性成分比重增加的现象。当温度为 50℃时，相位角随着加载频率的增大而增大。其原因是当温度提高后，混合料中的胶结料逐渐显现出黏性特性，随着加载频率的增大，不能对加载频率作出充分的响应，其中的大部分荷载都由集料来承担，从而导致相位角增大。

与 90#基质沥青混合料和 SBS 改性沥青混合料对比，在大部分温度和频率下，树脂生物沥青混合料的相位角都要低于前两者，即树脂生物沥青混合料具有更好的弹性。同时，不难发现 35℃是一个特殊的温度。在该温度下，沥青混合料的相位角随着加载频率的增加呈现先增大后减小的规律。因此为了探究现象的普遍性，单独将各类沥青混合料在 35℃下的相位角数据提出来进行分析对比，如图 3-49 所示。

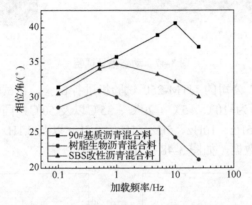

图 3-49　35℃时各类沥青混合料相位角对比

从图 3-49 中可以看出，当温度为 35℃时，三者的相位角随着加载频率的增大先增大再减小。虽然三种沥青混合料在该温度下随着加载频率的变化保持了一定的变化趋势，但是也有一定的差异。树脂生物沥青混合料的相位角随着加载频率的增大最先出现降低，而 90# 基质沥青混合料随着加载频率的增大最迟出现降低，SBS 改性沥青混合料的转折点位于前两种材料之间。相位角越小，表明混合料中弹性成分越多[100]，即混合料在该温度下对荷载的变化能作出更快的响应。而树脂生物沥青混合料的相位角随着加载频率的增加最早出现降低。因此相对于其他两种材料，树脂生物沥青混合料能在更宽频率范围内对荷载出现较好的响应而不是迟滞。

2. 车辙性能指标与损耗模量

1）车辙性能指标

结合动态模量$|E^*|$和相位角 φ 可以得到$|E^*|/\sin\varphi$，该值类似于评价沥青高温性能的指标车辙因子。有研究表明该值与车辙变形具有很高的相关性，可以用来衡量沥青混合料的抗车辙性能[101]，因此接下来称其为车辙性能指标。$|E^*|/\sin\varphi$ 越大，则抗车辙变形性能越强。由于车辙通常发生在夏季高温环境下，因此在分析 90# 基

质沥青混合料、SBS 改性沥青混合料和树脂生物沥青混合料抗车辙能力时，选用了 50℃时的数据来进行对比分析，如图 3-50 所示。

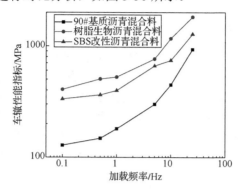

图 3-50　50℃时各类沥青混合料车辙性能指标对比

在 50℃的环境下，树脂生物沥青混合料的车辙性能指标在所有的加载频率上都超过了其余两种沥青混合料，这显示出了其在高温状态下优异的抗变形性能。

2）损耗模量

类似于沥青剪切流变试验，根据动态模量$|E^*|$和相位角 φ 还可以得到另外一个指标——$|E^*|\times\sin\varphi$，该指标被称为损耗模量，有研究表明该指标与沥青混合料的抗疲劳能力具有很高的相关性[102]。一般情况下，在中温状态下可对沥青混合料的抗疲劳性能进行评价，因此本次评价时选用 20℃数据进行计算。该指标越小，一定程度上表明沥青混合料的抗疲劳能力越强。图 3-51 展示了三种沥青混合料的损耗模量。

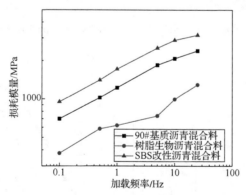

图 3-51　20℃时各类沥青混合料损耗模量对比

不难发现，在 20℃时，树脂生物沥青混合料在所有加载频率下都低于其他两类沥青混合料，展示了其更佳的抗疲劳能力。但是，也可以发现，SBS 改性沥青混合料的损耗模量要大于 90#基质沥青混合料，这可能是因为在该温度下，SBS 改性沥青混合料的动态模量过大，即使其相位角低于 90#基质沥青混合料，也无法使损耗模量过低。当然这也从侧面说明对混合料来讲，损耗模量的疲劳性能表征并不一定适用。

3. 动态模量主曲线

动态模量的主曲线可以表征更宽广频率下的动态模量[103]，为得到一些试验条件无法达到状态下的动态模量提供了更加简便的方法。主曲线主要是根据时温等效原则求得。在求动态模量主曲线时，同样采用广义的修正 Sigmoidal 模型。根据类似的求解方法，在 Excel 程序中采用规划求解中非线性方法得到各种温度下的主曲线，在对主曲线进行平移后即可得到主曲线簇。主曲线簇可以用来预测更宽范围以及更多温度下沥青混合料的动态模量[104]。试验结果如图 3-52～图 3-57 所示。

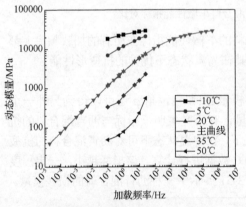

图 3-52　90#基质沥青混合料主曲线

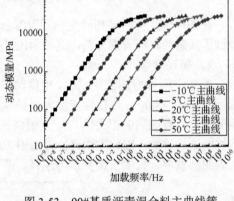

图 3-53　90#基质沥青混合料主曲线簇

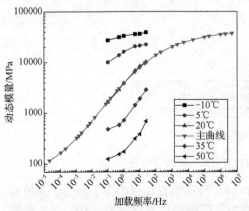

图 3-54　SBS 改性沥青混合料主曲线

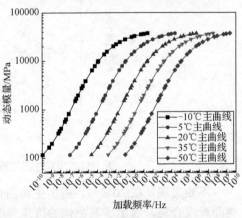

图 3-55　SBS 改性沥青混合料主曲线簇

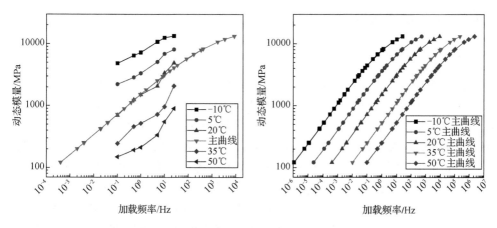

图 3-56　树脂生物沥青混合料主曲线　　　图 3-57　树脂生物沥青混合料主曲线簇

求得主曲线后可以得到其求解过程中的移位因子，如图 3-58 所示。移位因子可以用于表征沥青混合料的温度敏感性[105]。在一定的温度区间内，移位因子差值越小，则该种材料的温度敏感性越弱。

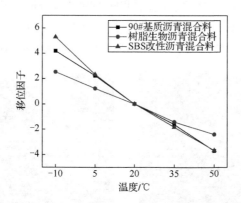

图 3-58　20℃时各类沥青混合料移位因子对比

从图 3-58 中可以发现，树脂生物沥青混合料所在的移位因子线的斜率更小，因此相比较于其他两种沥青有着更小的温度敏感性。这也意味着当温度发生变化时，树脂生物沥青混合料受到的影响越小，相对不容易出现低温开裂或者高温车辙等现象。而 SBS 改性沥青混合料的移位因子斜率则基本与 90#基质沥青混合料持平。

3.4.3　高温蠕变试验

1.　高温蠕变试验简介

根据国外技术规范和试验方法，高温性能试验可分为流动时间试验和流动次数试验[106]。流动时间试验中，流动时间是指轴向应变变化率最小时所对应的时间。流动次数试验中，流动次数是指轴向应变变化率最小时所对应的加载次数。二者都可以用于评价混合料抵御永久变形的能力，但二者对加载的要求略有不同。在流动时间试验过程中，通常对试件施加一个恒定的轴向压力；而在流动次数试验中，通常对试件施加半正弦轴向荷载，该荷载在 1s 中持续时间为 0.1s。综合考虑两种试验方法的效果以及加载方式，本节采用流动时间试验进行后续的加载。

在进行试验时采用的试件为 3.4.2 节动态模量试验完成后的试件，由于动态模量试验是一种无损试验，因此可以继续使用其试件进行其他试验研究。

本试验同样采用 IPC 公司的 UTM-250 试验机进行研究。为了进一步探究并验证高温条件下三类混合料抵抗永久变形的能力，设定试验温度为 50℃。试验过程中，在上下压盘和试件之间需添加两层薄膜，并在两层薄膜之间涂抹凡士林以减小摩擦力，同时这样也可以减少顶端和底部的环箍效应，从而减小边缘效应对试验结果的影响[107]。进行流动时间试验时施加的接触荷载大小为 5kPa，恒定荷载大小为 250kPa。图 3-59 展示了高温蠕变试验及受到破坏后的试件形貌。

（a）试验中的试件形貌　　　　　　　　　　　（b）破坏后的试件形貌

图 3-59　高温蠕变试验及受到破坏后的试件形貌

2.　流动时间

在流动时间试验中，对旋转压实试件施加一个恒定的轴向力，测量由此导致的轴向应变，并计算得到其应变变化率。以上过程均可在程序中自动实现并输出数据。将数据整理后列于图 3-60～图 3-65 中。

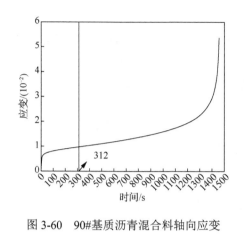

图 3-60　90#基质沥青混合料轴向应变

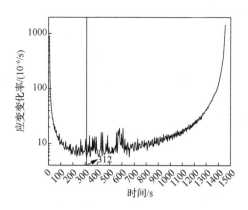

图 3-61　90#基质沥青混合料应变变化率

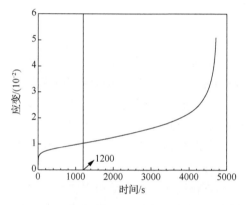

图 3-62　SBS 改性沥青混合料轴向应变

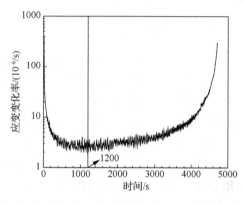

图 3-63　SBS 改性沥青混合料应变变化率

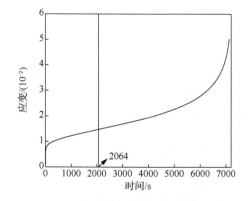

图 3-64　树脂生物沥青混合料轴向应变

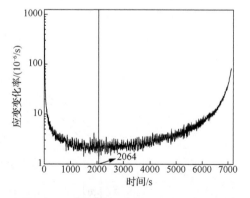

图 3-65　树脂生物沥青混合料应变变化率

图 3-60、图 3-62 和图 3-64 展示了混合料受压时的轴向应变，而图 3-61、图 3-63 和图 3-65 展示了应变随时间的变化率，应变变化率最小时对应的时间即

为流动时间。

将以上数据汇总到表 3-12 中，经过横向对比可以发现：当环境温度为 50℃时，在三种沥青混合料中，流动时间排序分别为树脂生物沥青混合料>SBS 改性沥青混合料>90#基质沥青混合料。这说明树脂生物沥青混合料在高温环境下抵御永久变形的能力最强。与 50℃时三种沥青混合料动态模量数据的大小规律一致，流动时间试验再一次验证了树脂生物沥青混合料的高温抗变形性能优异。

表 3-12　沥青混合料流动时间

	90#基质沥青混合料	SBS 改性沥青混合料	树脂生物沥青混合料
流动时间/s	312	1200	2064

3.4.4　半圆弯拉试验

1. 半圆弯拉试验简介

半圆弯拉（semi-circular bending, SCB）试验可以用于评价沥青混合料的低温抗裂性能[108]。该试件来源广泛，可以来自马歇尔试验、旋转压实或者路面取芯。按照一定厚度切片再对半切，最后在圆心处向内切缝即可得到所需试件。相较于小梁弯曲试验，由于半圆弯拉试验试件在圆心处有一向内的切口，更符合路面出现裂缝时的实际工况，因此更适合用于评价沥青混合料的低温抗裂性能。根据美国国家公路与运输协会（American Association of State Highway and Transportation Officials, AASHTO）规范 TP105-13 中规定，通常情况下，内切缝可以与半圆盘垂直轴成 α 角。为了对三种混合料进行横向对比，在实际试验中对半圆盘的几何尺寸进行了一定程度的简化与修改。规定半圆盘的直径 d 为 100mm，厚度 t 为 25mm，切缝深度 a 为 15mm，如图 3-66 所示。

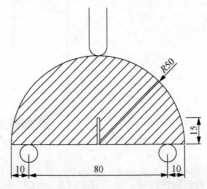

图 3-66　半圆弯拉试验试件示意图（单位：mm）

为了探究极端低温下的混合料裂纹起始和扩展性能，参考已有的北方地区冬季温度测试结果，确定试验温度为-30℃，并在该温度下将试件保温 4h。本试验采用 IPC 公司的 UTM-250 试验机进行试验。在进行试验时，先对试件施加 0.3kN 的预加载荷载，保持 1min。然后按照 0.06kN/min 的速率令荷载增加至 0.5kN。接下来进行位移控制，通过改变荷载的大小保证位移按照 0.02mm/min 增加直至试件破坏。此后，当荷载下降到 0.3kN 以下时，终止测试。图 3-67 展示了部分试件及试验过程中的试件。

（a）试件　　　　　　　　　　　　（b）试验过程中的试件

图 3-67　低温半圆弯拉试验试件及试验过程中的试件

2. 断裂能

断裂能指的是试件在经受破坏时，外力对每单位面积所做的功。在本试验中，可以由荷载-位移曲线所包含的面积与韧带面积的比值来表示，其公式为

$$G_f = \frac{W_f}{A_{lig}} \tag{3-6}$$

$$A_{lig} = (r - a) \times t \tag{3-7}$$

式中，G_f 为断裂能（J/m² 或 N/m）；W_f 为总断裂功（J）；A_{lig} 为韧带面积（m²）；r 为半径（m）；a 为切缝深度（m）；t 为半圆盘厚度（m）。

断裂功 W_f 可以根据荷载-位移曲线所包围的面积求得，该面积分为两部分。当荷载小于 0.3kN 后，尾端断裂功 W_{tail} 需要进行拟合求得。因此总断裂功 W_f 可以表示为

$$W_f = W + W_{tail} \tag{3-8}$$

式中，W 为断裂功，其计算公式为

$$W = \sum_{i=1}^{n} \left[(u_{i+1} - u_i) \times P_i + \frac{1}{2}(u_{i+1} - u_i)(P_{i+1} - P_i) \right] \tag{3-9}$$

$$W_{tail} = \frac{c}{u_c} \tag{3-10}$$

$$c = Pu^2 \tag{3-11}$$

其中，u_c 为试验终止时的平均位移；P 为低于荷载峰值 60% 后的荷载；u 为对应于 P 的位移。

根据式（3-6）～式（3-11）可以计算求得最终的断裂能 G_f。图 3-68～图 3-70 展示了不同沥青混合料的荷载-位移面积图。其中阴影区域的面积即为计算总断裂功 W_f 的第一部分 W。

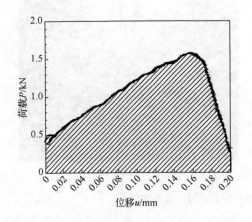 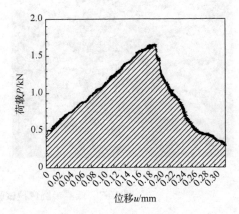

图 3-68　90#基质沥青混合料荷载-位移面积图　　图 3-69　SBS改性沥青混合料荷载-位移面积图

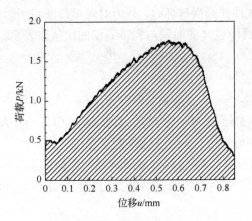

图 3-70　树脂生物沥青混合料荷载-位移面积图

根据图 3-68～图 3-70 得到峰值荷载和峰值荷载相对应的位移，将其列于表 3-13。

表 3-13　沥青混合料断裂峰值荷载及相应位移

混合料种类	断裂峰值荷载 P/kN	峰值荷载下对应的位移 u/mm
90#基质沥青混合料	1.58452	0.15907
SBS 改性沥青混合料	1.66463	0.19255
树脂生物沥青混合料	1.76715	0.55718

计算断裂功与断裂能后将数据汇总于表 3-14。

表 3-14　沥青混合料断裂能对比

混合料种类	断裂功 W/J	尾端断裂功 W_{tail}/J	总断裂功 W_{f}/J	韧带面积 A_{lig}/m^2	断裂能 G_{f}/(N/m)
90#基质沥青混合料	0.212	0.112	0.324	8.52×10^{-4}	379.73
SBS 改性沥青混合料	0.301	0.121	0.422	8.96×10^{-4}	471.19
树脂生物沥青混合料	0.990	0.435	1.425	8.89×10^{-4}	1602.60

从表 3-14 中可以发现,在极端低温环境(-30℃)下,树脂生物沥青的断裂能远大于 90# 基质沥青混合料和 SBS 改性沥青混合料。而后两者的断裂能相近,SBS 改性沥青混合料的断裂能也仅仅只是略大于 90# 基质沥青混合料。这表明树脂生物沥青混合料的低温抗裂能力极为优异。

3. 断裂韧性

断裂韧性是半圆弯拉试验中可以求得的另一个性能指标。断裂韧性可以用于表征材料在断裂过程中吸收能量的能力。断裂韧性越高,则其阻止裂缝扩展的能力越强。

在本试验中,断裂韧性 K_{IC} 可由以下公式求得

$$K_{IC} = Y_{I(0.8)} \sigma_0 \sqrt{\pi a} \tag{3-12}$$

$$\sigma_0 = \frac{P_c}{2rt} \tag{3-13}$$

$$Y_{I(0.8)} = 4.782 + 1.219 \left(\frac{a}{r} \right) + 0.063 e^{7.045 \times \frac{a}{r}} \tag{3-14}$$

式中, $Y_{I(0.8)}$ 为标准化的应力强度因子;a 为切缝深度(m);P_c 为峰值荷载(mN);r 为半径(m);t 为半圆盘厚度(m)。结合各沥青混合料的荷载-位移曲线以及几何尺寸,计算得到其断裂韧性并汇总于表 3-15。

表 3-15　沥青混合料断裂韧性对比

混合料种类	断裂韧性 $K_{\mathrm{IC}}/(\mathrm{MPa \cdot m^{0.5}})$
90#基质沥青混合料	0.798
SBS 改性沥青混合料	0.804
树脂生物沥青混合料	0.847

从表 3-15 中可以发现，90#基质沥青混合料和 SBS 改性沥青混合料的断裂韧性相似，而树脂生物沥青混合料要大于二者，这表明树脂生物沥青混合料在极端低温（-30℃）下阻止裂缝扩展的能力要优于其他两种沥青混合料，同样说明了该混合料优异的低温性能。

4. 刚度

刚度是指材料抵抗变形的能力，通常用于衡量材料在弹性阶段的形变能力。在本试验中，可以用荷载-位移曲线中荷载增大线性部分的斜率来表示[109]。取线性部分的点采用最小二乘法进行回归后求得拟合直线的斜率，即为刚度，计算结果如表 3-16 所示。

表 3-16　沥青混合料刚度对比

混合料种类	刚度/(kN/mm)
90#基质沥青混合料	7.89
SBS 改性沥青混合料	6.41
树脂生物沥青混合料	3.86

从表 3-16 中可以看出，混合料刚度的性质正好与断裂韧性和断裂能等性能相反。在计算刚度时，90# 基质沥青混合料的刚度反而是三者中最大的。但是事实上，更大的刚度并不意味着更好的性能。在低温条件下，若材料不能随着荷载出现一致的变形，则其外加荷载会聚集在材料中从而出现很大的应力，一旦应力超过材料本身的强度，则会出现破坏的现象。因此在该试验中 90# 基质沥青混合料刚度最大，但是其低温抗裂的性能最差。相反，树脂生物沥青混合料的刚度在三者中虽然最小，但是其低温抗裂性能最好。

第4章　植物油脚沥青再生剂研发与性能验证

我国高速公路发展迅猛，但已逐步由快速新建期转为养护期和再生期。因此，如何合理利用原有老化路面材料成为重点攻坚方向，而再生剂依靠小分子的柔化作用，可较好地解决沥青老化导致旧料性能不足这一问题[110]。另外，植物油脚是制油过程中产生的残余废弃物，现阶段的处置方法较为原始，常被当作饲料进行处理，但其中含有的大量小分子化合物具有开发成再生剂的潜能，资源被严重浪费。结合基建和农业存在的这些技术需求，作者开展植物油脚废弃物的资源化利用，将植物油脚中具有可重复利用价值的成分，经深加工制作为沥青再生剂，研究结果对于构建可持续交通具有重要的现实意义。

首先，针对再生剂的作用机理，应先通过化学仪器联用对植物油脚中的成分进行检测分析，得到植物油脚中所含有化合物的种类与含量。通过对植物油脚的高温和水稳性能进行分析，发现磷脂的理化性能不稳定，加热会发生体积膨胀产生刺激性气味，且易与水形成稳定性较好的乳浊液，同时也是诱发植物油脚发生生物变质的重要原因[111]。而植物油脚中的脂肪酸具有含量相对较高、化学成分相对稳定、无毒无害、分子量较小等特点，较为适宜作为再生剂的原材料[112]。因此，这一论证也明确了再生剂研发的目标和方向，即去除其中的磷脂和水并极大程度地保留脂肪酸。

其次，脂肪酸中含有大量的羧基，由于羧酸与沥青都属于酸性物质，对酸性集料的黏附性会产生负面影响。因此，需要对脂肪酸中的羧基进行一定处理。另外，从官能团的极性角度认为羧基的分子极性高于酯基、扩散性能劣于酯基。但若将羧基转变为酯基，要采取酯化反应将导致分子链长增加，而链长也是制约分子扩散的关键因素之一[113]。因此，基于分子模拟从微观角度建立老化沥青-再生剂双层模型，对比分析脂肪酸和脂肪酸甲酯在老化沥青中的扩散行为。通过所得到的扩散系数和相对浓度，认为脂肪酸甲酯的扩散性能更优。

基于上述两方面的分析，我们不仅对植物油脚有了深层次的认知，也从理论上明确了再生剂的生产方向。通过预试验发现丙酮和乙酸乙酯萃取效果相对较好，针对两种不同溶剂萃取过程进一步分析，乙酸乙酯制取的再生剂产出效率相对较高、稳定性相对较好、去磷脂效果更优，因此最后选定乙酸乙酯作为萃取溶剂。通过磷脂和脂肪酸在乙酸乙酯中的溶解性差异过滤去除磷脂，再用 3A 分子筛吸收混合液中的水，以萃取分液蒸馏等一系列工业化生产方式得到初代再生剂。以甲醇为原料，甲醇钠为催化剂，基于酯化反应原理，设计了正交试验，对初代再生剂进行了进一步性能优化。根据酯化反应特点，采用乙醇代替甲醇，KOH 和 NaOH 分别代替甲醇钠进行对比试验，共制取得到 12 种再生剂，并根据正交试验确定了最佳的酯化工艺。

最后，将优化后的再生剂与经压力老化容器（pressure aging vessel，PAV）老化后的沥青进行混合以制得再生沥青。基于传统的三大指标和黏度试验，结合表面能、沥青弯曲蠕变劲度试验、频率扫描、沥青抗疲劳性能试验以及沥青多重应力蠕变恢复试验从多角度分析再生剂的相对最佳掺量，发现当再生剂掺量为 9% 时，能够较为均衡地满足各项指标相应要求。在 9% 掺量下，通过沥青弯曲蠕变劲度试验、频率扫描、沥青抗疲劳性能试验和沥青多重应力蠕变恢复试验，分别对再生沥青的低温性能、抗疲劳性能和高温性能进行分析，由此提出了适用于不同条件下的植物油脚沥青再生剂最佳掺量。

4.1 试验原材料分析

通过成分检测，分析不同产源植物油脚中所含有成分的共同点与差异性，对植物油脚的成分及其性质进行重点分析，探究植物油脚作为再生剂的可行性与不足，为后续植物油脚沥青再生剂的研发提供理论依据。同时，对试验所需 90# 沥青的常规性能进行检测和分析，并与后续老化后的再生沥青性能做对比分析，以探究再生剂对于老化沥青的恢复情况。

4.1.1 植物油脚成分检测

植物油脚作为工业制油的废料，其成分与制油原材料具有直接相关性，大豆和菜籽所产生的油脚成分必然不同[114]。而单对大豆油脚来说，由于不同制油厂的加工工艺不同，所产出的大豆油脚也有所不同。在东北地区，食用植物油生产主要以大豆油为主，因此，选取大豆油生产过程中的油脚尾料为研究对象。在研发植物油脚沥青再生剂之前，应首先对植物油脚成分的普遍性和差异性进行探究。

1. 材料来源

选择长春市九三粮油工业集团有限公司以及益海嘉里（哈尔滨）粮油食品工业有限公司两家公司的大豆油脚作为研究对象，如图 4-1 所示，对比两家油厂的油脚成分差异，探究不同来源的大豆油脚所含物质的共性与差异。

（a）九三油脚　　　　　（b）益海嘉里油脚

图 4-1　未发酵的常温油脚

2. 材料性质

不同产地的油脚在外观形貌上基本相同，新鲜的油脚为黄色黏稠膏状物，质地较软，其中还含有一定量的絮状物，具有大豆制品独有的芳香气味，不刺鼻。在常温下，能够观察到表层有一层类油脂物质。

取少量油脚放置于常温下观察其形态变化。如图 4-2 所示，随着时间的增加，大豆油脚的表面逐渐形成一些稳定的气泡，表面层出现一些类似油脂的物质，具有一定的油脂光泽。这说明常温下不饱和碳键的氧化过程仍会发生，但仅发生在接近空气的表面层且反应并不剧烈。而表层析出的物质应该为不饱和脂肪酸，由于植物油脚本身成分复杂且并不稳定，所以会在表层形成析出的物质。

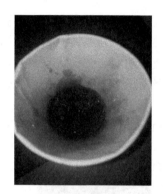

图 4-2　长时间放置的大豆油脚

如图 4-3 所示，将油脚放置在不同温度下进行观察，在-20℃贮藏时，油脚整体呈硬度较大的糕状，颜色偏黄，表层仅有极少量类油脂物质析出；当将油脚置于-5℃贮藏时，硬度逐渐变小，相较于-20℃时表层的油状物质析出量增多；将油脚放置在 50℃水浴中进行加热时，其流动性增加，表层的油状物质增加，具有一定的光泽，且在表面形成一层气泡膜，气泡数量较为可观，分布较为密集，气泡稳定性较好，聚而不破。将油脚进一步水浴加热至 90℃，在加热过程中，油脚的流动性进一步增加，但仍保持一种类似于沥青的黏弹特性，表面气泡数量也逐渐变多，并在加热过程中能够闻到一股"哈喇味"。其主要原因是植物油脚中含有大量的不稳定成分，在加热过程中发生热解或加速氧化，易生成醛基等物质，因此才会产生这种特殊气味[115]。油脚整体黏度较大而表面层与氧气直接接触，因此氧化反应只发生在表面，且温度的升高会促进反应发生，故随着温度增加，油脚表面层气泡会越来越多。

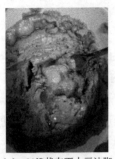　　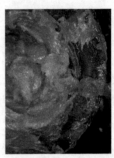

（a）-20℃状态下大豆油脚　　　（b）-5℃状态下大豆油脚　　　（c）50℃状态下大豆油脚

图 4-3　大豆油脚的不同状态

3. 植物油脚沥青再生剂研发可行性分析

植物油脚属于生物油基材料，沥青胶结料属于石油基材料，而石油是动植物混合物经过亿万年的化学变化沉积而来，本质上与生物基材料同宗同源。且已有研究表明，生物油基材料与石油基材料可较好地混溶[116]。基于此，本章对两种物质的相融性以及沥青服役条件下植物油脚的行为状态进行分析，综合判断植物油脚作为再生剂的可行性。

首先应对植物油脚与沥青的相融性进行分析，取少量加热到 130℃的沥青与常温油脚进行混合并搅拌，观察混溶效果，并对混合后的植物油脚-沥青加热到163℃，判断高温条件下是否会出现分层等现象，结果如图 4-4 所示。

（a）搅拌植物油脚-沥青　　　（b）加热植物油脚-沥青共混物

图 4-4　植物油脚-沥青混融态

常温的植物油脚与加热状态下的沥青混合效果较好，能够通过搅拌的方式充分融合在一起，且二者之间不出现分层离析等现象，这也说明植物油脚具有开发成沥青再生剂的可能性，且其施工和易性较好，但植物油脚各种成分的作用特点仍不清楚，需要做进一步的研究分析。

夏天时，路表的沥青服役温度在 70℃以上，而沥青混合料拌和摊铺温度一般在 160℃左右。因此也有必要对植物油脚的高温状态进行探究。取少量植物油脚置于 200mL 容量的容器中平铺一层，并将容器放置于 500mL 的大容器内防止高温油脚膨胀溢出，放入 163℃烘箱中加热 30min，加热后如图 4-5 所示。

在高温状态下，油脚膨胀剧烈，气泡呈现为浅黄色不消散，且油脚也从黄色变为深褐色，并产生一种具有较强刺激性的"辣"味，十分难闻。冷却后的植物油脚黏度变大，亮度增加。其原因可能是在加热过程中，不饱和碳键发生剧烈的氧化反应[117]，而相较于低温加热，高温反应速率更快，表面层短时间产生大量的气泡状结构，也为油脚内部接触氧气继续反应提供通道，产生大量醛基，同时大豆卵磷脂在高温条件下失活也可能会产生一系列复杂的变化。因此，虽然植物油脚中含有一些能够使沥青性能恢复的柔性分子，但加热状态下的效果并不好。因而不能直接使用，需要将其进行处理以满足高温服役条件。

沥青服役状态下，常常会经历路表雨水的冲刷，因此对于植物油脚与水的混融性，也应进行一定程度的探究。按照植物油脚：水=1∶1、1∶2、1∶3、1∶4、1∶5 的比例将二者混合搅拌，搅拌时间为 20min，搅拌速率为 150r/min，最终得到混合物如图 4-6 所示。

图 4-5　163℃的植物油脚　　　　图 4-6　植物油脚与水混合搅拌后状态

从图 4-6 中可以看出，植物油脚和水经过外力的作用下，能够形成一种稳定的浅黄色乳浊液。随着水量的增加，仅乳浊液的颜色略有改变，稳定性依旧较好。所形成的乳浊液颜色均匀状态稳定，常温状态下长时间放置不会产生破乳现象。这种现象可以从侧面说明植物油脚中含有大量的磷脂，磷脂是一种两性分子，由于其分子链两端既有亲油基又有亲水基，亲油端与大豆油脚中的油脂类物质相似相融，亲水端和水结合，因此可以形成稳定的乳浊液。

将 1∶1 的混合物在一个大气压强条件下进行减压抽滤，如图 4-7 所示，该方法没有得到明显的效果，形成的乳浊液对于水的束缚能力较强，形成的"水-磷脂-油基类"结构稳定，并大于滤纸的有效空隙，因此不能够被减压抽滤分离。利用相同的方法对植物油脚：水=1∶2、1∶3、1∶4、1∶5 下的混合物也进行了减压抽滤分离，得到的效果均相同。

如图 4-8 所示，将不同比例的乳浊液分别放置在 135℃的烘箱中加热 20min，能够发现乳浊液发生了破乳，出现了不均匀的状况。部分油脚产生絮状抱团现象，分离的水也并不是完全清澈，其中仍混有一些溶于水的磷脂和其他物质，所以仍表现为一种较浅的淡黄色。通过上述试验现象可以发现，植物油脚中含有一定的亲水基团，这些基团对沥青的影响是负面的。为降低沥青与石料之间的黏附性，应将植物油脚中的亲水基团去除。

图 4-7　植物油脚与水 1∶1 乳浊液减压抽滤　　图 4-8　植物油脚与水 1∶1 乳浊液 135℃加热

为进一步测试乳浊液的稳定性，将植物油脚∶水=1∶2、1∶3、1∶4、1∶5 的混合物放置在离心机进行离心试验，转速为 2000r/min，时间设定为 40min，结果如图 4-9 所示。

（a）1∶2 乳浊液　　　（b）1∶3 乳浊液　　　（c）1∶4 乳浊液　　　（d）1∶5 乳浊液

图 4-9　植物油脚与水不同比例混合后的乳浊液离心试验

当水量较少时，离心后的效果并不明显，当植物油脚∶水=1∶2 时，能够看到表层析出的水分，乳浊液整体稳定；当植物油脚∶水=1∶3 时，表层析出的水量变多，中间层出现一定的絮状物，但乳浊液整体仍十分稳定；当植物油脚∶水=1∶4 时，表层析出水量增加，絮状物含量增加；当植物油脚∶水=1∶5 时，乳浊液能够明显地看到分层现象，总体上乳浊液呈现三层结构，最上层是整个油脚中的轻质组分，密度小于水，中间层为水，最下层为密度大于水的磷脂以及高级脂肪酸等。

4. 成分检测

植物油脚的成分复杂，与油源和制油工艺息息相关。为全面而准确地探究植物油脚的成分，分别从两家国内不同厂商对植物油脚取样并开展成分检测。具体检测仪器的型号见表 4-1 与表 4-2。

表 4-1　第一次检测仪器及其型号

检测仪器	仪器型号
气相色谱质谱联用仪	TRACE 1310-ISQ
顶空气相色谱质谱联用仪	Agilent GC6890-5975I MS
热裂解气相色谱质谱联用仪	GC-MS-QP2010Ultra
傅里叶变换红外光谱仪	Nicolet iS5
射线衍射仪	FEI Quanta 200FEG
能量色散 X 射线能谱仪	Bruker D8 ADVANCE
热重分析仪	TA；G500
气相色谱仪	Agilent 7890B

表 4-2　第二次检测仪器及其型号

检测仪器	仪器型号
傅里叶变换红外光谱仪	Nicolet iS5
核磁共振波谱仪	EFT-60/90
气相色谱质谱联用仪	TRACE 1310-ISQ
气相色谱仪	Agilent 7890B
X 射线荧光仪	XRF-1800
热裂解气相色谱质谱联用仪	GC-MS-QP2010Ultra
MS 质谱仪	7900 ICP-MS
液相色谱质谱联用仪	Orbitrap Exploris 240 MS

两次检测所采用的仪器与方式略有差别，但其本质都是从元素的种类、含量、官能团等角度入手，结合气相色谱质谱的挥发性，进行综合解谱。表 4-3 与表 4-4 为两种油脚检测的项目及其对应物质。

表 4-3　九三油脚检测项目及其对应物质

检测项目	检测所含成分
GC-MS 谱图	丁酸、正戊酸、脂肪酸、甾醇类等
HS-GC-MS 谱图	丁酸、丁二醇
Py-GC-MS 谱图	脂肪酸、脂肪醇、甾醇类
FTIR 谱图	失水山梨醇油酸酯

检测项目	检测所含成分
EDS 谱图	C、O、Na、Mg、Al、Si、P、K 等元素
XRD X 谱图结合 EDS 谱图	样品灰分中主要为非晶型化合物
TGA 曲线	少量的无机物
GC 谱图	多种脂肪酸

注：EDS 为能量色散 X 射线能谱（energy dispersive spectroscopy）；TGA 为热重分析（thermogravimetric analysis）。

表 4-4　益海嘉里油脚检测项目及其对应物质

检测项目	检测所含成分
FTIR 谱图	磷脂
NMR 测试图	脂肪酸
GC-MS 谱图	糖类、甾醇类
GC-FID 谱图	脂肪酸
XRF 谱图	有机元素
Py-GC-MS 谱图	脂肪酸
MS 谱图	亚油酸、柠檬酸、氯化胆碱
LC-MS 谱图	维生素 E

注：NMR 为核磁共振（nuclear magnetic resonance）；GC-MS 为气相色谱-质谱（gas chromatography-mass-spectrometry）；GC-FID 为气相色谱-火焰离子（gas chromatography-flame lonization detection）；LC-MS 为液相色谱-质谱（liquid chromatography-mass spectrometry）。

通过表 4-3 及表 4-4 可以看到所检测的项目与检测的物质，对同一种检测手段来说，关注的重点不同，所对应检测的物质也不同。通过整理上述表格，便于在试验优化过程中，针对后续单一物质的检测进行试验的选择。

通过表 4-5 及表 4-6 可知，脂肪酸、磷脂、甾醇类为两家油脚共同含有的物质，质量分数占到植物油脚的 70%~80%。但甾醇类含量太少，不足以作为再生剂的主要成分，而磷脂稳定性较差且易于发生生物腐败，因此也不合适。综上对比后，只有脂肪酸适合作为再生剂的主要成分，其质量分数占油脚质量的 40%~50%。

表 4-5　九三植物油脚中所含成分及其质量分数

成分名称	质量分数/%
脂肪酸	44
总磷脂	25~27
失水山梨醇油酸酯	3~5
丁酸	11~13
正戊酸	0.5~1
丁二醇	3~5
甾醇类	0.5~1
脂肪醇	9~11

表 4-6　益海嘉里植物油脚中所含成分及其质量分数

成分名称	质量分数/%
水	10～13
大豆卵磷脂	31～33
柠檬酸	0.1～0.2
氯化胆碱	0.005～0.012
甾醇类	0.05～0.1
脂肪酸	44～49

4.1.2　沥青性能测试

1. 三大指标

本节所用沥青为北方地区常用的 Anda90# 基质沥青，根据《公路工程沥青及沥青混合料试验规程》（JTG E20—2011）（后简称"试验规程"）对基本技术指标进行测定；根据试验规程中旋转薄膜加热试验（rolling thin film oven test, RTFOT）及 PAV 老化试验，制备老化沥青。沥青技术指标结果如表 4-7 所示。

表 4-7　沥青技术指标

沥青种类	针入度 25℃，100g, 5s/(0.1mm)	软化点/℃	延度 15℃，5cm/(min/cm)
基质沥青	85.8	47.5	140+
RTFOT 沥青	46.5	53.4	45.2
PAV 沥青	21.2	60.7	6.5

随着老化深度的增加，沥青中的轻质组分持续挥发，沥青氧化严重。沥青的针入度和延度显著降低，软化点增大。在进行 RTFOT 试验后，沥青质量增加 0.035%，在进行 PAV 试验后（图 4-10），沥青质量增加 0.47%。

图 4-10　PAV 试验后的老化沥青

PAV 为压力老化容器，通过压强将空气中的氧气压入沥青中让其发生充分的氧化反应，从而能够较好地模拟沥青长期服役后的状态。通过图 4-10 可以看出，沥青发生了充分的氧化反应，表层凹凸不平为气体压入沥青后卸压溢出的状态。因此，制备再生沥青之前，应对老化沥青边加热边搅拌去除其中的气泡，防止再生沥青制备的试件内部含有气泡影响试验结果。

2. 表观黏度

黏度能够反映沥青材料在外力作用下的抗剪切变形能力，用于表征沥青的流动特性，而再生剂的掺加必然会影响沥青的力学性质，因此采用旋转黏度试验测定不同种沥青在 135℃和 175℃下的表观黏度，如表 4-8 所示。

表 4-8　不同温度下各样品的表观黏度

试验样品	表观黏度/(mPa·s)	
	135℃	175℃
基质沥青	357	118
RTFOT 沥青	540	142
PAV 沥青	972	188

随着沥青老化程度的增加，其中的轻质组分挥发效果加重，因此在同一温度下，沥青黏度随着老化程度的加重而增大。随着温度的升高，沥青的流动性增强，因此黏度会随之降低。

3. 表面能

表面能为真空条件下分开某一相产生新界面所需的功，常用来表征物质间的界面行为，因此可用于分析沥青的黏附行为以及再生沥青与新沥青的界面融合特性[118]。通过测量沥青与不同液体之间的接触角并进行联合求解，即可得到沥青的表面能。

采用躺滴法将蒸馏水、甲酰胺和丙三醇滴在所测的物质表面，根据已知的液体表面能参数即可求解被滴物质的表面能，测试结果列于表 4-9。

表 4-9　测试液表面能参数（25℃）　　单位：mJ/m²

测试液	表面自由能(γ_L)	表面自由能色散分量(γ_L^{LW})	表面自由能极性分量(γ_L^{AB})	
			路易斯酸(γ_L^+)	路易斯碱(γ_L^-)
蒸馏水	72.8	21.8	25.5	25.5
甲酰胺	58.0	39.0	2.3	39.6
丙三醇	64.0	34.0	3.9	57.4

采用 POWEREACH 公司生产的 JC2000C1 型接触角测量仪进行测试，如表 4-10 所示。

表 4-10　接触角测试结果

检测样品	接触角/(°)		
	蒸馏水	甲酰胺	丙三醇
基质沥青	102.8	94.1	103.1
RTFOT 沥青	107.3	95.4	101.3
PAV 沥青	109.7	96.9	96.6

基于表面能理论，通过表 4-9、表 4-10 的参数与数据，即可计算得到不同状态沥青的表面能参数，结果如表 4-11 所示。

表 4-11　各检测样品表面能参数　　　　单位：mJ/m^2

检测样品	表面自由能(γ_L)	表面自由能色散分量(γ_L^{LW})	表面自由能极性分量(γ_L^{AB})	
			路易斯酸(γ_L^+)	路易斯碱(γ_L^-)
基质沥青	24.5	22.4	0.9	4.7
RTFOT 沥青	13.5	13.2	0.1	2.2
PAV 沥青	4.8	2.3	5.2	1.2

沥青在老化过程中，轻质组分挥发，极性较大的分子依靠分子引力在内部结团，宏观表现为老化沥青与石料的黏结性降低，微观则表现为表面能的降低，与实测结果相吻合。

4.2　基于分子模拟的植物油脚分子扩散性能分析

分子模拟的原理是通过模拟微观分子间的相互作用对宏观现象进行解释，可从微观原理对试验方向进行指导。本节依据沥青四组分原理，根据老化机理建立老化沥青分子模型，依据 4.1 节检测所得到的植物油脚成分，建立磷脂分子模型、脂肪酸分子模型、脂肪酸甲酯分子模型，通过验证分子的扩散特性筛选优势分子作为再生剂主要材料，为后续试验设计进行理论指导。

4.2.1　分子模型确立

1. 基质沥青分子

沥青是一种成分极为复杂的石油基混合物，其组成成分与产品油源、加工工艺和生产环境等息息相关。目前，依据分子特性可将沥青分子模型的构建方法大致分为两种[119]：一种是基于沥青的综合理化特性，对沥青或是沥青各个组分进行均化处理，选用单一的沥青代表分子或是组分代表分子来表征沥青；另一种是通过选取若干能够表征沥青特性的分子，按照一定量的配比方式共同组建沥青或是沥青某一组分，基于选用分子的结构特性以及官能团的组合来综合表征沥青的各项性能。因此选用第二种沥青分子模型，牺牲部分计算时间，极大程度地保留沥青理化特征以及微观属性。现阶段关于沥青分子模型的研究较多[120-125]，通过分析比较各类模型，主要基于 Greenfield 课题组的研究成果[120]建立基质沥青模型，并根据老化理论以及相关研究成果[126-128]对基质沥青分子进行调整，进而得到老化沥青分子模型。

1）饱和分

饱和分是沥青中非极性的轻质组分，能够保证沥青整体的流动特性。对于沥青分子模型中的饱和分，选用了两种代表性分子，其基本信息与分子结构分别见表 4-12 和图 4-11。

表 4-12　饱和分分子基本信息

分子	分子式	分子量	原子数
饱和分 A	$C_{30}H_{62}$	422.8	92
饱和分 B	$C_{35}H_{62}$	482.9	97

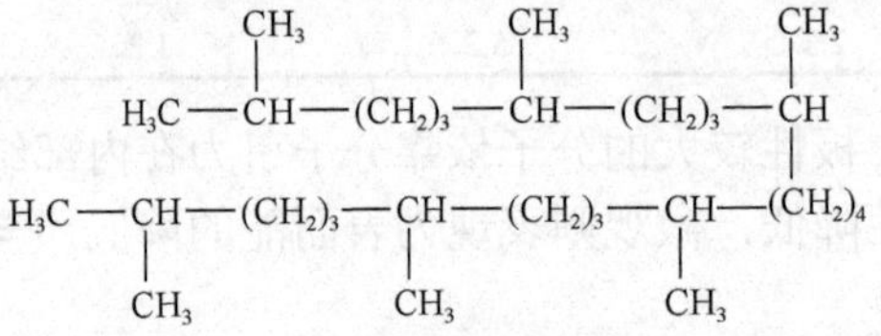

（a）饱和分A 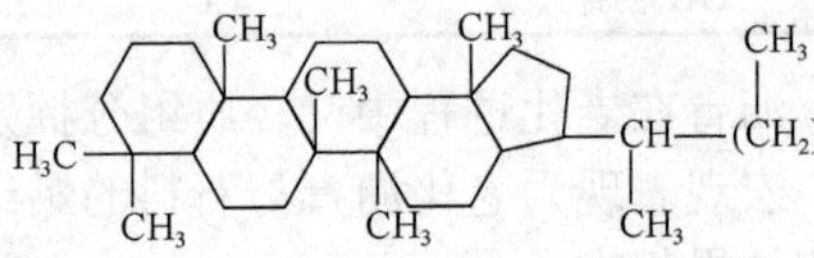　　　　　　　　　　　（b）饱和分B

图 4-11　饱和分分子结构

2）芳香分

芳香分一般是由链烷和环烷的芳香族化合物组成。对于沥青分子模型中的芳香分，同样选用了两种代表性分子，其基本信息与分子结构分别见表 4-13 和图 4-12。

表 4-13　芳香分分子基本信息

分子	分子式	分子量	原子数
芳香分 A	$C_{35}H_{44}$	464.7	79
芳香分 B	$C_{30}H_{46}$	406.7	76

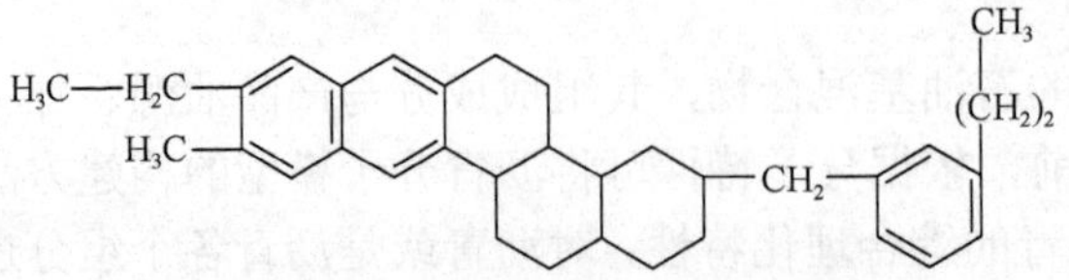

（a）芳香分A 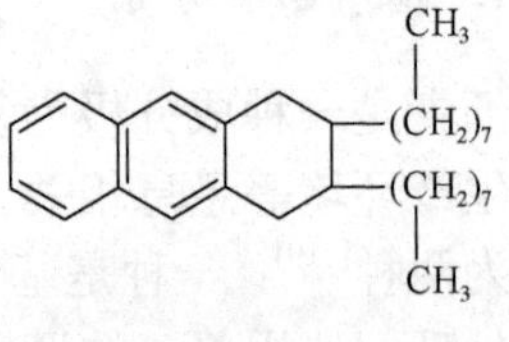　　　　　　　　　　　（b）芳香分B

图 4-12　芳香分分子结构

3）胶质

胶质具有较强的极性，是沥青黏性的重要来源之一。对于沥青分子模型中的胶质，选用了五种代表性分子，其基本信息与分子结构分别见表 4-14 和图 4-13。

表 4-14　胶质分子基本信息

分子	分子式	分子量	原子数
胶质 A	$C_{38}H_{55}N$	525.9	94
胶质 B	$C_{40}H_{60}S$	573	101
胶质 C	$C_{18}H_{10}S_2$	290.4	30
胶质 D	$C_{29}H_{50}O$	414.7	80
胶质 E	$C_{36}H_{57}N$	503.9	94

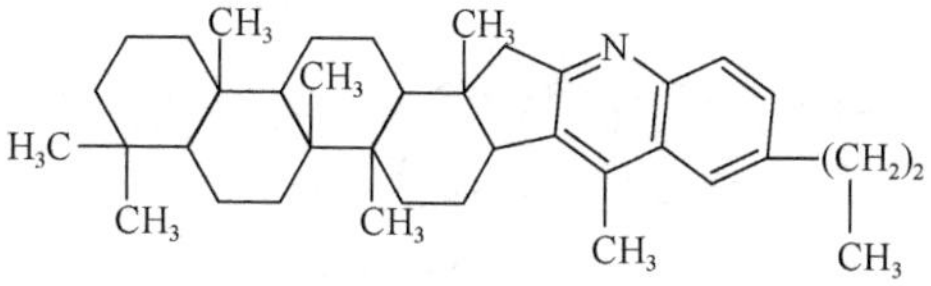

（a）胶质A

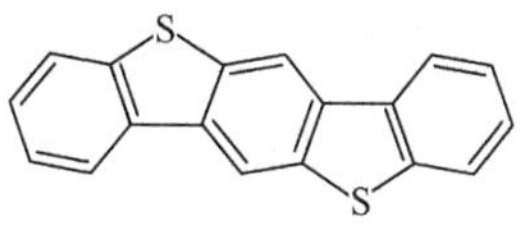

（b）胶质C

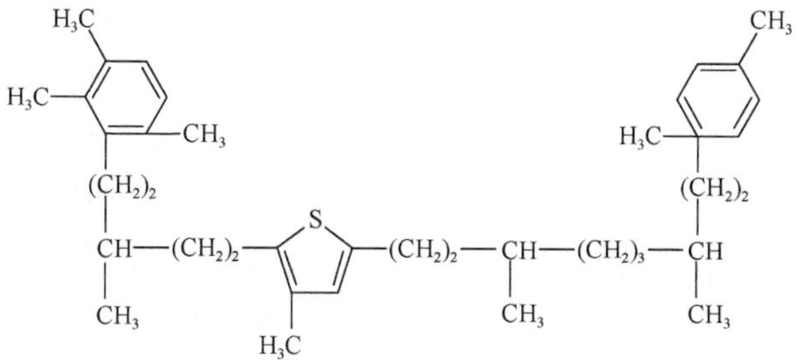

（c）胶质B

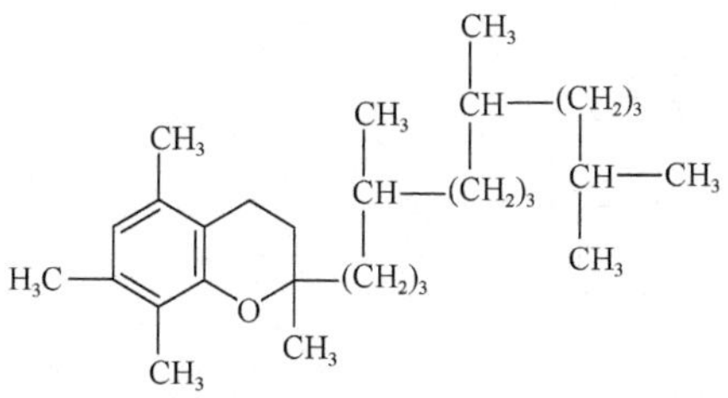

（d）胶质D

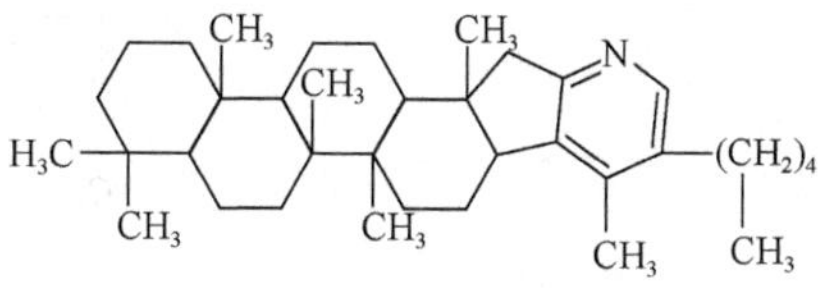

（e）胶质E

图 4-13　胶质分子结构

4）沥青质

沥青质是沥青中分子量最大、极性最强的分子，也是沥青黏度的主要来源。

对于沥青分子模型中的沥青质，选用了三种代表性分子，其基本信息与分子结构分别见表 4-15 和图 4-14。

表 4-15　沥青质分子基本信息

分子	分子式	分子量	原子数
沥青质 A	$C_{42}H_{54}O$	574.9	97
沥青质 B	$C_{66}H_{81}N$	888.4	148
沥青质 C	$C_{51}H_{62}S$	707.1	114

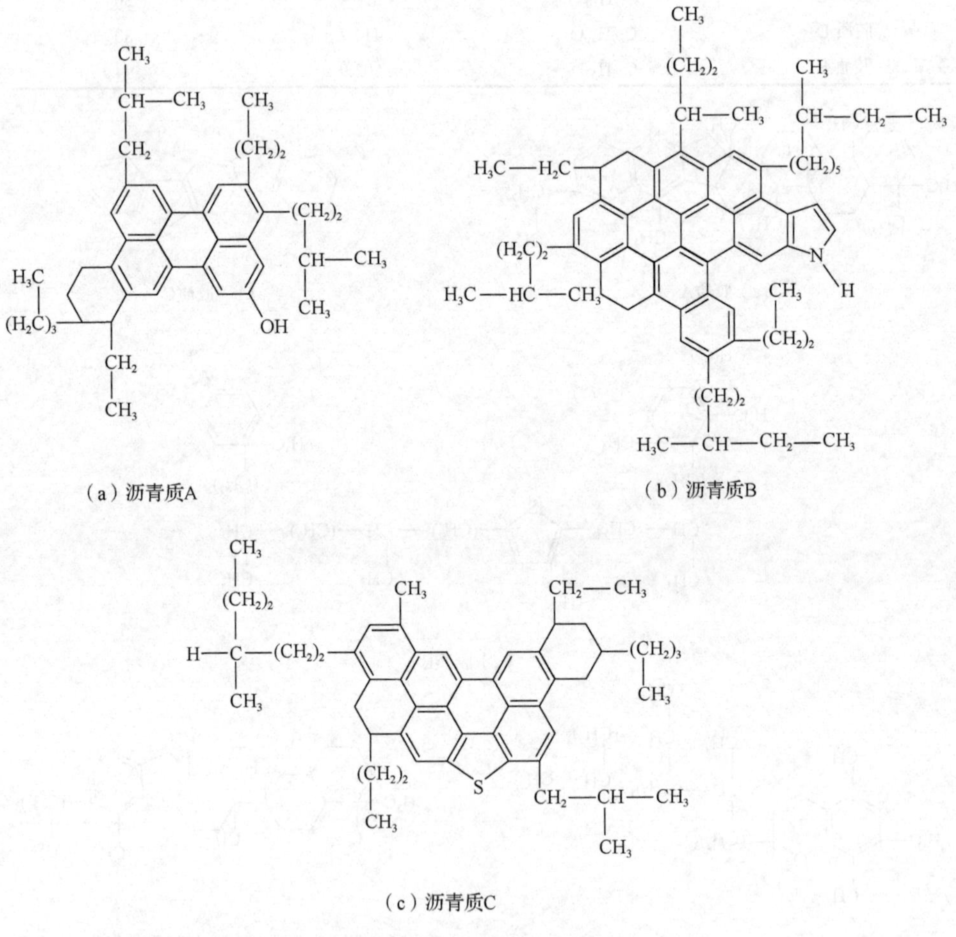

（a）沥青质A

（b）沥青质B

（c）沥青质C

图 4-14　沥青质分子结构

2. 沥青老化产物分子

沥青在老化之后，会发生"吸氧""脱氢"反应，分子结构发生变化，对分子间相互作用产生较大影响[129]。因此，为了使构建的模型更加符合老化沥青的特性，基于 Petersen 等[130]提出的老化理论，结合国内的研究成果[128]，将以上研究的基质沥青分子部分转变为沥青老化后的产物分子，从而构建老化沥青系统模型。

1）芳香分老化产物

老化沥青分子模型中的芳香分采用三种典型的分子，其基本信息与分子结构分别见表 4-16 和图 4-15。

表 4-16　芳香分老化产物分子基本信息

分子名	分子式	分子量	原子数
芳香分 A-1	$C_{35}H_{44}O$	480.7	80
芳香分 A-2	$C_{35}H_{44}O_2$	496.7	81
芳香分 A-3	$C_{35}H_{44}O_2$	496.7	81

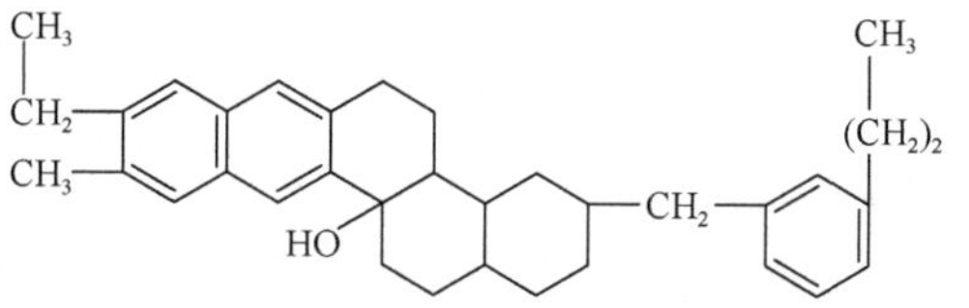

（a）芳香分A-1

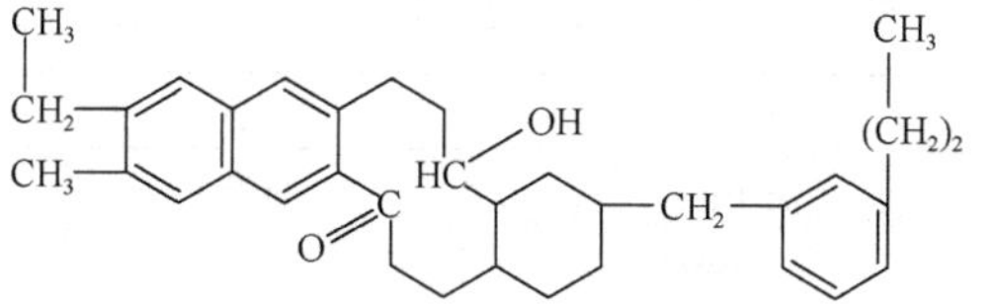

（b）芳香分A-2

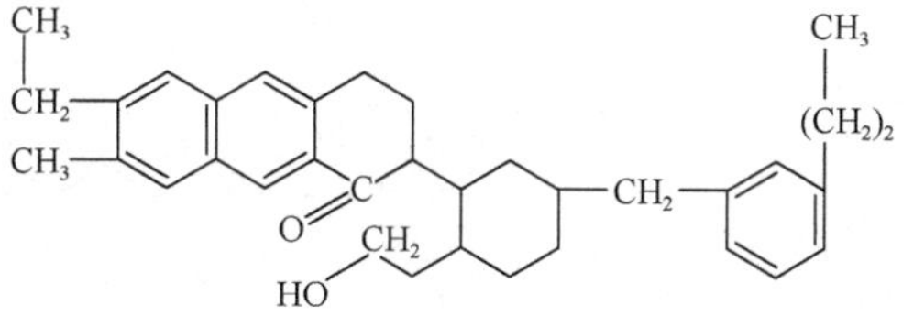

（c）芳香分A-3

图 4-15　芳香分老化产物分子结构

2）胶质老化产物

老化沥青分子模型中的胶质采用两种典型的分子，其基本信息与分子结构分别见表 4-17 和图 4-16。

表 4-17　胶质老化产物分子基本信息

分子名	分子式	分子量	原子数
胶质 B-1	$C_{40}H_{60}OS$	589.0	102
胶质 C-1	$C_{18}H_{10}O_2S_2$	322.4	32

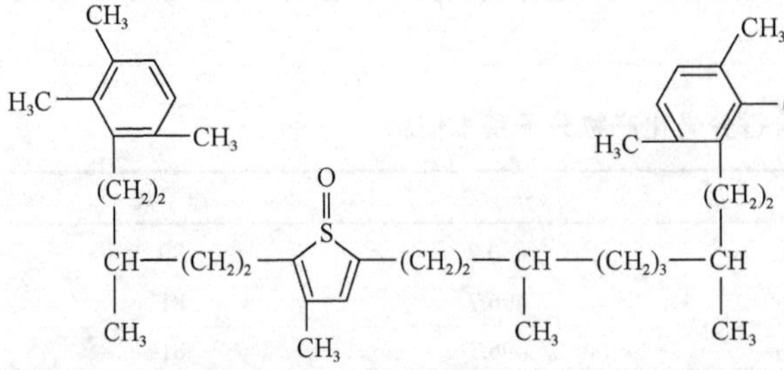

（a）胶质B-1 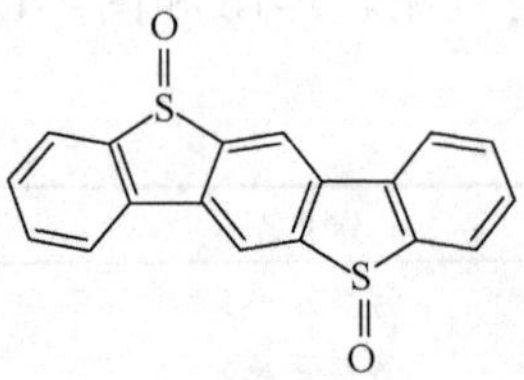　　　　　　　　　　　（b）胶质C-1

图 4-16　胶质老化产物分子结构

3）沥青质老化产物

老化沥青分子模型中的沥青质采用四种典型的分子，其基本信息与分子结构分别见表 4-18 和图 4-17。

表 4-18　沥青质老化产物分子基本信息

分子名	分子式	分子量	原子数
沥青质 A-1	$C_{42}H_{54}O_3$	606.9	99
沥青质 B-1	$C_{63}H_{73}NO$	860.3	138
沥青质 B-2	$C_{66}H_{81}NO$	904.4	149
沥青质 C-1	$C_{51}H_{62}O_3S$	755.1	117

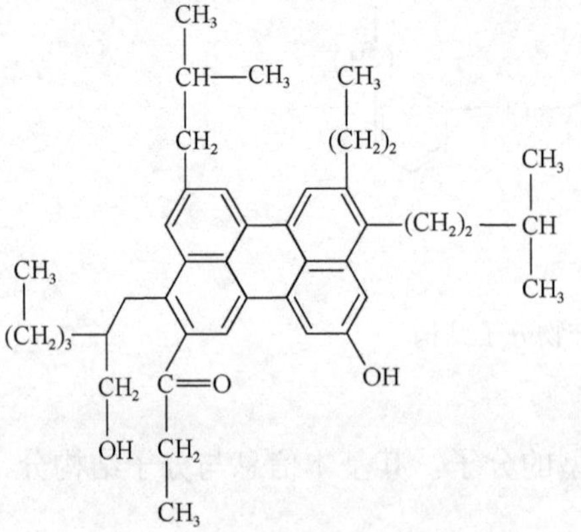

（a）沥青质A-1 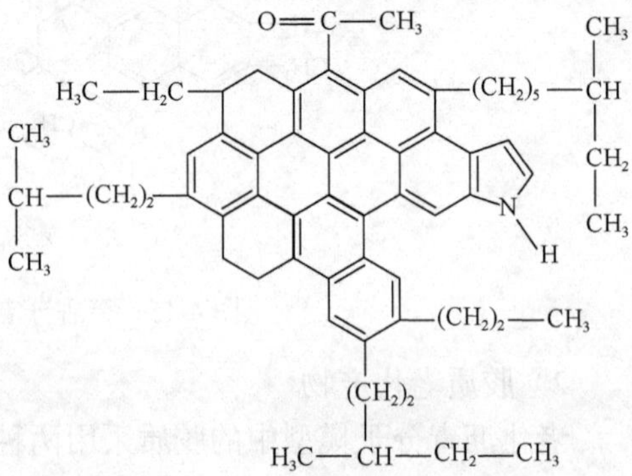　　　　　　　　　　　（b）沥青质B-1

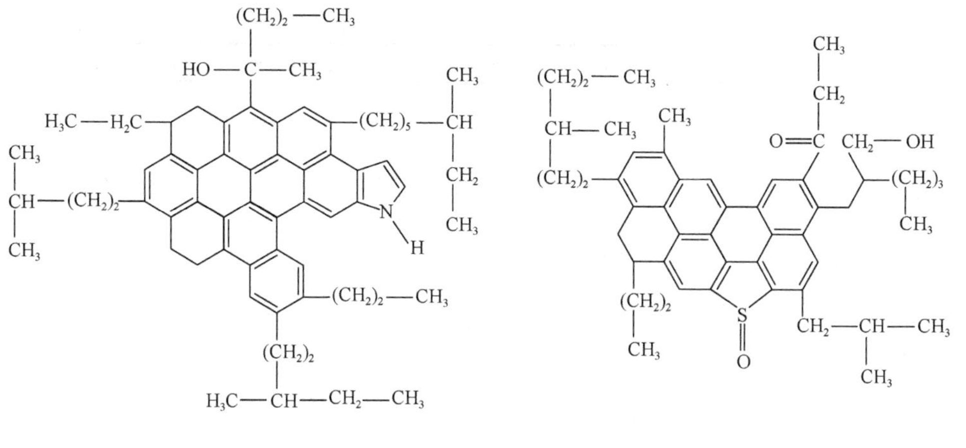

（c）沥青质B-2　　　　　　　　　　　　　　　　（d）沥青质C-1

图 4-17　沥青质老化产物分子结构

3. 老化沥青模型分子配比

本节选择 Anda90#沥青，根据试验规程进行沥青 RTFOT 及 PAV 联合老化试验，以制备老化沥青。并根据沥青化学成分试验（四组分法）规定进行相关试验，得到沥青四组分结果（表 4-19）。

表 4-19　沥青四组分试验结果

成分	Anda90#沥青各组分质量分数/%	
	未老化	长期老化
饱和分	19.9	12.9
芳香分	44.5	27.9
胶质	20.7	41.5
沥青质	14.9	17.7

通过沥青四组分试验得到各个组分的占比情况，基于此对老化沥青模型的各分子数量进行调整。通过调整各组分分子数，老化沥青模型与试验测试的四组分比例尽量接近，最大偏差不超过 0.3%，如表 4-20 所示。

表 4-20　老化沥青模型分子数量与四组分验证

组分	分子名称	分子量	分子数	模型组分结果/%	试验组分结果/%
饱和分	饱和分 A	422.8	6	12.96	12.90
	饱和分 B	482.9	2		

组分	分子名称	分子量	分子数	模型组分结果/%	试验组分结果/%
芳香分	芳香分 A	464.7	5		
	芳香分 B	406.7	8		
芳香分老化产物	芳香分 A-1	480.7	2	27.87	27.90
	芳香分 A-2	496.7	1		
	芳香分 A-3	496.7	1		
胶质	胶质 A	525.9	6		
	胶质 B	573	4		
	胶质 C	290.4	4		
	胶质 D	414.7	4	41.69	41.50
	胶质 E	503.9	2		
胶质老化产物	胶质 B-1	589	2		
	胶质 C-1	322.4	2		
沥青质	沥青质 A	574.9	0		
	沥青质 B	888.4	1		
	沥青质 C	707.1	1		
沥青质老化产物	沥青质 A-1	606.9	1	17.47	17.70
	沥青质 B-1	860.3	1		
	沥青质 B-2	904.4	1		
	沥青质 C-1	755.1	1		

4. 植物油脚分子

通过 4.1 节对植物油脚的成分检测可以发现，其主要成分为磷脂、脂肪酸以及水。水对于再生往往起到负面作用，会破坏沥青与集料之间的黏附力，使沥青路面发生集料松散等病害，因此再生剂的主要成分应该为磷脂或是脂肪酸。为进一步探究二者作为再生剂在老化沥青中的扩散行为，筛选出劣势分子，有效提高再生剂对于老化沥青的性能恢复。本节对磷脂和脂肪酸进行分子尺度模拟，建立分子模型。

1）磷脂分子

通过检测可知，植物油脚中含有的磷脂主要为大豆卵磷脂，其基本信息与分子结构分别见表 4-21 和图 4-18。由于磷脂中的磷酸及胆碱等基团为亲水基，而脂肪酸链为疏水亲油基，因此，磷脂具有表面活性剂的作用特点，乳化性是其重要的特征之一[131]。而这一特点对使用过程中水分的侵入有促进作用，对再生沥青与集料的界面黏附产生负面影响。因此，油脚再生剂主要成分中不宜包含磷脂。另外，大豆磷脂具有良好的营养价值及生理功能，可以提取后作为高附加值产品的原材料。

表 4-21　大豆卵磷脂分子基本信息

分子名	分子式	分子量	原子数
大豆卵磷脂	$C_{42}H_{80}NO_8P$	758.1	132

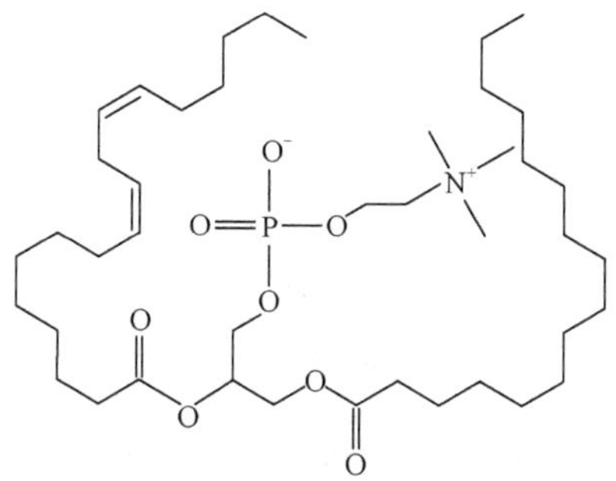

图 4-18　大豆卵磷脂分子结构

2）脂肪酸分子

脂肪酸是一类化合物的总称，由多种碳数不同、饱和程度不同的高级酸组成，所含化合物的种类较多，成分复杂，且同族的化合物性质也相似。因此，仅将其中质量分数在 2.5%以上的脂肪酸作为代表进行建模分析，其基本信息与分子结构分别见表 4-22 和图 4-19。

表 4-22　脂肪酸分子基本信息

分子名称	分子式	分子量	分子数
棕榈酸	$C_{16}H_{32}O_2$	256.4	50
α-亚油酸	$C_{18}H_{30}O_2$	278.4	50
油酸	$C_{18}H_{34}O_2$	282.5	54
亚油酸	$C_{18}H_{32}O_2$	294.5	55
硬脂酸	$C_{18}H_{36}O_2$	284.5	56

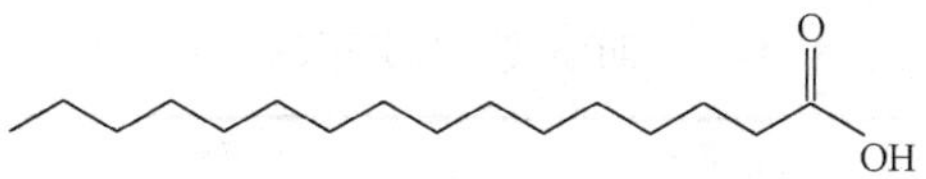

（a）棕榈酸

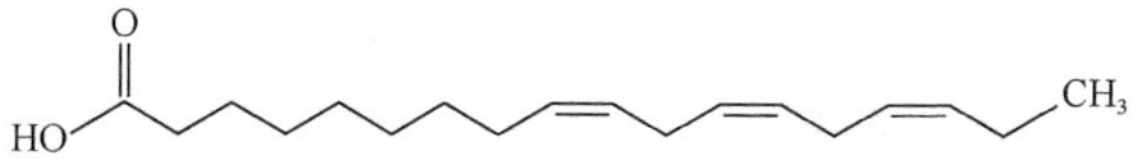

（b）α-亚油酸

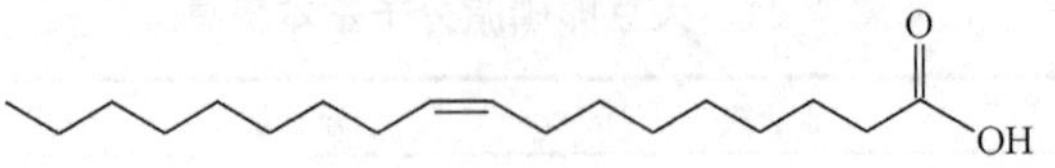

（c）油酸

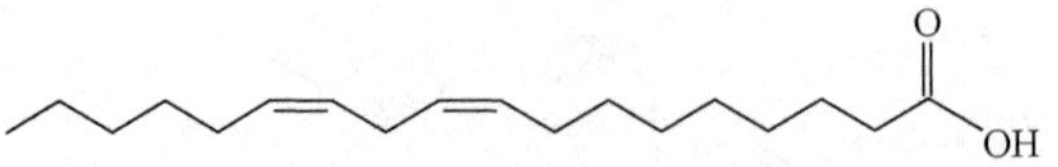

（d）亚油酸

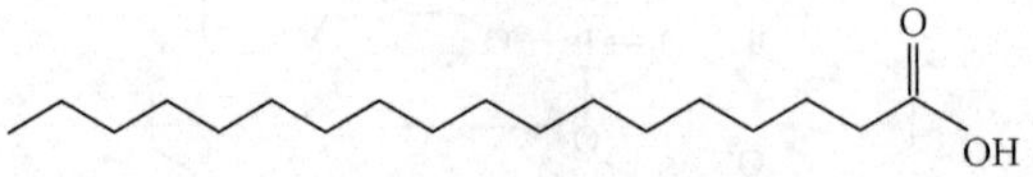

（e）硬脂酸

图 4-19　脂肪酸分子结构

5. 脂肪酸甲酯分子

　　沥青成分中不含有羧基但含有一定量的羰基和醇基，而植物油脚中高级脂肪酸中含有大量的羧基，将其直接作为再生剂引入沥青中，可能会对原有沥青中分子特性产生一定的影响[132]。从分子的极性考虑，羧基的极性大于酯基，当极性官能团达到一定数量时，羧基会有更大概率与其他极性分子之间相互吸引，更有可能会发生类似胶束等分子抱团现象[133]。同时，同结构同碳链长的分子，酯基的扩散特性优于羧基，强极性对于水的吸附能力会有所增强，所以从分子理论可以认为羧基的酯化能够使再生剂的性能优化。但酯化后的产物会增加碳链长，扩散能力与碳数呈负相关，因此需对酯化后产物的扩散能力进行探究分析，分析明确酯化的必要性。

　　对选取的脂肪酸分子进行甲酯化处理，使之变为高级脂肪酸甲酯，基本信息与分子结构分别见表 4-23 和图 4-20。

表 4-23　脂肪酸甲酯分子基本信息

分子名称	分子式	分子量	分子数
棕榈酸甲酯	$C_{16}H_{32}O_2$	256.4	50
α-亚油酸甲酯	$C_{18}H_{30}O_2$	278.4	50
油酸甲酯	$C_{18}H_{34}O_2$	282.5	54
亚油酸甲酯	$C_{18}H_{32}O_2$	294.5	55
硬脂酸甲酯	$C_{18}H_{36}O_2$	284.5	56

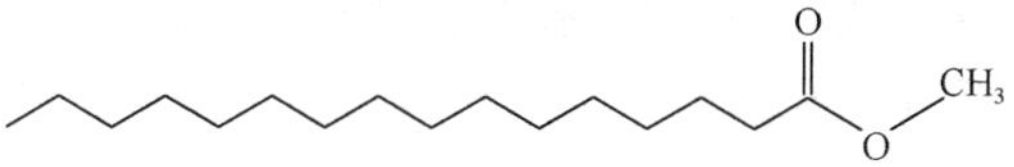

（a）棕榈酸甲酯

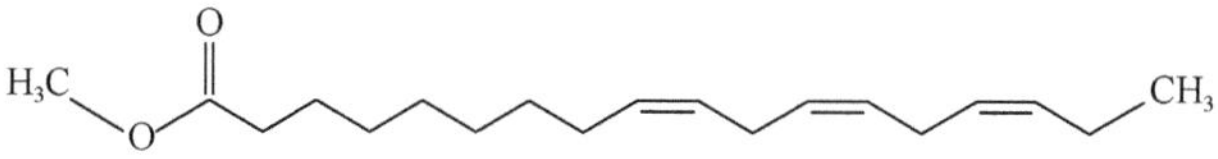

（b）α-亚油酸甲酯

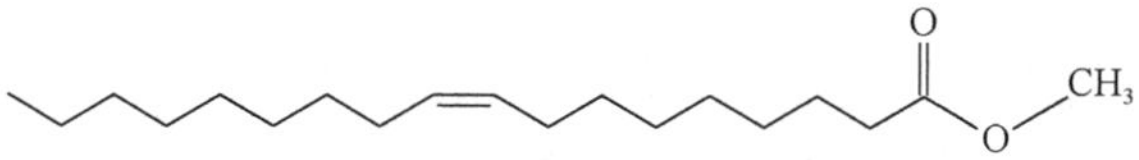

（c）油酸甲酯

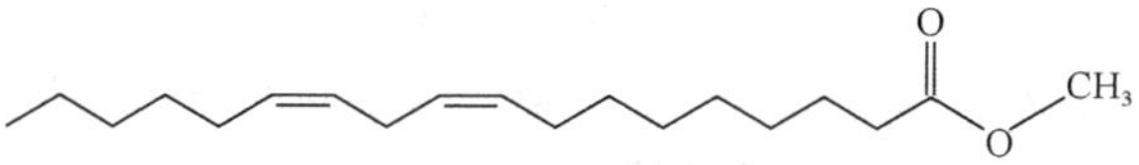

（d）亚油酸甲酯

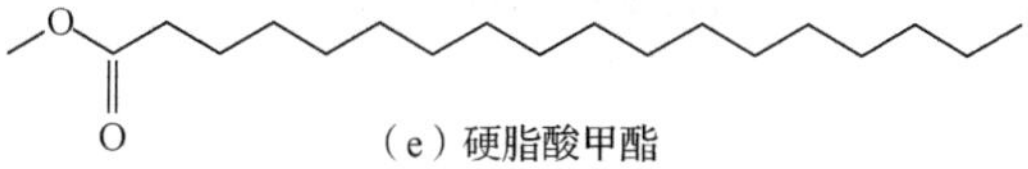

（e）硬脂酸甲酯

图 4-20　脂肪酸甲酯分子结构

4.2.2　模型参数

1. 力场

分子的势能和动能构成分子的总能量，其中势能主要由非键结势能、键伸缩势能、键角弯曲势能及二面角扭曲势能等组成。势能函数被称为力场，力场也可以看作势能面的经验表达[134]。因此，恰当的力场选择对于势能的计算精度起到重要作用。Materials Studio 中有许多力场，每种力场的适用条件与所表达的含义都有所不同，每种函数对特定的参数计算都存在一定的优势和局限性，目前常见的关于探究有机分子性能与行为预测的力场有如下几种。

（1）一致性价力场（consistent valence force field, CVFF），主要用于计算蛋白质等有机分子的结构，可以提供合理的构型能和振动频率。

（2）原子水平模拟研究中的凝聚态优化分子（condensed-phase optimized molecular potential for atomistic simulation study, COMPASS）力场，可对凝聚态材料进行模拟，能够在较大的压强和温度范围内预测体系中各分子结构和热物理性质等。

（3）COMPASSII 力场，以 COMPASS 为基础，包含的力场类型相较于 COMPASS 的 229 个增加到 253 个，参数和函数项相较于 COMPASS 的 3856 个增加到 8294 个，提高了对于聚合物和杂苯体系的势能计算精度，是一种更加适用于研究原子模拟中的凝聚态优化力场，对于材料性能的预测也更有优势。

因此，基于上述的分析和各个力场的适用条件，最终选择 COMPASSII 力场作为最终力场进行各阶段的计算。

2. 边界条件

根据边界条件的特性，常将边界条件分为两类：周期性边界条件与非周期性边界条件。周期性边界条件是指在一固定体积的立方体内，系统的粒子数量会维持稳定，密度保持不变。具体模拟时，在该立方体周围有若干完全相同的立方体，各个立方体内的运动行为以及参数均相同，当某一分子在进行布朗运动至盒子边界之外时，周围盒子内的同一粒子会进入盒子，使得系统内的粒子数保持不变，极大程度地消除了边界引发的各类效应，与实际分子运动状态更加符合，可以更好地模拟真实状态。而非周期边界条件常被应用于需要计算表面效应的条件中[135]。因此，建模过程中采用的边界条件为周期性边界条件。

3. 截断势能

周期性边界条件必然会使分子间的作用力向无限远处不断延伸，也必然会导致计算不断迭代，增加无用的计算量，因此应该采用截断半径来计算长程力。范德华力会随着分子间距的增加而先增大后减小，因此选择合适的截断半径可准确并快速地得到整个体系内部之间的范德华力作用。而库仑力随着间距的增大而逐渐衰减，因此当距离达到一定程度时，二者之间相互作用的库仑力即可忽略不计，以求得精准而快速的计算。常见的半径截断方式有原子截断（atom based）、电荷组截断（group based）以及埃瓦尔德（Ewald）截断。综合考虑后，将范德华作用能的截断半径设为 12.5Å，并采用原子截断法，对于库仑力则采用 Ewald 截断法进行处理。

4. 控温控压机制

分子的运动行为和能量对温度有强依赖性，而周期边界的系统散热困难，因此需要合理地选择温控机制以保证体系的稳定性和结果。常见的温度控制方法有 Nose 法和 Andersen 法等[136]。体系的温度与分子的运动速率具有强相关性，直接速度标定法是通过调整分子运动的速率来保证体系温度维稳在恒定的目标值，因此采用直接速度标定法对体系的温度进行控制。

根据克拉佩龙方程，理想平衡状态下的另一参数是压强，压强的改变会直接破坏体系的原有平衡，甚至产生相变。控制压力的方法主要有 Pamnello 法、Andersen 法和 Berendsen 法等。Andersen 法是假设体系与外界能够进行活塞耦合，使体系能够均匀地膨胀或压缩,进而维持体系内的压强与外部压强相同[137]。许多控制压强的方法都是以 Andersen 法作为基础而发展的,因此采用 Andersen 法对体系的压强进行控制。

5. 模拟系综

单一存在的分子无法用以描述宏观的物化属性,不具有代表性。而通过统计力学对大量分子的整体行为进行统一和描述的系综则具有严格的物理意义,能够利用其统计学意义对宏观事物进行表达。不同系综对应的热力学条件和状态也各不相同,常见的系综有正则系综(NVT)、等温等压系综(NPT)、微正则系综(NVE)、等压等焓系综(NPH)和巨正则系综(μVT)等[138]。其中 N 代表粒子数、V 代表体积、T 代表温度、P 代表压强、E 代表能量、H 代表焓、μ 代表化学势。不同的系综就是适用场景不同,不同系综之间的区别也是由于所控制的不同参数条件而发生的变化。对于不同阶段,所需要达到的目也不相同,因此需根据各阶段采用不同的系综。在模拟初期应选择 NVT 系综,使系统能够达到所需的温度;当系统达到稳定阶段时,应该采用 NPT 系综,让系统在维持一定温度下压缩,模拟扩散融合过程;最后再用 NVT 系综,使体系内分子继续保持扩散的同时,让能量能够趋于稳定以提供稳定可靠的数据进行分析。

6. 优化算法

在对单一分子结构或 AC 盒子进行几何优化(geometry optimization)时,需要对算法进行选择,常用的算法有 Smart 算法、最速下降(steepest descent)算法、共轭梯度(conjugate gradient)算法、拟牛顿(quasi-Newton)算法和牛顿-拉弗森算法(Newton-Raphson method)[139]。Smart 算法是由最速下降算法、牛顿-拉弗森算法和拟牛顿算法串联得到的,并根据分子结构优化的阶段自动调整所需的方法。因此,采用 Smart 算法作为几何优化的算法。

4.2.3　模型构建与验证

1. 分子结构优化

通过 Materials Studio 对老化沥青分子、脂肪酸分子、脂肪酸甲酯分子进行绘制,绘制后的分子与真实的微观分子形态差异较大,因此需要进行优化使其能量达到最低,以符合真实的自然状态。以饱和分 B 分子和棕榈酸分子为例,在 Forcite 模块中选择 Geometry Optimization,采用 Smart 算法对结构进行优化。通过对各个分子的预先试算,分子结构的优化均能在 600 步内完成,同时分子结构本身对系统的影响较大,所以对分子结构的优化采用较高精度。将最大优化次数设置为

1000，精度为 Ultra-fine，能量精度为 $2×10^{-5}$kcal/mol、力的精度为 10^{-3}kcal/(mol·Å)、位移精度为 10^{-5}Å。其余各个分子的优化过程和参数与该分子相同。优化前后分子构型如图 4-21 所示。

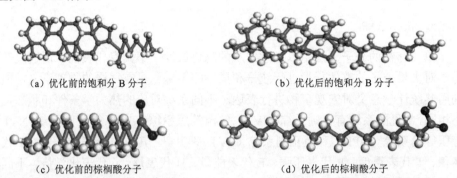

（a）优化前的饱和分 B 分子　　　　　　　（b）优化后的饱和分 B 分子

（c）优化前的棕榈酸分子　　　　　　　（d）优化后的棕榈酸分子

图 4-21　分子结构优化

通过对分子结构的几何优化后，能够看到分子结构有效舒展，原子间空间角度发生变化，其形态特征更加符合自然的真实状态，其势能曲线如图 4-22 所示。

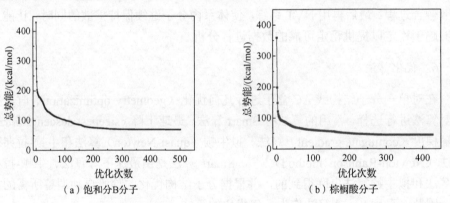

（a）饱和分B分子　　　　　　　（b）棕榈酸分子

图 4-22　几何优化过程中的势能曲线

通过图 4-22 可以发现，Smart 算法对于分子结构的优化速度很快，分子势能总是能很快达到稳定状态，能够较大程度地提高计算效率。

2. 模型构建

将优化后的基质沥青分子和老化沥青分子按照前文基于四组分的配比进行模型构建。利用 Amorphous Cell 模块构建无定型聚合物模型，将各分子放置于立方体盒子中。该模型采用周期性边界条件，初始密度设置为 0.5g/cm³。构建后的模型状态如图 4-23 所示。

基于蒙特卡罗方法将各个配比分子随机放置在周期性边界的盒子中，所得到的结构与真实状态相差较大，需要对整体结构进行弛豫以得到自然状态下的物质模型结构。

（a）老化沥青模型

（b）脂肪酸-脂肪酸甲酯模型

图 4-23　构建后的模型状态

3. 系统弛豫

蒙特卡罗方法对于结构整体的几何状态和能量等参数有待优化，需要结合系统弛豫使整个结构能量降到最低，具体步骤如下。

（1）首先仍是在 Forcite 模块中将任务改为 Geometry Optimization，采用 Smart 算法对模型进行几何优化，最大运行步数为 30000 步，使整个结构的几何状态达到最优，能量维持稳定。

（2）在 Dynamics 模块中采用 NVT 系综，温控采用 Velocity Scale，精度设置为 Medium，温度设置为 298.0K（25℃），步长设置为 200000 步，模拟时间设置为 200ps，时间步长设置为 1fs，每 5000 步输出一次，使模型的相对体积保持稳定，防止能量奇点的出现，并使温度控制在模拟所需要的温度，让能量达到初步稳定。

（3）在 Dynamics 模块中采用 NPT 系综，压强控制选择 Andersen 法，模拟时间设置为 600ps，时间步长设置为 1fs，总共运行 400000 步，其余参数保持不变，使模型在稳定温度下进行体积压缩，让各个分子处于较为真实的状态。

（4）在 Dynamics 模块中最后再使用 NVT 系综，模拟时间设置为 400ps，时间步长设置为 1fs，总共运行 400000 步，使系统内的微粒持续扩散，达到最佳稳定效果。

4. 密度验证

分子模型中，脂肪酸以及脂肪酸甲酯等的成分与比例是实测得到的，而老化沥青模型是通过对材料的特性进行分子简化得到的，二者在本质上有主要区别。因此，在进行模型验证时，首先对老化沥青进行验证。

密度作为重要的热力学参数指标，不同物质具有不同的密度参数，因此选用密度作为模型合理性分析的参数之一。查阅文献可知，老化沥青的密度在

1.01g/cm³ 到 1.04g/cm³ 之间。而所得到老化沥青模型的密度为 1.021g/cm³，所得数据偏小，但与资料查询数据差别不大，因此可以认为建立的模型合理。在101.325kPa 下，对老化沥青分别以 298K、358K 进行 NPT 模拟，得到密度变化曲线（图 4-24）。

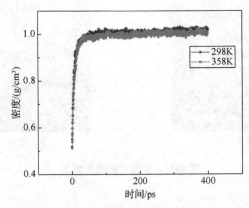

图 4-24　不同温度下的老化沥青模型密度曲线

从图 4-24 中可以看到，随着温度的升高，初期老化沥青模型的密度均逐渐增大，而后逐步趋于稳定。在 298K 温度下，老化沥青的密度稳定在 1.021g/cm³；在358K 温度下，老化沥青的密度稳定在 1.000g/cm³。物质密度具有随温度升高而降低的属性，试验现象与客观事实相符合。基于密度对老化沥青模型的验证，可以说明模型建立符合自然状态，可以较好地表征物质属性。

此外，通过对比脂肪酸等模拟得到的数据与真实密度数据发现，模拟得到的物质体系密度总是略小于真实状态下的物质密度。其原因一方面是在模拟过程中，半径截断后计算势能时必然会使分子间的相互吸引力降低，从而导致密度偏大；另一方面，模拟得到的分子处于周期性边界盒子以保持分子总数不变，但真实条件下的边界，会让逃逸的分子反向运动，产生能量损耗。同时真实状态下的分子无时无刻不在发生碰撞产生能量转移和消散。真实状态下的分子动能偏小，单一分子所占据的"独立"空间降低，因此真实状态下的密度偏大。物质表面层分子处于不平衡的力场，总是受到指向本体内部的拉力，即为表面张力。表面张力会使表层分子处于"绷紧收缩"的状态，也会使真实状态的物质密度大于模拟模型。但是整体上，模拟值与真实值比较接近。

5. 内聚能密度与溶解度参数验证

内聚能密度（cohesive energy density, CED）是指单位体积内 1mol 凝聚体气化所需的能量，用以表征分子间作用力的大小，反映结构内部基团之间相互作用的强弱。而溶解度参数（δ）则是对物质的溶解性能进行定量的描述，也是对分子极性和内聚能的定量表征，其物理意义同样为内聚能密度的算数平方根，具有表征物质特有属性的作用[140]。

如表 4-24 所示，通过资料查询得到老化沥青的参考内聚能密度和参考溶解度参数，并将其与通过分子模拟建立模型的数值进行对比，发现模拟的数值在参考标准值之间，符合真实状态。因此可以认为参数选择正确，模型建立合理。

表 4-24　CED 与 δ

	CED/(J/cm^3)	δ/(J/cm^3)$^{1/2}$
参考值	234～529	15.3～23.0
模拟值	508	22.5

6. 径向分布函数验证

径向分布函数（radial distribution function, RDF）的物理意义是指在一个中心分子周围极其微小的距离内，局部密度与结构整体宏观密度的比值，可以理解为系统的区域密度与平均密度的比值。径向分布函数示意图如图 4-25 所示（图中的点代表体系中不同粒子）。径向分布函数不仅能够反映分子的聚集特性，还可计算系统的平均势能与压力，其计算公式如下：

$$g(r) = \frac{\mathrm{d}N}{\rho 4\pi r^2 \mathrm{d}r} \tag{4-1}$$

式中，ρ 为胞腔密度；N 为胞腔粒子数；r 为胞腔半径。

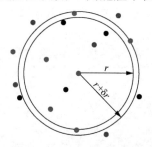

图 4-25　径向分布函数示意图

模型原子径向分布函数如图 4-26 所示。当 r 处于较小值时，$g(r)$ 会在近 0 处出现几个函数的峰值，而当 r 为较大值时，$g(r)$ 函数值趋近于 1，而非晶体聚合物的 $g(r)$ 为 1，说明粒子的运动是无序的，与实际状态相同。根据相关资料，氢键的作用范围为 2.6～3.1Å，范德华力的作用范围为 3.1～5Å。从图 4-26 中可以看出，模型分子间原子径向分布函数在 5Å 后基本达到 1，此时分子为无序状态，即为无规律运动，可以得到分子间作用力以范德华力为主。而沥青本身为非晶体材料，分子间的作用力主要以范德华力为主，因此真实状态与模拟状态相似，这也验证了模拟的可靠性。

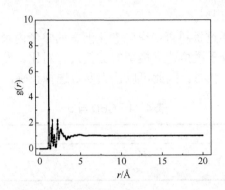

图 4-26　模型原子径向分布函数

4.2.4　双层模型扩散渗透特性分析

1. 双层模型的建立

再生剂的性能优劣往往与其自身扩散性能直接相关。因此为探究植物油脚中有效成分可作为再生剂的组分，对其中主要物质以及可进行化学转化的物质进行分子尺度分析，建立老化沥青-再生剂分子模型，分析不同分子的扩散行为特性，从微观角度对宏观性能进行指导。

调用建立完成的各物质模型，通过 build 菜单中的 build layers 构造老化沥青-再生剂（代表分子选取脂肪酸/脂肪酸甲酯）双层模型，如图 4-27 所示。

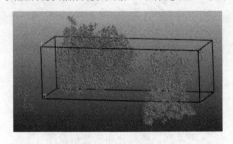

图 4-27　老化沥青-脂肪酸/脂肪酸甲酯混合双层结构模型

对所得到的模型进行系统弛豫，让两个部分的分子相互渗透扩散，模拟真实状态下再生剂与老化沥青的融合过程，对扩散过程进行分析，确定脂肪酸和脂肪酸甲酯的扩散性能效果。

2. 扩散系数

从分子微观角度来看，分子无时无刻不处于运动状态，而再生剂对老化沥青性能恢复的主要特点就是通过扩散作用，让小分子渗透到大分子之间增加沥青整体的流动性。因此，可采用表征分子扩散能力强弱的扩散系数来探究脂肪酸和脂肪酸甲酯的扩散性。

均方位移（mean square displacement, MSD）曲线可以用来描述分子运动位移随时间变化的规律。在优化的最后步骤，采用 298K 进行 NVT 模拟。

再生剂分子在双层模型中的渗透扩散过程中，MSD 随时间变化曲线如图 4-28 所示。

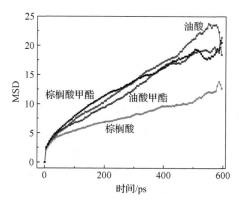

图 4-28　MSD 随时间变化曲线

爱因斯坦方程认为分子运动的平方与时间成正比，而布朗运动则认为，当体系处于熔点以下温度时，均方位移与时间呈线性关系，而分子的扩散系数又与均方位移相关。经过化简后，可认为分子的扩散系数即为 MSD 曲线的线性斜率。因此，对 MSD 曲线中的直线段进行选择，对模型选定 100～400ps 段进行斜率线性拟合求解，得到表 4-25。

表 4-25　各初始模型尺寸比例

名称	拟合斜率 k	R^2	扩散系数/($10^{-13}m^2$/s)
α-亚油酸	0.02805	0.9971	4.675
油酸	0.03364	0.9982	5.607
亚油酸	0.03035	0.9941	5.058
硬脂酸	0.01917	0.9839	3.195
棕榈酸	0.01308	0.9924	2.180
α-亚油酸甲酯	0.01653	0.9941	2.755
油酸甲酯	0.03217	0.9937	5.362
亚油酸甲酯	0.02961	0.9930	4.935
硬脂酸甲酯	0.02320	0.9814	3.867
棕榈酸甲酯	0.02639	0.9899	4.398
脂肪酸	0.02652	0.9984	4.420
脂肪酸甲酯	0.02698	0.9985	4.497

将脂肪酸分子看作一个整体，脂肪酸甲酯看作一个整体。通过对比可知，由于脂肪酸甲酯的链长有所增加，因此对于 α-亚油酸、油酸以及亚油酸，其扩散系数大于其甲酯化产物，但对于硬脂酸和棕榈酸，其分子扩散系数小于其甲酯化产物。根据实际植物油脚中的配比进行配置得到的脂肪酸和脂肪酸甲酯，脂肪酸甲酯的扩散性能略好于脂肪酸。

3. 相对浓度

除了可以使用扩散系数对再生剂的微观扩散行为进行表征，还可以使用相对浓度来探究 x、y 和 z 方向上所选择物质的分布状态，如图 4-29 和图 4-30 所示。相对浓度是指所选定物质在某一方向上相对浓度的分布状态，即若分子扩散完全均匀，在所处场内部均匀分布，那么其相对浓度曲线恒定维持在 1 附近上下浮动。而恰是因为分子运动扩散行为存在差异性，再生剂分子并未完全分布开，所以会导致浓度局部集中，相对浓度偏大。因此，可在分子未扩散完全的过程中，对物质的相对浓度进行分析，也可得到各项再生剂的扩散行为特征。

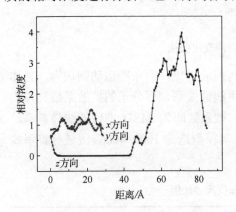
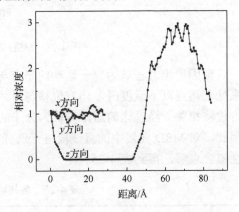

图 4-29　脂肪酸分子的相对浓度　　　图 4-30　脂肪酸甲酯分子的相对浓度

老化沥青-再生剂双层模型的建立是基于 z 方向的，因此 x 方向和 y 方向上的分布对扩散行为影响较小。故仅提取再生剂分子在 z 方向上的分布状态。脂肪酸与脂肪酸甲酯分子的相对浓度对比如图 4-31 所示。

在 0~10Å 范围内，脂肪酸甲酯分子的相对浓度明显优于脂肪酸，说明在未完成完全扩散时，脂肪酸甲酯分子的扩散能力更强。在相同时间下，能够穿透老化沥青分子层的分子数量更多，因此扩散效果更好。而在 z 方向上，脂肪酸甲酯分子相对浓度为 0 的范围更小，说明在相同时间下，脂肪酸甲酯分子的扩散能力更强，因此在 z 方向的部分范围更广。在 45~90Å 区间内为模型建立初期再生剂模型的实际位置，该处脂肪酸分子的相对浓度更高，说明分子在此处产生的相对堆积更多，证明实际向老化沥青扩散的分子数量也就越少。综上可以得到，脂肪酸甲酯分子的扩散能力优于脂肪酸分子，更适合作为再生剂的组分使用。

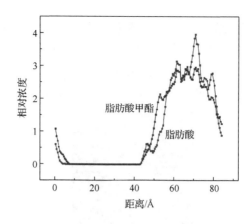

图 4-31　脂肪酸与脂肪酸甲酯分子的相对浓度

4.3　植物油脚沥青再生剂的研发与优化

通过 4.1 节与 4.2 节对植物油脚的性能分析和成分检测,对植物油脚有更为全面的了解和认识,试验结果表明植物油脚具有作为沥青再生剂的潜力,但由于其组分不能很好地适用沥青服役条件,因此需对其进行处理和优化加工。通过对植物油脚成分的检测和分子的结构分析可知,磷脂的化学稳定性较差,且具备亲水特性,因此需要将磷脂去除。而通过分子模拟手段,从微观角度对脂肪酸、脂肪酸甲酯等的扩散性能进行分析,脂肪酸甲酯的扩散性能优于脂肪酸,因此油脚再生剂制备的重点在于分离磷脂和对优势分子进行优化,并提出适宜的优化设计工艺。

4.3.1　初代植物油脚沥青再生剂研发

1. 萃取溶剂的选择

磷脂是引起植物油脚腐败变质的主要原因,分析其分子结构可知,磷脂具备表面活性剂的功能[141],因此需将磷脂去除。根据《粮油检验磷脂含量的测定》(GB/T 5537—2008),分离磷脂的方式是采用有机溶剂萃取。因此,选定先萃取过滤,然后以浓缩提炼的方式制取再生剂。根据磷脂与有机溶剂的溶解特性,选定丙酮、乙酸乙酯以及二氯甲烷作为萃取剂,其物理参数如表 4-26 所示。

表 4-26　萃取溶剂物理参数

溶剂	分子式	分子量	熔点/℃	沸点/℃	密度/(g/cm³)
丙酮	C_3H_6O	58.1	-94	56.3±3.0	0.8±0.1
乙酸乙酯	$C_4H_8O_2$	88.1	-84	76.9±3.0	0.9±0.1
二氯甲烷	CH_2Cl_2	84.9	-97	39.6±0.0	1.3±0.1

　　取植物油脚：有机溶剂=1：2 混合液置于试验缸中，采用水浴加热的方式进行加热搅拌，可以加速植物油脚中可溶成分与有机溶剂的融合速率。但当温度过高时有机溶剂易于挥发消散，温度过低又难发挥水浴加热的作用，因此将水浴加热温度设定为 30℃，搅拌时间为 20min，如图 4-32 所示。

图 4-32　搅拌中的丙酮-植物油脚混合液

　　将上述搅拌均匀后的混合液静置一段时间，根据所发生的变化来判断搅拌是否均匀、是否发生萃取，萃取溶剂是否适用等。通过图 4-33 可以看到，丙酮-植物油脚混合液的颜色为土黄色，其中不溶物的细度较大；乙酸乙酯形成的混合液颜色为深褐色，其中混合液分层效果更好，不溶物更细更绵，溶解效果最充分；而二氯甲烷所形成的混合液为半凝固态，没有形成很好的固液分离效果，不利于后续的分液和处理。对上述三种混合液进行减压抽滤，二氯甲烷所形成的混合物并不能较好地通过滤纸，不利于提炼再生剂成分，因此初步选择丙酮和乙酸乙酯作为萃取溶剂。

（a）丙酮-植物油脚混合液　　　　（b）乙酸乙酯-植物油脚混合液　　　　（c）二氯甲烷-植物油脚混合液

图 4-33　静置的有机溶剂-植物油脚混合液

2. 萃取剂掺量确定

在进行萃取的过程中，植物油脚与有机溶剂的掺配比例对于萃取效果十分重要，有机溶剂占比越多，植物油脚溶解的效果越好，但同时经济成本也会更高。而当有机溶剂占比过少，则会使得植物油脚溶解不充分，分液过滤困难。因此应该合理地选择植物油脚与有机溶剂的掺配比例。

分别取植物油脚：有机溶剂=1∶2、1∶3、1∶4、1∶5混合液置于试验缸中，在水浴温度30℃的条件下进行搅拌20min，转速为200r/min。分液减压抽滤后将萃取残余不溶物放入85℃烘箱中烘干至恒重。不同萃取溶剂对植物油脚的萃取残余率如表4-27所示。

表4-27　不同萃取溶剂对植物油脚的萃取残余率

有机溶剂	掺配比例	植物油脚/g	萃取后残余物/g	烘干后残余物/g	残余率/%
丙酮	1∶2	49.326	50.177	35.107	71.2
	1∶3	38.135	34.192	25.141	65.9
	1∶4	26.230	22.755	14.650	55.9
	1∶5	23.204	16.763	11.384	49.1
乙酸乙酯	1∶2	36.758	37.110	23.065	62.7
	1∶3	29.399	27.520	17.351	59.0
	1∶4	19.147	19.058	10.626	55.5
	1∶5	14.194	13.459	7.555	53.2

相较于探究溶解物质的量，直接称量残余不溶物是最便捷的测定溶解能力方式。将残余率定义为烘干至恒重的残余物与植物油脚的比值，结合植物油脚检测得到的脂肪酸含量，即可判断溶解效率。随着有机溶剂的增加，残余率逐渐减少，溶解的脂肪酸更多，但有机溶剂成本显著上升，需要综合考虑试验成本。但有机溶剂增加能够有效降低不溶物的细度，更有利于分液和过滤。根据试验过程中的实际效果，当掺配比例达到1∶2时，可以较好地满足植物油脚在有机溶剂中的分散性，若有机溶剂比例较低，则搅拌时间对应延长且分散性也较差，对试验进程不利。因此，采用1∶2作为最佳掺配比例。而通过数据也能够发现，当植物油脚：有机溶剂介于1∶2与1∶4之间时，乙酸乙酯的残余率更低，萃取效率更高。因此当有机溶剂掺量较少时，更适合使用乙酸乙酯作为萃取剂。

3. 萃取工艺研究

最终选定丙酮和乙酸乙酯作为再生剂制取过程中的萃取剂。取植物油脚：有机溶剂=1∶2混合液置于试验缸中，采用水浴，加热温度设定为30℃，搅拌时间20min。将萃取后的溶液放置在梨型分液漏斗中，静置30min，让其中悬浮的不溶物充分沉降，打开塞孔让下层絮状不溶物流出，实现固液分离。经抽滤试验检验，下层絮状不溶物无法通过滤纸，因此根据分子直径判断，下层絮状不溶物为磷脂，试验过程如图 4-34 所示。

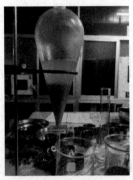
（a）丙酮-植物油脚混合液

（b）乙酸乙酯-植物油脚混合液

图 4-34　待分液的有机溶剂-植物油脚混合液

将上述分液后的上清液通过减压抽滤的方式，去除其中悬浮未沉降的磷脂。图 4-35 为减压抽滤后的上清液，可以看出，乙酸乙酯萃取的混合液整体清澈透亮，而丙酮所萃取的混合液较为暗淡，说明乙酸乙酯萃取后的混合液溶解度更好，而丙酮所萃取的物质相溶性略有不足。

（a）丙酮-植物油脚上清液

（b）乙酸乙酯-植物油脚混合液

图 4-35　减压抽滤后的有机溶剂-植物油脚上清液

丙酮自身易溶于水，而乙酸乙酯难溶于水，但萃取得到的物质中会含有亲水基团，例如高级脂肪酸中的羧基。加之植物油脚成分中含有一定量水分，因此需要将所得到上清液中的水去除。3A 分子筛是一种含有精确和单一的微小孔洞材料，其有效孔径为 3Å，主要用于吸附水，不吸附直径大于 3Å 的任何分子。此外，混合液中的分子结构均大于水，因此 3A 分子筛只会吸附溶液当中的水，而不吸附其他物质。将 3A 分子筛加入抽滤后的上清液，充分震荡摇匀，静置一段时间，如图 4-36 所示。然后用干净的纱布轻轻擦拭 3A 分子筛表面，将附着在其表面的再生剂擦拭干净，称量 3A 分子筛的前后质量变化，即可测得含水量，测试结果列于表 4-28 中。

图 4-36 3A 分子筛与上清液

表 4-28 含水量测试结果

有机溶剂	抽滤后的上清液/g	3A 分子筛		含水量/%
		干燥/g	吸水后/g	
丙酮	30.101	19.677	22.717	10.1
乙酸乙酯	30.443	19.311	22.582	10.7

通过对比两种有机溶剂萃取得到的上清液含水量，可以发现乙酸乙酯略高，但二者相差不大。其原因是所萃取的物质本身带有一定的亲水基团，乙酸乙酯的单位萃取能力更强，所以吸附的水分子也更多。

将上述得到的上清液倒入烧瓶中，利用恒温加热套筒对上清液进行加热，丙酮的沸点为 56.3℃左右，乙酸乙酯的沸点为 76.9℃左右。因此将加热套筒分别设置为 65℃和 85℃，让温度略高于有机溶剂沸点，挥发效果更好。根据支管口附近的煤油温度计可以判断反应的进行速率，当所蒸发的溶液为丙酮时，该温度计的温度显示为 56℃左右为正常现象，同时可以观察到烧瓶内的混合液沸腾表面产生大量的气泡；当丙酮蒸发完全，所蒸发的液体为其他高沸点的液体时，煤油温度计的温度会上升，此时应关闭加热，防止蒸发出其他再生剂成分，利用套筒余温可基本将烧瓶内残余丙酮蒸发完全，如图 4-37 所示。采用乙酸乙酯萃取后的上清液蒸发同理。

图 4-38 为制取得到的两种再生剂成品，丙酮制得的再生剂自身溶解性相对较差，整体看来像水上面漂浮一层油，下层为半透明状液体；表层漂浮一层黄色的类油脂物质；上层漂浮物类似于乳浊型液体，流动性介于水与食用油之间。而乙酸乙酯制得的再生剂整体颜色偏深，再生剂各组分溶解性较好，能够彼此融合在一起，外观形貌和流动能力与食用油相似。

图 4-37　蒸发混合液中的丙酮

（a）丙酮蒸发后产物

（b）乙酸乙酯蒸发后产物

图 4-38　植物油脚初级再生剂

4. 萃取效率分析

有机溶剂的目的不仅是萃取其中的高级脂肪酸，而且还兼具分离植物油脚中磷脂的功能。此外也可采用去除磷脂的效果来表征有机溶剂的效率，去除磷脂效果越好，再生剂越稳定。因此，对植物油脚、丙酮萃取的再生剂、丙酮萃取的不溶物、乙酸乙酯萃取的再生剂、乙酸乙酯萃取的不溶物，采用 XRF 测定磷元素含量变化及 FTIR 检测官能团的种类与含量变化。同时将上述材料放置于 163℃烘箱中加热 60min，分析加热处理前后，各种材料磷含量变化情况。检测结果如表 4-29 所示。

表 4-29　XRF 检测结果

样品处理温度	检测样品	磷的质量浓度/(mg/L)
常温不处理	植物油脚	11024
	丙酮萃取的再生剂	1993
	丙酮萃取的不溶物	15479
	乙酸乙酯萃取的再生剂	526
	乙酸乙酯萃取的不溶物	25373

续表

样品处理温度	检测样品	磷的质量浓度/(mg/L)
	植物油脚	5558
	丙酮萃取的再生剂	1460
163℃	丙酮萃取的不溶物	4317
	乙酸乙酯萃取的再生剂	402
	乙酸乙酯萃取的不溶物	13912

目前尚无较好的手段直接对磷脂含量进行检测，比较常用的方法均存在较大的试验误差且试验步骤繁杂。因此可通过对磷元素含量进行检测来推断磷脂的含量。通过试验数据可以看到，乙酸乙酯萃取不溶物的磷元素含量确实高，萃取后得到的再生剂中磷元素含量均有降低。通过横向对比，对再生剂而言，乙酸乙酯萃取得到的再生剂中磷元素含量更少，不溶物中含量更多。因此，乙酸乙酯萃取效率更高，对于再生剂的主要成分萃取能力也更好，更适合作为再生剂的萃取剂。且通过对比加热前后的同种物质磷元素含量变化可知，加热能够使磷元素含量降低，磷元素主要以大豆卵磷脂的形式存在，加热的过程中可能存在磷脂分解，生成易挥发的物质。随后对丙酮和乙酸乙酯萃取之后的不溶物进行红外光谱测试。

当光的振动频率与分子官能团的拉伸、弯曲和摆动的频率匹配时，官能团则会吸收光。为分析再生剂制作过程中各个环节的关键产物成分，厘清再生剂加热前后的分子官能团变化，对上述 10 种物质进行红外光谱检测。红外光谱分析中红外区应用最广，该区又分为官能团区（或称特征频率区，$1330\sim4000\text{cm}^{-1}$）和指纹区（$400\sim1330\text{cm}^{-1}$），可根据不同区域的峰值变化对官能团种类与数量进行定性分析。

植物油脚加热前后红外光谱对比如图 4-39 所示，发现加热到 163℃的植物油脚在 1620cm^{-1} 处的峰消失，此处为双键伸缩振动区（$1500\sim1690\text{cm}^{-1}$），主要包括 C＝C，C＝N，N＝N，N＝O 等的伸缩振动以及苯环的骨架振动(σC＝C)。结合植物油脚的成分检测报告，其中不含有 N 元素，因此消失的峰区为不饱和碳碳双键；同时在 3314cm^{-1} 处的峰值也显著降低，此处为 O—H、N—H 伸缩振动区（$3000\sim3750\text{cm}^{-1}$），经推断可能为炔烃的上碳氢键(—C≡C—H)。通过两处减少的峰值可以推测出，加热条件能够使植物油脚中的不饱和碳键含量有效降低。加热后的油脚在 2925cm^{-1} 处和 2854cm^{-1} 处略有上升，说明在高温条件下，不饱和碳键不仅发生氧化反应，还发生了还原反应生成—CH₃ 和—CH₂—，而指纹区 1464 的峰值对应的 C—H 区的增加也能证明这一点。在 1235cm^{-1} 处对应醚或醇的峰值在加热后有些许降低，在 1744cm^{-1} 处对应羧基加热后围成的峰面积显著上升。据推测，加热条件会使植物油脚中的少许醇或醚发生氧化反应变成羧基，而不饱和碳键氧化后变为醛基会进一步氧化变成酯或酮，部分酯或酮也会在 1744cm^{-1} 处显示峰值。通过对官能团分析可以看出，植物油脚的热稳定性较差，除了其中的不饱和碳键发生氧化反应生成羧基类以及少量的酮等，还会伴随少量的氢化还原反应。因此植物油脚并不能直接作为再生剂，需要对其进行处理才能保证其稳定性。

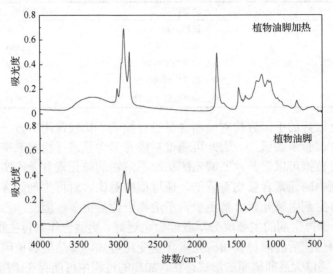

图 4-39　植物油脚加热前后红外光谱对比

丙酮再生剂加热前后红外光谱对比如图 4-40 所示，与植物油脚相同，在加热条件下丙酮再生剂中的不饱和碳键显著降低，羧基显著上升，而 1744cm^{-1} 处的峰面积也有所增加生成酯。说明在加热过程中不饱和碳键主要发生氧化反应，生成大量的酯基。其余峰值与峰面积基本保持不变，说明再生剂中除不饱和碳键外，整体热稳定性较好。

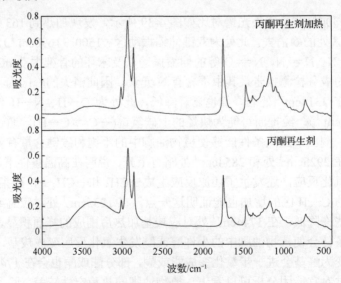

图 4-40　丙酮再生剂加热前后红外光谱对比

乙酸乙酯再生剂加热前后红外光谱对比如图 4-41 所示，乙酸乙酯再生剂中羧基显著上升，根据指纹区的酯基增长现象，主要反应仍为高级脂肪酸中不饱和碳键发生的氧化反应生成酯基。而加热的乙酸乙酯再生剂在 3339cm^{-1} 处峰值略有上升，对应的是羧基，因此可同样证明再生剂发生了氧化反应生成酯基，乙酸乙酯再生剂稳定性与丙酮再生剂基本保持同一水平。

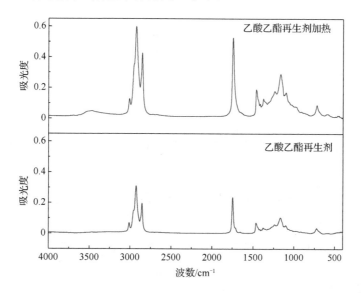

图 4-41 乙酸乙酯再生剂加热前后红外光谱对比

丙酮不溶物与乙酸乙酯不溶物加热前后红外光谱对比结果分别如图 4-42 和图 4-43 所示。两种不溶物在加热后，除 3360cm^{-1} 处的峰变化不相同，其余各官能团的峰面积均有所增加，而乙酸乙酯不溶物的加热变化与植物油脚加热变化最为接近。3360cm^{-1} 处的峰包含羧基官能团，由于羧基的官能团稳定，所以该峰值增加推测是大豆卵磷脂中磷脂酰胆碱的酯基在加热过程中断键所致。不溶物的成分主要为大豆卵磷脂，加热变化曲线与植物油脚趋势大致相同，因此将其去除后成分较为稳定。

对两种再生剂的红外光谱进行对比，如图 4-44 所示，能够看到二者的峰形除 3000~3750cm^{-1} 处，其余位置均相同，说明二者所含有的化合物种类基本相同。此现象的原因可以归结为分子缔合，有机物 RCOOH 类羧酸分子生成二聚体（图 4-45），此过程本质上属于分子之间依靠氢键产生的一种物理作用。因此，乙酸乙酯再生剂的极性更弱，更利于在老化沥青分子中进行渗透和扩散融合，再生效果更好。

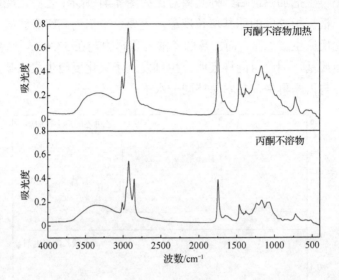

图 4-42　丙酮不溶物加热前后红外光谱对比

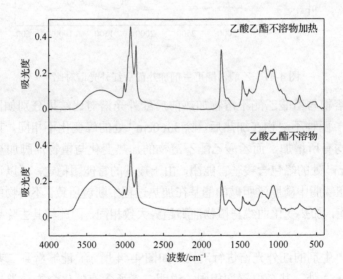

图 4-43　乙酸乙酯不溶物加热前后红外光谱对比

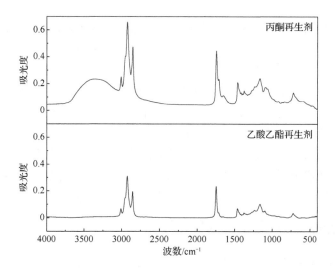

图 4-44　两种再生剂红外光谱对比

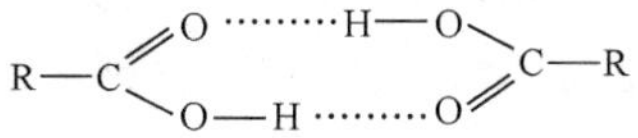

图 4-45　RCOOH 分子生成的二聚体

两种再生剂加热后红外光谱对比如图 4-46 所示，丙酮再生剂中大部分的分子缔合效应在高温条件下可消除。两种再生剂的峰形与走势完全相同，证明两种化合物中的有效成分基本完全相同，峰高的不同只与检测时的涂抹浓度有关，因此对于高温处理后的两种再生剂有极大概率认为是同一成分混溶体系。

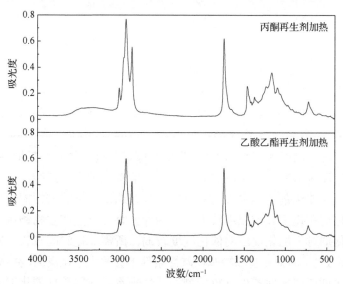

图 4-46　两种再生剂加热后红外光谱对比

　　通过对植物油脚以及两种不溶物的加热试验，从化学官能团角度，分析发现油脚的成分不适合直接作为再生剂使用，需进行一定的处理。通过对丙酮再生剂与乙酸乙酯再生剂的加热效果能够看出，除其中的不饱和碳键易于发生氧化反应外，两种再生剂的稳定性均较好。通过对比分析植物油脚与两种再生剂及其萃取不溶物的红外光谱，可以看出再生剂的制作基本属于物理变化，极少涉及化学变化。对比分析两种再生剂常温与加热后的红外光谱可以发现，加热后的两种再生剂可断定为相同的混溶体系，而常温下的丙酮再生剂易于发生分子缔合效应，再生剂分子的极性增强不利于极性扩散。因此对常温处理的再生剂来讲，乙酸乙酯为更好的萃取溶剂。最终选择乙酸乙酯作为高效萃取剂使用。

4.3.2　植物油脚沥青再生剂的优化设计

1. 正交试验设计

　　经过查询国内外关于高级脂肪酸甲酯化的研究发现，对于甲酯化程度影响的因素主要有四个方面：反应温度、反应时间、催化剂以及酸醇摩尔比。因此，再生剂优化基于这四种因素，采用四因素三水平的正交设计法进行甲酯化试验（表4-30）。

表4-30　正交试验因素水平表

试验	A 酸醇摩尔比	B 反应时间/min	C 反应温度/℃	D 催化剂掺量/%
1	1：1	50	45	0.3
2	1：1	100	60	0.8
3	1：1	150	75	1.3
4	1：4	50	60	1.3
5	1：4	100	75	0.3
6	1：4	150	45	0.8
7	1：7	50	75	0.8
8	1：7	100	45	1.3
9	1：7	150	60	0.3

　　酯化反应常用的醇为甲醇和乙醇，为减少碳链长度增加对其扩散性能的影响，采用甲醇作为反应原料。酯化反应的常用再生剂有三种类型：酸性催化剂、生物催化剂以及碱性催化剂。其中酸性催化剂较为普遍，常见的酸性催化剂有浓硫酸等。生物催化剂在化工领域应用较少，因为其无害等特点在生物领域应用广泛。但是生物催化剂对于酯化反应的催化程度较弱，所需催化时间较长，常以天为时间单位，效率较低。因为羧基和羟基在碱性条件下会发生皂化反应，生成皂化物[142]所以碱性催化剂使用条件较少且较苛刻。总体来看，使用酸性催化剂的居多，但

是初代再生剂中含有一定量的不饱和碳键，会与浓硫酸发生氧化反应，生成产物较为复杂而难以确定，对于优化后的再生剂品质不可控制。因此选定碱性催化剂，并根据常用的催化剂化学性质进行筛选，最终选定甲醇钠作为甲酯化催化剂。根据《食品安全国家标准食品中酸价的测定》（GB 5009.229—2016）对初代再生剂的酸价进行检测，酸价为 4.61KOH/(mg/g)。对碱性催化剂的使用条件进行预试验，并根据试验结果反复调整试验参数和条件，最后确定催化剂掺量。掺量为能够完全发生酯化反应的甲醇质量的 0.3%、0.8% 和 1.3%。参考奇亚籽油、棕榈油等类似生物基油的研究，拟定反应时间与反应温度。最后设定反应温度为 45℃、60℃ 和 75℃，反应时间为 50min、100min 和 150min。对于 4.3.1 节中制备的初代再生剂摩尔质量采用加权平均的求法，根据其中五种主要高级脂肪酸本身摩尔质量以及它们所占据的比例进行加权，得到平均摩尔质量为 276.6g/mol。

通过上述甲酯化试验能够得到不同酯基和羧基和羟基比例的再生剂，虽然从分子本身的角度来看，酯基相较于羧基的扩散能力更强、极性更弱，更适合作为再生剂，但因为尚无研究探究酯基和羧基对于老化沥青的实际作用，二者也可能会产生交互作用。因此并不能单一地通过酯化率来对再生剂的性能进行筛选，而是结合再生沥青的性能试验进行分析。

2.　再生剂优化方案

对于初代再生剂的优化是以甲醇作为原材料，甲醇钠作为催化剂进行试验设计的。为探究其他原料和催化剂种类对老化沥青的性能影响，基于正交试验设计的试验 1 进行深入探索。选定试验 1 的反应条件，将其中反应原料甲醇按照同物质量替换为乙醇进行同条件酯化反应，并将所得到的产物作为 10 号再生剂。按照试验 1 的条件，原料保持不变，仅改变催化剂种类，将甲醇钠按照同物质量分别替换为 KOH 和 NaOH 进行催化酯化，制备得到再生剂 11 号和 12 号。

通过上述试验，不仅可以探究酯化反应的最佳条件，同时可以探究微量碳数的改变对再生沥青的性能影响规律，也为后续植物油脚沥青再生剂的研发和改进提供思路及方向。

3.　再生剂优化流程

首先，用烧杯按照试验条件对应的催化剂用量称量催化剂甲醇钠，并按照试验用量用同一烧杯称量反应原料甲醇，将得到的甲醇钠-甲醇溶液进行震荡，使甲醇钠充分溶解于甲醇中，便于反应的发生。将所得到的混合液倒入设定好温度的烧瓶中，打开磁力搅拌装置进行充分搅拌，随即加入称量的初代再生剂，按照试验温度边加热边搅拌，让溶液能够更好地混合在一起，使得反应充分发生。

如图 4-47 所示，三口烧瓶左侧插入温度计实时控制反应温度，右侧为专门转移溶液的烧瓶口，中间为冷凝回流装置。在试验设计时，最高试验温度为75℃，而甲醇的沸点为64.7℃，因此在此条件下甲醇会同时产生挥发，而冷凝装置的作用则是让挥发的甲醇蒸汽遇冷形成液体，回流到反应容器中继续参加反应。

常规操作是在反应结束后，将反应得到的混合液用饱和氯化钠溶液进行水洗，除去催化剂和少量未完全反应的甲醇，静置分液后再将所得到的混合物用无水硫酸钠除去其中残余的水分。但是在实际反应过程中，无论如何控制反应温度和水洗条件，酯化后的混合液和饱和氯化钠溶液都会发生皂化反应形成皂化物，无法进行分液等后续操作，水洗后的物质如图4-48所示。

 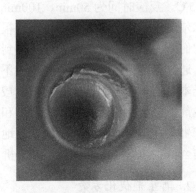

　　　图 4-47　酯化反应装置　　　　　　　　　图 4-48　水洗后的物质

因此，基于实际发生的化学变化更改试验方案，去掉常规操作中的水洗步骤，直接采用减压蒸馏的方式去除未参加反应的甲醇溶液，如图4-49所示。由于甲醇钠的掺量较少，最高掺量仍不足反应物初代再生剂的0.16%，因此忽略催化剂对于再生沥青性能的影响，但可通过11号再生剂和12号再生剂对催化剂的影响进行定性探究。另外，由于酯化反应是可逆反应，随着减压蒸馏过程中甲醇质量的减少，加之反应后产物水的存在，使得酯化反应具有逆向发生的可能性，即酯发生水解反应。因此需要对反应后混合液进行去水处理，取一定量的3A分子筛，放入反应后的溶液中进行震荡混合即可。将去水处理后的混合液，通过旋转蒸发仪蒸发掉未参加反应的甲醇和可能极少量存在的水。

常温下水的沸点为100℃，大于甲醇的沸点（64.7℃）。设置旋转蒸发仪的条件时，应考虑水在5623.5Pa压强下的沸点为35℃。因此，旋转蒸发仪参数采用水浴加热35℃，压强控制为5700Pa。在蒸发的初期应适当调高压强，减压蒸馏开始初期甲醇含量较多，旋转蒸发时的气泡逃逸速度过快，容易产生爆沸现象。蒸发完全的判断标准为不会产生新气泡，蒸发后的产物即为优化后的再生剂（图4-50），也即酯化后的脂肪酸和脂肪酸甲酯混合物。

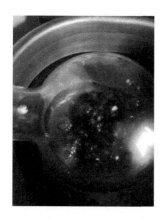

图 4-49　旋转蒸发反应后的混合液

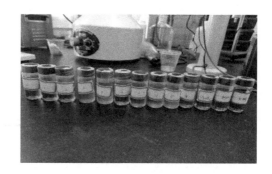

图 4-50　优化后的再生剂产品

4. 酯化率测定

为得到各再生剂的酯化转化率，采用 GC-MS 进行检测。仪器采用 Agilent 7820A-5977B（图 4-51）。

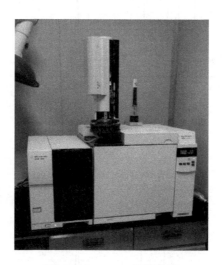

图 4-51　GC-MS 检测仪器

按照表 4-30 及再生剂优化方案所述，共得到 13 种再生剂，其中初代再生剂设计为 0 号。各样品测试结果如图 4-52～图 4-56 所示。

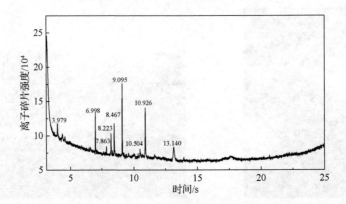

图 4-52　0 号再生剂 GC-MS 谱图

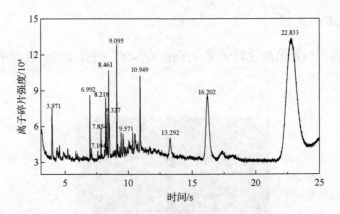

图 4-53　1 号再生剂 GC-MS 谱图

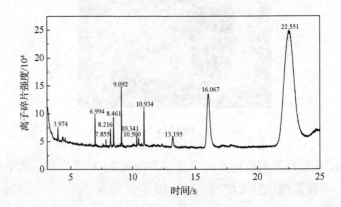

图 4-54　3 号再生剂 GC-MS 谱图

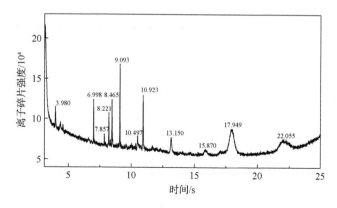

图 4-55　10 号再生剂 GC-MS 谱图

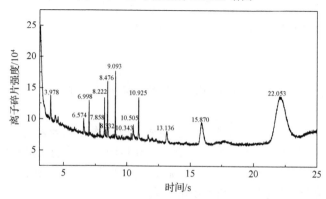

图 4-56　12 号再生剂 GC-MS 谱图

对 GC-MS 谱图与标准物质样品的谱图进行对比解析，横坐标为保留时间，可以对样品进行定位，纵坐标为离子碎片强度，可以确定样品的存在与否，而峰的面积则可以衡量对应样品的多少。因此，通过上述样品对酯化反应后的产物进行对比分析，得到酯化率。其中，10 号再生剂的酯化率为 88.75%，11 号再生剂的酯化率为 80.50%，12 号再生剂的酯化率为 76.50%，其余数据整理如表 4-31 所示。

表 4-31　正交试验结果分析表

因素		A 酸醇摩尔比	B 反应时间	C 反应温度	D 催化剂掺量	酯化率/%
编号	1	1	1	1	1	81.45
	2	1	2	2	2	71.63
	3	1	3	3	3	94.55
	4	2	1	2	3	78.42
	5	2	2	3	1	83.44
	6	2	3	1	2	77.63

续表

因素		A 酸醇摩尔比	B 反应时间	C 反应温度	D 催化剂掺量	酯化率/%
	7	3	1	3	2	72.39
编号	8	3	2	1	3	85.16
	9	3	3	2	1	85.45
计算结果	k_1	84.10	78.98	82.97	85.01	
	k_2	79.83	80.08	78.50	73.88	
	k_3	81.00	85.88	83.46	86.04	
极差	R	4.27	6.89	4.96	12.16	

注：$k_i(i=1,2,3)$ 为正交试验表中的固有参数，用于计算 R 值，R 值越大代表该影响因子对试验指标影响越大。

根据表 4-31 可知，四个因素对甲酯化影响的效果排序为 D>B>C>A。从结果来看，3 号试验的甲酯转化率最高。因此，再生剂优化设计的工艺确定为：初代再生剂：甲醇摩尔比为 1∶1，反应时间为 150min，反应温度为 75℃，甲醇钠催化剂掺量为 1.3%。

4.4　再生沥青性能验证与分析

通过 4.3.2 节再生剂优化制备工艺，完成了对植物油脚沥青再生剂的制备。本节主要通过 PAV 试验对沥青进行长期老化，并按照一定量的比例掺配再生剂，制备再生沥青。根据再生沥青的高温、低温、疲劳等性能确定适用于不同条件的最佳掺量，并综合验证油脚再生剂的使用效果。

4.4.1　三大指标与表观黏度

三大指标包括针入度、软化点以及延度，是沥青材料较为常见的基本指标。将乙酸乙酯制得的初代再生剂按照老化沥青质量的 3%、6%、9% 和 12% 进行掺配，测试的三大指标结果如图 4-57 所示，图中 JZ 代表基质沥青（余同）。

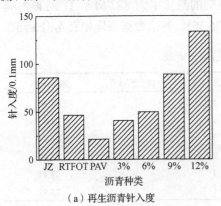
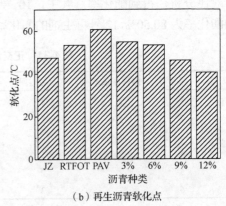

（a）再生沥青针入度　　　　　　　　　　（b）再生沥青软化点

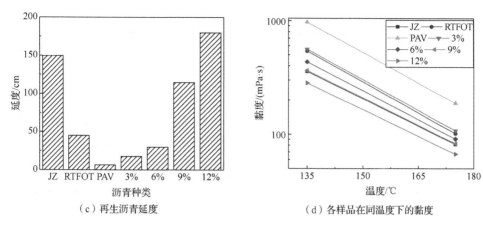

（c）再生沥青延度 　　　　　（d）各样品在同温度下的黏度

图 4-57　再生沥青三大指标与黏度指标

随着再生剂掺量的增加，软化点下降，针入度和延度不断提高，但不具有线性关系。当掺量为 9%时，针入度为 90.0（0.1mm），延度为 100+（cm），软化点为 46.2（℃），达到与未老化的基质沥青性能最接近的程度。而当掺量从 9%过渡到 12%时，三大指标的增量最为显著，因此应对再生剂的掺量进行合理控制，防止再生剂过量导致性能急剧变化。从三大指标的趋势与基质沥青的规范值分析，对于 Anda90#老化沥青的最佳掺量在 9%左右。

随着老化程度的进一步加深，沥青黏度逐渐增大，施工和易性降低，其主要原因是轻质组分的挥发，极性分子更易聚集在一起形成胶束，因此黏度会显著增加[143]。而随着再生剂掺量的增加，由于轻质组分的加入，能够改善沥青的流动性，因此沥青的黏度会有效降低。在半对数坐标系下，随着掺量的增加，不同温度下的沥青黏度呈平行关系下降，主要是因为掺加的再生剂成分中脂肪酸酯及脂肪酸类物质渗透性好，降黏效果充分。

4.4.2　表面能

对基质沥青、两种老化沥青以及掺量不同再生剂量的沥青进行表面能分析，测试的沥青与溶剂接触角见表 4-32。

表 4-32　沥青与溶剂的接触角

检测样品	接触角/(°)		
	蒸馏水	甲酰胺	丙三醇
基质沥青	102.8	94.1	103.1
RTFOT 沥青	107.3	95.4	101.3
PAV 沥青	109.7	96.9	96.6
PAV 沥青+3%再生剂	106.5	91.8	98.0

续表

检测样品	接触角/(°)		
	蒸馏水	甲酰胺	丙三醇
PAV 沥青+6%再生剂	95.2	90.8	99.1
PAV 沥青+9%再生剂	91.3	82.1	102.2
PAV 沥青+12%再生剂	87.7	81.5	101.5

按照 4.1.2 节所述，根据接触角可计算得到表面能参数，结果见表 4-33。

表 4-33　各检测样品表面能

检测样品	表面能参数/(mJ/m^2)			
	γ	γ^{LW}	γ^+	γ^-
基质沥青	24.5	22.4	0.9	4.7
RTFOT 沥青	13.5	13.2	0.1	2.2
PAV 沥青	4.8	2.3	5.2	1.2
PAV 沥青+3%再生剂	15.1	14.6	0.1	1.6
PAV 沥青+6%再生剂	24.8	22.2	0.8	9.4
PAV 沥青+9%再生剂	92.1	78.4	18.6	10.1
PAV 沥青+12%再生剂	95.5	79.1	19.6	13.7

随着沥青老化程度的增加，沥青表面能逐渐降低，而伴随着再生剂掺量的增加，沥青表面能显著上升，但当掺量超过 9%时，表面能增速不明显。说明植物油脚沥青再生剂对增加老化沥青表面能具有显著效果，但有一定的作用饱和值。其主要原因是再生剂的增加大量引入羧基，而羧基具有一定的亲水性，相当于在老化沥青中掺加大量的表面活性剂，因此再生沥青的亲水能力增加，表面能增大。而随着再生剂掺量的继续增加，当再生剂这种具有亲水和亲油特性的分子达到一定浓度时，极性部分会自发地相互吸引，使分子形成有序的聚集体[144]。非极性分子憎水能力较强，因此随着掺量进一步增加，接触角降低速率缓慢，表面能增速降低。当用表面能作为评价指标时，认为 6%的掺量可使老化沥青的表面能恢复至基质沥青水平。

4.4.3　沥青弯曲蠕变劲度试验

为探究再生剂在低温的适用性，采用如图 4-58 所示的弯曲梁流变仪（BBR）测试蠕变劲度 S 及蠕变速率 m，以对再生沥青进行评价。

图 4-58 弯曲梁流变仪

蠕变劲度表征沥青在低温下抵抗开裂的能力,而蠕变速率则是指蠕变劲度的变化率。其测试结果如表 4-34 和图 4-59 所示。

表 4-34 不同温度下的 *S* 值与 *m* 值

沥青种类	−12℃		−18℃		−24℃	
	S/MPa	m	S/MPa	m	S/MPa	m
基质沥青	58.751	0.540	145.790	0.464	431.551	0.316
RTFOT 沥青	86.240	0.482	169.814	0.460	547.896	0.291
PAV 沥青	145.974	0.427	267.695	0.381	632.902	0.261
PAV 沥青+3%再生剂	33.405	0.529	121.337	0.384	364.725	0.327
PAV 沥青+6%再生剂	19.975	0.581	52.748	0.515	166.653	0.406
PAV 沥青+9%再生剂	5.367	1.021	31.033	0.617	75.114	0.469
PAV 沥青+12%再生剂	1.653	1.458	7.982	1.066	43.328	0.492

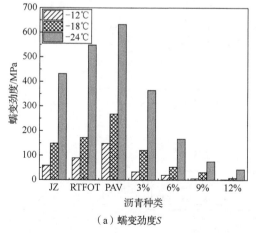

(a)蠕变劲度 *S*

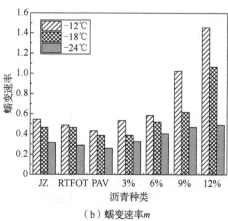

(b)蠕变速率 *m*

图 4-59 各类沥青的蠕变劲度与蠕变速率

蠕变劲度越小，蠕变柔量越大，在低温状态下沥青拥有更好的低温抗裂能力。在同一温度下，蠕变劲度 S、蠕变速率 m 和沥青的老化程度、再生剂掺量明显呈现递变规律。随着沥青老化程度的增加，沥青中的轻质组分减少，流动性降低，因此 S 值逐渐增加，m 值逐渐降低，沥青的抗裂性逐渐降低；随着再生剂掺量的逐渐增加，轻质组分含量逐渐增加使得老化沥青的流动性得以恢复，因此蠕变劲度 S 和蠕变速率 m 也随之恢复，且恢复速率较快，沥青低温抗裂性能增强。对同一种沥青来说，随着试验温度的降低，沥青更脆更硬，因而蠕变劲度 S 呈上升趋势，m 为下降趋势。随着再生剂的加入，曲线变化明显，下降速率较大，使得再生沥青的低温性能增强较快。从低温角度考虑，再生剂的掺加对于其是增益效果。因此，从蠕变劲度 S 考虑，当掺量为 3% 时，S 值已低于基质沥青，说明再生剂的加入均能有效增加老化沥青的低温抗裂性，无法判断最佳沥青掺量；而从蠕变速率 m 来看，当掺量为 3% 时最为接近基质沥青，且对于 -24℃ 低温条件下，m 值差别略小。因此基于BBR 试验，从低温角度考虑，再生剂掺量越多，对低温的增益效果越好。

4.4.4　频率扫描

如前所述，沥青是一种兼具黏性特征与弹性特征的黏弹性材料，其流变特性依赖于加载的时间、温度与应力等多因素。DSR 试验是测定黏弹性材料的一种重要方法，通过测定复数模量（G^*）和相位角（δ）来进行表征。沥青路面服役过程中，其荷载形式是动态加载过程，因此采用不同荷载频率进行加载能够更为真实反映路面的实际工作状况。一般来说，加载频率越高，其相对作用时间较短，产生的相对位移也随之较少，所以 G^* 逐渐增大，而 δ 逐渐较小。本节采用温度为 0℃、15℃、25℃、52℃、58℃、64℃，加载频率范围为 0.1～100rad/s，进行频率扫描试验，测试结果见图 4-60。

在双对数坐标系下，沥青的复数模量与频率呈正相关，其他再生沥青的复数模量与频率关系均相同，不再赘述。从图 4-60 中能够看到，随着温度的升高，沥青越来越软，因此同一频率下的沥青复数模量显著降低。

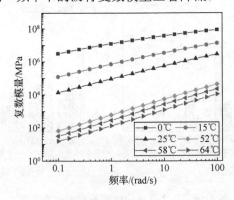

图 4-60　基质沥青在不同温度下的频率扫描

对于频率扫描最经典的分析就是主曲线的拟合并对其进行分析。主曲线拟合时，根据时温等效原理，在较高温度下短时间内的黏弹性能等同于在较低温度下长时间内的黏弹性能，即升高温度与延长作用时间对分子运动来说等效，对于作用时间可等效于频率大小来表示。因此可以将不同温度范围下的频率扫描按照选定的基准温度进行移动拟合成主曲线，位移量即为该温度下的位移因子 $\log \alpha_T$。目前常用的计算方法主要为 WLF 方程，该方程是基于大量试验数据推导出来的高聚物黏度与温度关系式。

$$\log \alpha_T = \frac{-C_1(T - T_R)}{C_2 + T - T_R} \qquad (4\text{-}2)$$

式中，α_T 为温度 T 下的位移因子；T_R 为基准温度（℃）；C_1 和 C_2 为常数。

基于 WLF 并采用 CAM（Christensen-Anderson-Marasteanu）方程对复数模量主曲线进行拟合。

$$G^* = G_e^* + \frac{G_g^* - G_e^*}{[1 + (f_c / f')^k]^{m_e / k}} \qquad (4\text{-}3)$$

式中，G^* 为复数模量；G_e^* 为 $f \to 0$ 时的平衡复数模量；G_g^* 为 $f \to \infty$ 时的平衡复数模量；k、m_e 为形状参数；f_c 为主曲线加载频率的拟合参数；f' 为换算加载频率。

通过拟合出的模量主曲线（图 4-61）可知，相同频率下沥青复数模量随老化程度增加而增加，随再生剂掺量增加而逐渐降低。主要是由于再生剂中的轻质组分对沥青起到柔化作用，使老化沥青的流动性得以恢复。基质沥青与 9%掺量的再生剂在中频段发生了交叉，低频段基质沥青的复数模量位于 9%～12%掺量，高频段逐渐靠近 6%并在高频段与之发生重合现象。因此基于整体考虑，最佳再生剂的掺量推荐在 9%，能够在低中高频与基质沥青较为贴合。

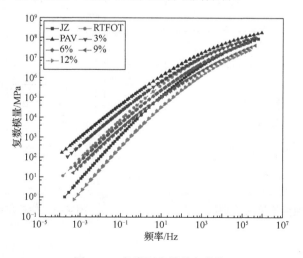

图 4-61　各类沥青模量主曲线

4.4.5　沥青抗疲劳性能试验

生物油基再生剂的疲劳开裂问题也一直是研究的重点，常规方法是采用疲劳因子 $G^*\sin\delta$ 作为评价指标，但其主要表征材料的黏性，且耗散能对其影响较大，仅在有限的线黏弹性范围内具有表征疲劳的能力[145]。因此采用线性振幅扫描（linear amplitude sweep, LAS）试验对再生沥青的疲劳特性进行补充分析。LAS 试验是通过控制应变进行加载，加载振幅从 0.1% 到 30% 进行 3100 个循环，扫描时间 300s，测试结果见表 4-35 和图 4-62～图 4-64。

表 4-35　不同沥青的破坏应力应变特性

沥青种类	屈服应力/kPa	屈服应变/%	相位角峰值/(°)	相位角峰值对应应变/%
基质沥青	153642	11.63	68.38	14.48
RTFOT 沥青	277552	12.80	65.86	15.74
PAV 沥青	521218	12.22	62.63	16.69
PAV 沥青+3%再生剂	261549	13.86	63.26	16.31
PAV 沥青+6%再生剂	152296	13.57	63.67	16.87
PAV 沥青+9%再生剂	101014	13.84	64.68	15.99
PAV 沥青+12%再生剂	62960	13.35	64.88	15.19

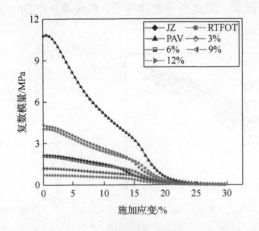

图 4-62　复数模量-应变曲线

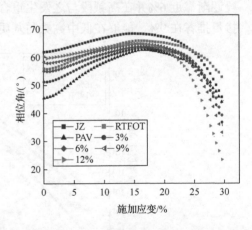

图 4-63　相位角-应变曲线

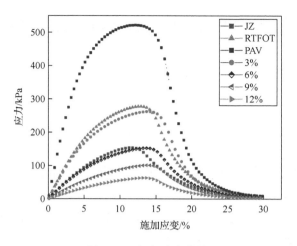

图 4-64　应力-应变曲线

通过应变和复数模量的关系可以看到，随着应变的增加，复数模量下降速率会出现拐点。结合相位角-应变曲线可以看到，复数模量曲线的拐点总是在相位角峰值拐点的附近，而相位角变化趋势总是随着应变的增加而增大，达到峰值后迅速降低。相位角的峰值随着老化程度的增加而降低，峰值对应应变也逐渐增加。再生剂的掺量也会使相位角峰值得以恢复，相位角峰值对应应变也逐渐降低。

通过应力-应变曲线可以发现，随着应变的增加，各类型沥青的剪切应力均呈现先增加后减小的趋势。随着老化程度的增加，沥青轻质组分减少、弹性部分增强、沥青刚度增大、屈服应力逐渐增加，而再生剂的加入起到柔化沥青的作用。因此再生沥青的屈服应力逐渐降低，当掺量为 6% 时，再生沥青的屈服用力与基质沥青基本相同，而屈服应变并未表现强线性相关，不同掺量的再生沥青屈服应变差别不大。通过观察屈服应力的恢复状态，屈服应力越高，所能承受的极端荷载越大，屈服应变越大，所能保持自身不被破坏的变形性越高，抗裂性能更强。因此从屈服应力和屈服应变的角度来看，6% 掺量较为合理。

通过 LAS 试验可以得到屈服应力和屈服应变，同时还可基于黏弹性连续损伤力学理论模型对 LAS 试验数据进行深入分析。LAS 试验共分为两个部分，首先是在进行应变分析之前，根据特定频率的频率扫描试验确定参数 α。通过复数模量 $|G^*|(\omega)$ 和相位角 $\delta(\omega)$ 求得储存模量 $G'(\omega)$。

$$G'(\omega) = \left|G^*\right|(\omega) \times \cos\delta(\omega) \tag{4-4}$$

根据所得到的储存模量与频率的关系拟合成式（4-5）形式的最佳拟合直线，其中纵轴为 $\log G'(\omega)$，横轴为 $\log\omega$ 的曲线图，α 即为 m 的倒数。

$$\log G'(\omega) = m(\log\omega) + b \tag{4-5}$$

$$\alpha = 1/m \tag{4-6}$$

之后进行应变扫描，将上述得到的 α 代入式（4-7）求和计算样品的损伤累积。

$$D(t) \cong \sum_{i=1}^{N} [\pi \gamma_0^2 (C_{i-1} - C_i)]^{\frac{\alpha}{1+\alpha}} (t_i - t_{i-1})^{\frac{1}{1+\alpha}} \tag{4-7}$$

$$C(t) = \frac{|G^*|(t)}{|G^*|_{initial}} \tag{4-8}$$

式中，$C(t)$ 为完整度参数，既定时间 t 时刻的 $|G^*|$ 除以初始的"未损坏" $|G^*|$；$|G^*|$ 为复数模量（MPa）；γ_0 为既定点的应变值；t 为测试时间（s）。

损伤累积的总和是从施加 1.0% 应变时，间隔的第一个数据点开始，对后续每一个点的 $D(t)$ 的增量值进行叠加，直至 30% 应变测试结束时得到最终数据。

记录下每个测试时间点对应的 $C(t)$ 和 $D(t)$ 的值，并假设 $D(0)$ 处的 C 等于 1，$D(0)=0$，$C(t)$ 和 $D(t)$ 之间的关系如下式所示。

$$C(t) = C_0 - C_1 (D(t))^{C_2} \tag{4-9}$$

式中，C_0 为 C 的初始值，为 1；C_1、C_2 通过式（4-10）的曲线拟合得到：

$$\log(C_0 - C(t)) = \log C_1 + C_2 \cdot \log D(t) \tag{4-10}$$

在使用式（4-10）进行计算时，C_1 为截距的反对数，C_2 则认为是该函数的斜率值。在对 C_1、C_2 进行计算时，应当忽略损伤小于 10 的点。

D_f 被定义为失效时的 $D(t)$ 值，它对应于峰值剪应力下初始 $|G^*|$ 的减小。计算如下：

$$D_f = \left(\frac{C_{\max}}{C_1} \right)^{1/C_2} \tag{4-11}$$

通过式（4-12）～式（4-14）可计算疲劳寿命及计算疲劳寿命时所需要的参数 A 和 B。

$$N_f = A_{35} (\gamma_{\max})^{-B} \tag{4-12}$$

$$A = \frac{f(D_f)^k}{k(\pi I_D C_1 C_2)^{\alpha}} \tag{4-13}$$

$$B = 2\alpha \tag{4-14}$$

式中，$\gamma_{\max}$ 为预期的最大应变水平；f 为加载频率（10Hz）；k 为 $1+(1-C_2)\alpha$。

通过上述计算过程，即可得到疲劳寿命。整理上述过程中涉及的重要参数和疲劳寿命，见表 4-36。

表 4-36　LAS 疲劳方程中的技术参数

沥青种类	α	C_1	C_2	$A/(10^5)$	B
基质沥青	1.162	0.024	0.641	1.012	2.324
RTFOT 沥青	1.336	0.043	0.539	2.961	2.673
PAV 沥青	1.650	0.085	0.428	13.40	3.300
PAV 沥青+3%再生剂	1.488	0.053	0.501	7.472	2.975
PAV 沥青+6%再生剂	1.411	0.037	0.554	4.537	2.821
PAV 沥青+9%再生剂	1.343	0.024	0.621	3.276	2.686
PAV 沥青+12%再生剂	1.315	0.018	0.677	2.496	2.630

完整度参数 C 表征沥青材料在荷载作用下的破坏程度,当 $C=0$ 时材料完全破坏,而 $C=1$ 时材料则完好无损。因此,对 $C(t)$ 拟合方程中参数 C_1、C_2 而言,拟合参数越小,同时间对应下沥青的完整性越高,抵抗疲劳的特性也越强。通过表 4-36 中的数据可知,C_1 和 C_2 的变化趋势总是相反,随着沥青老化程度的增加,C_1 逐渐增大而 C_2 逐渐减小;随着再生剂掺量的增加,C_1 逐渐降低,而 C_2 逐渐增大。当再生剂掺量为 9%时,再生沥青的 C_1 和 C_2 值与基质沥青基本相差无异。

通过图 4-65 可知,随着破坏强度的增加,各沥青的完整度参数均逐渐下降,下降速率均呈现先增大后减小的趋势。在破坏强度初期,完整度参数随着沥青老化程度的增加下降速率增快,长期老化沥青最先完全破坏。但在破坏强度的中后期,短期老化沥青与基质沥青的曲线几乎重合,说明老化程度对沥青的完整度参数影响呈正相关,老化时间越长,影响范围越大,老化时间越短,影响范围越小。随着再生剂的增加,完整度参数曲线曲率逐渐降低,但当再生剂掺量达到 9%时,也仅对于破坏强度早期的差异性显著,对于中后期,曲线重合,效果差别不大。

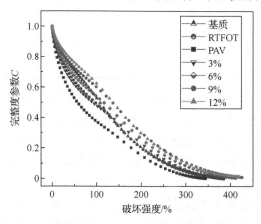

图 4-65　不同沥青完整度参数与破坏强度关系图

A 和 B 作为计算疲劳寿命的重要参数,因为 $B=2\alpha$,所以 B 与 α 所能表征的施加应变敏感性完全相同，因此用 α 进行分析。参数 A 也可以表征沥青材料在循环荷载下保持自身完整性的能力。当进行短期老化时，参数 A 增长缓慢，但进行 PAV 后参数 A 的增长极为迅速，说明沥青抵抗循环荷载且保持自身完整性的能力强依赖于老化程度。这也合理地解释了基质沥青与 RTFOT 沥青为何仅在损伤强度初期有所区别，而在后期曲线基本重合。再生剂的掺入能够有效降低 A 值，但增益效果仅在初期最为明显，3%掺量对于 A 值的降低能力有限。

对疲劳寿命的公式（4-12）两端同时取对数能够发现，在对数坐标系下参数 α 与材料疲劳寿命和施加应变的斜率呈正相关，因此可以表征疲劳寿命对于施加应变的敏感性。参数 α 越小，对于施加应变的敏感性越低，α 越大敏感性越强。同样，随着沥青老化程度的增加，α 逐渐增大，说明沥青老化越严重，沥青材料本身对于外界荷载作用越敏感。而再生剂的加入，可以有效降低对于外界荷载作用的敏感程度。参数 α 随着掺量的增加而降低，但当掺量达到 9%时，仅能恢复到 RTFOT 短期老化水平，说明再生剂的加入仅能改善这一问题，并不能完全解决这一问题。

以疲劳寿命作为研究重点，针对不同老化程度和不同再生剂掺量的沥青，得到了在 3%、5%、10%以及发生屈服时不同应变水平对应的疲劳寿命，如表 4-37 所示。

表 4-37　沥青在不同应变水平下的疲劳寿命

沥青种类	3%	5%	10%	屈服应变水平
基质沥青	7878	2404	480	337
RTFOT 沥青	15708	4010	629	340
PAV 沥青	35683	6611	671	346
PAV 沥青+3%再生剂	28432	6219	791	299
PAV 沥青+6%再生剂	20449	4839	685	289
PAV 沥青+9%再生剂	17131	4344	675	281
PAV 沥青+12%再生剂	13873	3619	585	273

通过表 4-37 中数据可以看到，随着应变水平的提升，各类沥青疲劳寿命均快速降低。当固定应变水平时，随着沥青老化程度增大，疲劳寿命显著增加，而再生剂的加入虽然可以降低应变加载模式下的疲劳寿命，但降低程度较低。最大掺量 12%时对应的疲劳寿命仍能大于基质沥青。而当采用屈服应变时，老化程度对于沥青疲劳寿命影响差别不大，而再生剂却降低了疲劳寿命。当处于正常的交通荷载作用下，再生剂的加入不仅能够柔化老化沥青，对于疲劳寿命能有很好的保证，而当处于长期超重，使再生沥青维持在屈服水平时，再生沥青才会显示出疲劳性能不足的劣势[146]。因此可以说明，植物油脚沥青再生剂对于疲劳特性有正向

的改善，但也无法从疲劳寿命的角度来对再生剂最佳掺量进行判断。

从破坏角度考虑，当掺量为 6%时，屈服应力与基质沥青效果相当，而再生沥青的屈服应变均大于基质沥青，相位角峰值均小于基质沥青；从沥青完整性考虑，掺量增加能够降低 α 的值，但当掺量达到 12%时，仍未能恢复到基质沥青水平，只能说明再生剂掺量越多，越有利于沥青的完整性。从疲劳寿命考虑，在相同应变水平下，再生沥青的疲劳寿命均好于基质沥青，而随着再生剂掺量的增加，疲劳寿命降低。在屈服应变水平下，再生沥青的疲劳寿命会随着再生剂的增加而降低。因此通过 LAS 试验，可以大致确定最佳再生剂掺量宜在 6%至 12%之间。

4.4.6　沥青多重应力蠕变恢复试验

多重应力蠕变恢复（multiple stress creep and recovery, MSCR）试验主要用于研究沥青的高温蠕变特性[147]，因此可以较好地用来评价沥青材料高温抗车辙能力。应力水平选为 0.1kPa 和 3.2kPa，每个应力水平包含 10 个加载蠕变 1s，卸载恢复 9s 的周期。试验总时间为 200s，最终以 3.2kPa 应力水平下，不可恢复蠕变柔量（J_{nr}）和蠕变恢复率（R）作为评价指标，其计算公式如下：

$$R = \frac{\gamma_p - \gamma_{nr}}{\gamma_p - \gamma_0} \tag{4-15}$$

$$J_{nr} = \frac{\gamma_{nr}}{\tau} \tag{4-16}$$

式中，R 为蠕变恢复率；J_{nr} 为不可恢复蠕变柔量（kPa^{-1}）；γ_p 为各周期内峰值应变；γ_{nr} 为各周期内残余应变；γ_0 为各周期内初始应变。

对基质沥青、不同程度老化沥青，以及不同再生剂掺量的再生沥青进行试验，试验温度采用 46℃，结果如表 4-38、图 4-66、图 4-67 所示。

表 4-38　沥青在不同应变水平下的蠕变状况

沥青种类	0.1kPa		3.2kPa	
	R	J_{nr}/kPa^{-1}	R	J_{nr}/kPa^{-1}
基质沥青	0.10	49.28	0.07	51.81
RTFOT 沥青	0.24	17.74	0.20	18.70
PAV 沥青	0.50	2.50	0.46	2.65
PAV 沥青+3%再生剂	0.38	7.49	0.35	7.95
PAV 沥青+6%再生剂	0.29	18.75	0.25	20.12
PAV 沥青+9%再生剂	0.22	38.89	0.15	43.14
PAV 沥青+12%再生剂	0.17	80.71	0.08	94.98

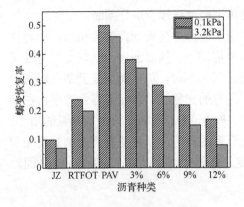 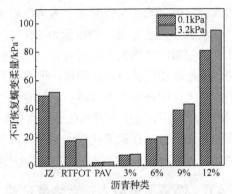

图 4-66　不同沥青蠕变恢复率　　　　　图 4-67　不同沥青不可恢复蠕变柔量

　　已有的关于沥青老化的研究结果显示，随着沥青老化程度的增加，轻质组分较少，胶质和沥青质总含量占比增加，沥青抵抗外界变形能力增强。因此在不同应力条件下，蠕变恢复率均会随着老化程度的增加而增加，不可恢复蠕变柔量逐渐降低。而随着再生剂的加入，老化沥青的流动性逐渐恢复，蠕变恢复率 R 随之降低，不可恢复蠕变柔量逐步升高。综合对比基质沥青，在低应力条件下，再生沥青的蠕变恢复率 R 仍未恢复到基质水平，但当掺量在 9%～12% 时，一定有一个掺量可以使 J_{nr} 恢复到原有基质沥青相同水准。而在高应力水平下，12% 再生剂掺量的再生沥青蠕变恢复效果与基质沥青基本相同，同样位于 9%～12% 区间内。对高温稳定性来说，蠕变恢复率 R 越高，不可恢复蠕变柔量 J_{nr} 越低，越有利于再生沥青的高温抗车辙性能。基于此，可以认为最佳沥青掺量为 9%。

　　为方便理解和对比蠕变恢复特性，取 3.2kPa 条件下的第一个加载卸载循环，如图 4-68 所示。

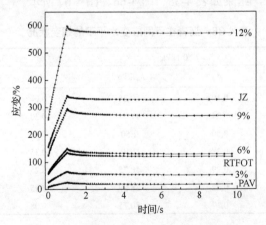

图 4-68　不同沥青第一阶段蠕变恢复曲线

　　由于各类沥青之间的性质不同，所以在进行 3.2kPa 循环加载时，各类沥青所产生的累积应变和初始应变不同。通过图 4-68 可知，随着沥青老化程度的增加，初始应变逐渐减低，加载过程产生的应变也逐渐减低，因此相较于基质沥青，老化沥青的高温抗车辙能力更强。随着再生剂的增加，初始累积应变逐渐增加，当再生剂掺量达到 9% 时，其单次循环的蠕变恢复效果与基质沥青相似，且初始应变小于基质沥青，因此 9% 掺量再生沥青的高温稳定性优于基质沥青。

　　综合上述性能分析，植物油脚沥青再生剂可以有效改善老化沥青性能，使得再生沥青的各项指标可以恢复到与基质沥青相当的水平，甚至有些性能已经优于基质沥青。整体看，再生剂的建议掺量为 6%～9%，具体掺配比例可以根据沥青老化程度，材料使用区域综合考虑。例如在季冻区或者寒冷地区等对沥青低温性能要求较高的区域，可以采用相对较高的再生剂掺量。总体而言，本章研究主要为工业尾料-植物油脚的综合利用提出了具备一定参考价值的高值化利用方式。

第5章 玉米秸秆纤维的沥青吸附机制及其 SMA 路用性能调控

中国作为农业大国，每年在生产大量粮食的同时也会产生大量的农副产品秸秆作物，而秸秆的焚烧和堆积均会对环境造成危害。如果将玉米秸秆制作成纤维应用到沥青路面中，不但能够减少秸秆对环境的污染，还能起到变废为宝、节约有限资源的作用，具有较大的环境与经济价值。但是目前如何将玉米秸秆制作成符合沥青路面要求的纤维材料还处于不同程度的研究阶段，同时政府对于沥青路用玉米秸秆纤维没有相应的技术标准。

鉴于此，本章利用农业废弃物玉米秸秆，通过物理化学手段制作出一种环保廉价、具有吸油性能的玉米秸秆纤维，并提出沥青路用玉米秸秆纤维的技术指标；结合吸附试验和分子动力学手段明确玉米秸秆纤维的沥青吸附机制；在此基础上开展玉米秸秆纤维沥青的高低温性能试验研究，分析玉米秸秆纤维在沥青中的作用机理；基于玉米秸秆纤维和玄武岩纤维的理化与力学属性，开展 SMA 路用性能调控与提升技术研究，揭示玉米秸秆纤维对 SMA 路用性能的提升规律和作用机理；进而设计吸附（玉米秸秆纤维）+增强（玄武岩纤维）型混合纤维，明确混合纤维对 SMA 路用性能的调控原理；通过对 SMA 路用性能与经济性进行对比分析，推荐用于调控和提升 SMA 路用性能的玉米秸秆纤维与混合纤维合理掺量；最后铺筑室内足尺试验场，总结玉米秸秆纤维/玄武岩纤维 SMA-13 路面施工工艺，并基于加速加载试验对其高温性能进行验证，为玉米秸秆纤维沥青混合料推广和应用提供理论基础以及技术支撑。

5.1 玉米秸秆纤维制备、性能表征与技术指标

玉米秸秆材料作为农作物的副产品，如果不能被有效利用，长时间的堆积或者露天燃烧均会造成环境污染[148]。因此，本节将玉米秸秆材料制作成符合沥青路面用的纤维材料，并将其应用在沥青路面中，以此来缓解秸秆材料对环境的污染。首先收集玉米秸秆原材料，并利用物理和化学手段进行有效加工。其次通过纤维吸油试验，优化玉米秸秆纤维的制备方法。再次对玉米秸秆纤维的物理性能进行测试分析。最后结合我国交通运输行业标准《沥青路面用纤维》(JT/T 533—2020)，以絮状木质素纤维的技术要求来评价玉米秸秆纤维，并给出沥青路面用玉米秸秆纤维的技术指标。

5.1.1　玉米秸秆纤维制备

1. 原材料与制备用品

1）玉米秸秆

为了制作出符合沥青路面应用的玉米秸秆纤维，选择来自中国东北地区吉林省德惠市乡下风干后的玉米秸秆原材料，使用大型翻斗车将玉米秸秆运输到制作地点。玉米秸秆收集过程如图 5-1 所示。

图 5-1　玉米秸秆收集

2）试验设备

在玉米秸秆纤维制作的过程中所采用的试验设备如表 5-1 所示。

表 5-1　主要的试验设备

仪器名称	型号	来源
超细研磨机	2500Y	武义海纳电器有限公司
万能粉碎机	WKF250	潍坊市北方制药设备制造有限公司
恒温磁力搅拌器	CJJ78-1	金坛市大地自动化仪器厂
电热鼓风干燥箱	101	上海树立仪器仪表有限公司
高精度电子天平	—	金华市宝岚衡器有限公司
300 目不锈钢筛网	—	吉林省宏达土木仪器有限公司
1000mL 玻璃烧杯	GG-17	四川蜀玻有限责任公司

3）试验试剂

在玉米秸秆纤维制作过程中所需要的化学试剂如表 5-2 所示。

表 5-2　主要的化学试剂

试剂名称	规格	来源
氢氧化钠	$Na(OH) \geqslant 98\%$	天津光复科技发展有限公司
去离子水	—	吉林大学
氢氧化镁	$Mg(OH)_2 \geqslant 91.5\%$	天津光复科技发展有限公司

2. 制备工艺设计与优化

1）玉米秸秆的结构与组成

玉米属于一年一结果的乔本科植物，在东北地区每年 10 月份为成熟季节。玉米秸秆直径为 2～4cm，高度为 2～3m，且具有节结构[149]。玉米秸秆由外皮和内部髓芯穰组成，其中外皮可细化分成为表皮和机械组织，内部的髓芯穰主要由维管束和基本组织构成。玉米秸秆中内部的穰结构松散柔软，富含大量的水分与营养物质，但力学强度较低。而玉米秸秆表皮则起到保护和支撑的作用，因此力学强度较高且韧性较好[150]。

玉米秸秆主要的化学组成成分为纤维素、半纤维素以及木质素[151]。其中纤维素及半纤维素都是由碳水化合物组成的，木质素则为芳香族化合物。纤维素在秸秆纤维中起到骨架作用，而半纤维素与木质素则起到填充及黏合的作用。除此之外，玉米秸秆还包含有少部分的其他组分，包括脂肪、果胶、蜡、蛋白质、无机物及色素等。组成元素主要是碳、氢、氧等 [152]。

2）制备工艺设计

由于玉米秸秆外皮具有良好的抗拉强度和弯曲强度，一般作为造纸和制造板材的原材料[153]。从整体上看玉米秸秆从外部到内部，维管束和基本薄壁组织细胞的排列由紧密到稀疏，细胞间腔也由小变大，这是玉米秸秆表皮强度高、内部芯层强度低的原因[154]。因此在制备玉米秸秆纤维时需要清除内部的穰，否则很难达到较高的力学性能。

首先，为了保证玉米秸秆纤维的质量，原材料选择表面无损害无发霉的玉米秸秆，然后去除叶子和未成熟果实，最终的玉米秸秆如图 5-2 所示。将玉米秸秆内部的穰去除，将玉米秸秆皮留下，并将玉米秸秆皮裁剪到一定尺寸范围，长度控制在 4～6cm 范围内、宽度控制在 1～2cm 范围内，裁剪后的玉米秸秆皮如图 5-3 所示。

图 5-2　去除叶子后的玉米秸秆　　　　　图 5-3　裁剪后的玉米秸秆皮

接下来，将在室温中干燥的玉米秸秆皮放入万能粉碎机（筛网 2mm）中进行粉碎，得到粗糙的玉米秸秆纤维。称取 50g 的粗糙玉米秸秆纤维放入超细研磨机中进行一定时间的处理。随后将细化的玉米秸秆纤维放入装有 1000mL 固定浓度氢氧化钠溶液的烧杯中进行化学处理，利用恒温磁力搅拌器在恒定的温度下搅拌一段时间。在化学处理完成后，对玉米秸秆纤维进行冲洗，使得纤维的 pH 值达到 6.5～7.5。最后将冲洗后的玉米秸秆纤维放入 110℃的烘箱中，干燥至恒定质量。玉米秸秆纤维制备流程图如图 5-4 所示。

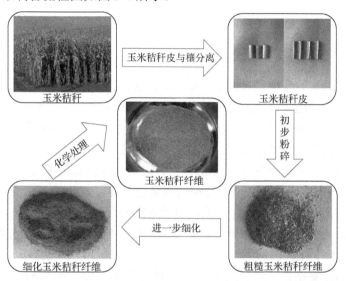

图 5-4　玉米秸秆纤维制备流程图

在玉米秸秆纤维制备过程中，物理处理的目的在于减小玉米秸秆纤维的直径，提高纤维本身的长径比，进而提高纤维在沥青中的吸油能力[155]。而化学处理的目的在于去除玉米秸秆纤维表面的果胶及脂肪等热稳定性不足的成分，提高纤维材料在沥青混合料拌和过程中的热稳定性，同时也增大了玉米秸秆纤维的表面粗糙度及比表面积，提高了纤维本身的吸油能力[156]。玉米秸秆纤维制备原理图如图 5-5 所示。

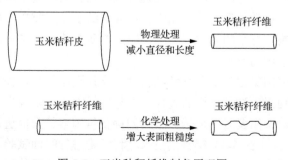

图 5-5　玉米秸秆纤维制备原理图

在阻燃处理方面，本研究选用氢氧化镁阻燃剂，并使用直接浸泡处理的方法。将 10g 的氢氧化镁与 1000mL 的水进行稀释拌和。之后将 50g 的玉米秸秆纤维倒入氢氧化镁溶液中，用磁力搅拌器搅拌 5min。最后利用筛网将溶液倒掉，将留下的玉米秸秆纤维放入 70℃的烘箱中，干燥至恒定质量。阻燃处理的目的是利用氢氧化镁在受热时发生分解，吸收燃烧物表面热量起到阻燃作用，在分解过程中会释放出大量水分可以稀释纤维表面的氧气，同时生成的活性氧化镁可附着于纤维表面形成熔融层状薄膜，可以起到隔绝空气、隔热作用，进而阻止纤维的进一步燃烧。此外，氢氧化镁在燃烧的整个过程中不会产生任何有害物质。

3）制备工艺优化

（1）吸油试验。

玉米秸秆纤维的直径相对偏小且属于颗粒状。《沥青路面用纤维》（JT/T 533—2020）中传统的纤维吸油试验筛网孔径偏大，因此在震荡的过程中会将油分及玉米秸秆纤维同时震荡落下。鉴于此，采用一种新的吸油试验来评价玉米秸秆纤维的吸油能力，具体试验方法如下。

使用高精度电子天平称取 0.1g 的纤维，之后放入已知重量的不锈钢网篮中，网篮孔径为 50μm。紧接着把盛有纤维的网篮放入盛有 400mL 柴油的 1000mL 烧杯中，静置吸附柴油 30min，待纤维材料吸附饱和后取出静置 5min，使挂在网篮上多余的柴油在重力的作用下滴落。之后对网篮及盛有吸附饱和油分的纤维进行称重，根据重量变化计算纤维材料的吸油重量比。每种纤维重复做三次吸油试验，取平均值作为计算结果，由公式（5-1）计算得到纤维的吸油质量比。

$$Q = \frac{m_2 - m_1}{m_1} \times 100\% \qquad (5\text{-}1)$$

式中，Q 为纤维的吸油质量比（%）；m_2 为纤维吸附柴油饱和质量与网篮质量之和（g）；m_1 为纤维质量与网篮质量之和（g）。

（2）试验方案。

纤维吸附沥青能力的强弱与纤维自身的长度与直径，以及表面粗糙度有关[157]。在玉米秸秆纤维制备的方法中，物理处理方法中的打磨时间长短会影响到纤维的长度与直径大小。化学处理方法中化学试剂含量的多少、搅拌温度的高低与搅拌时间的长短会影响到纤维的表面粗糙度，因此本研究将玉米秸秆纤维制备方法中的这四个关键因素作为变量。

由于制作出来的每根玉米秸秆纤维长度、直径无法统一，需要通过调节变量的数值大小来控制玉米秸秆纤维的整体长度与直径大小，以及表面粗糙度。不同变量因素的变化数值如表 5-3 所示。根据四种变量因素的数值进行正交试验，对 12 种不同制备方案（表 5-4）得到的玉米秸秆纤维进行吸油试验。采用吸油试验中的吸油量指标评价不同变量条件下制得玉米秸秆纤维的吸油能力，从而得到具备最佳吸油性能的玉米秸秆纤维制备方案。

表 5-3　玉米秸秆纤维在制备中不同变量因素的数值

各因素的水平编号	因素一	因素二	因素三	因素四
	打磨时间/min	化学试剂质量比例/%	搅拌温度/℃	搅拌时间/min
1	3	0.25	60	15
2	3.5	0.5	70	30
3	4	1	80	45
4	—	2	90	60

表 5-4　12 种玉米秸秆纤维制备方案

各因素的水平编号	类型			
	因素一	因素二	因素三	因素四
1	1	2	3	2
2	2	2	3	2
3	3	2	3	2
4	2	1	3	2
5	2	3	3	2
6	2	4	3	2
7	2	2	1	2
8	2	2	2	2
9	2	2	4	2
10	2	2	3	1
11	2	2	3	3
12	2	2	3	4

（3）试验结果分析。

通过图 5-6（a）可知，玉米秸秆纤维在加工工艺中随着打磨时间的增加，三种玉米秸秆纤维材料的吸油量分别为 29.07g/g、30.37g/g 和 28.6g/g，呈现先增大后减小的趋势，当打磨时间选用 3.5min 时，玉米秸秆纤维吸油能力相对更好。通过图 5-6（b）可以看出，随着化学处理过程中搅拌温度的增加，玉米秸秆纤维的吸油能力出现先增大后下降的趋势，且在 80℃时达到峰值，吸油量为 30.37g/g。在玉米秸秆纤维化学处理的过程中，当化学试剂的质量比例为 0.25%、0.5%、1%和 2%时，四种玉米秸秆纤维的吸油量分别为 26.67g/g、30.37g/g、28.7g/g 和 27.23g/g。通过图 5-6（c）可以看出，当化学试剂的质量比例为 0.5%时，玉米秸秆纤维的吸油量最佳。通过图 5-6（d）可以看出，在玉米秸秆纤维制作的过程中，纤维的吸油能力随着搅拌时间的增加，刚开始出现增长，且在搅拌时间为 30min 时其吸油量为最大值，之后随着搅拌时间的增长吸油量减小。

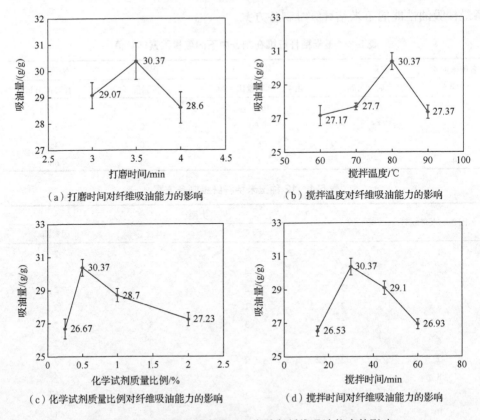

（a）打磨时间对纤维吸油能力的影响

（b）搅拌温度对纤维吸油能力的影响

（c）化学试剂质量比例对纤维吸油能力的影响

（d）搅拌时间对纤维吸油能力的影响

图 5-6　不同试验参数变量对玉米秸秆纤维吸油能力的影响

通过对不同变量因素条件下制作出来的玉米秸秆纤维进行吸油性能试验，得到不同吸油能力的玉米秸秆纤维。经过对比分析，当打磨时间为 3.5min、搅拌温度为 80℃、化学试剂质量比例为 0.5%、搅拌时间为 30min 时，玉米秸秆纤维材料的吸油能力最佳。因此，推荐这一种变量因素组合作为玉米秸秆纤维的制备方案。

5.1.2　性能表征与技术指标

1. 物理性能

1）试验方法

（1）纤维素、半纤维素、木质素和灰分含量测试试验。

利用电子天平称取纤维样品放入试管中，加入醋酸和硝酸混合料液，盖上球型玻盖。之后放到沸水浴中加热，在此过程中不断用玻璃棒搅拌。紧接着取出装有纤维的试管冷却至室温，然后离心除去上面的清液，沉淀后用蒸馏水冲洗。之后倒入硫酸溶液和铬酸钾溶液，利用玻璃棒搅拌均匀。然后放入沸水中静置

10min，取出后倒入三角瓶中，用蒸馏水进行冲洗。之后加入碘化钾溶液和淀粉溶液，用硫代硫酸钠滴定。纤维素的质量比例由公式（5-2）计算得到：

$$C_C = \frac{K(a-b)}{24m} \times 100\% \tag{5-2}$$

式中，C_C 为纤维素的质量比例（%）；K 为硫代硫酸钠浓度（mol/L）；a 为空白滴定所消耗硫代硫酸钠的体积（mL）；b 为溶液所消耗硫代硫酸钠的体积（mL）；m 为纤维质量（g）。

用电子天平称取纤维放入试管中，之后加入硝酸钙溶液，放到电炉子上进行加热，冷却后离心去除上面清液。用蒸馏水对纤维进行冲洗，然后加入盐酸，盖上玻璃盖后混合均匀。紧接着放入沸水浴中沸腾 45min，冷却后离心，并且将上面的清液倒入容量瓶中，对沉淀下来的纤维进行冲洗，并将洗涤液倒入容量瓶中。之后在容量瓶中滴入一滴酚酞，用氢氧化钠中和至玫瑰色，稀释至刻度，随后将其过滤至烧杯中，去除最初滤除的几滴滤液。用二硝基水杨酸方法测定溶液中的还原糖，然后取滤液倒入试管中并加入二硝基水杨酸方法试剂，放到沸水浴中 10min，在 570nm 和 680nm 波长下测定吸光度，并对照木糖标准曲线进行分析。

首先利用高精度电子天平称取干燥好的纤维试样，用预先已经调试好的苯醇混合液抽提 2h。烘干后称重，用定性滤纸将纤维试样包好，放进索氏抽提器中。调节加热温度使得苯醇混合液每小时在索氏抽提器中的循环次数不少于 4 次，抽提 6h。抽提完毕后，用夹子小心地从抽提器中取出盛有纤维试样的纸包，将纤维试样包烘干并称重。之后将苯醇抽提过的纤维试样移入具塞锥形瓶中，加入硫酸溶液，使试样全部为酸液所浸透，并盖好瓶塞。将锥形瓶置于 20℃水浴中，搅拌并保温 2.5h。将锥形瓶内纤维试样全部转移至新锥形瓶中，加入去离子水。将此锥形瓶置于电炉上煮沸 4h，期间应不断加水。用已称重的定量滤纸过滤上述酸不溶木质素，取第一次滤液，以硫酸溶液为参比溶液，测量其在 205nm 下的吸光度。用热去离子水继续洗涤酸不溶木质素，直至洗液滴加氯化钡溶液不再混浊，用 pH 试纸检查滤纸边缘不再呈酸性为止。木质素质量比例计算公式如式（5-3）～式（5-5）所示。

$$L_C = L_1 + L_2 \tag{5-3}$$

$$L_1 = \frac{m_1 - m_2}{m_0} \times 100\% \tag{5-4}$$

$$L_2 = \frac{\left(\dfrac{A}{110} - D\right) \times V}{1000 \times m_0} \times 100\% \tag{5-5}$$

式中，L_C 是木质素质量比例（%）；L_1 是纤维试样中酸不溶木质素质量比例（%）；L_2 是纤维试样中酸溶木质素质量比例（%）；m_1 是烘干后纤维试样中酸不溶木质素的质量（g）；m_2 是纤维试样中灰分的质量（g）；m_0 是干燥的纤维试样质量（g）；A 是吸光度；D 是溶液的稀释倍数；V 是滤液总体积（mL）。用电子天平称取一份质量的纤维，之后将样品放入(105 ± 5)℃烘箱中烘干 2h 以上。将高温炉预热至(620 ± 30)℃，并用电子天平称取坩埚的质量。之后将烘干的纤维放入坩埚上称取质量。将坩埚和纤维样品放到高温炉中，在(620 ± 30)℃加热至恒重，加热时间不少于 2h。接下来取出坩埚及纤维灰分，称取质量。纤维灰分质量比例计算如式(5-6)所示：

$$A_c = \frac{m_2 - m_1}{m_0} \times 100\% \qquad (5\text{-}6)$$

式中，A_c 是纤维灰分质量比例（%）；m_2 是加热后坩埚和纤维的质量（g）；m_1 是坩埚的质量（g）；m_0 是纤维的质量（g）。

（2）扫描电镜试验。

本研究使用德国蔡司集团生产的 SUPRA 55 场发射电子显微镜对化学处理前后玉米秸秆纤维的微观形貌进行了表征，同时观察了在不同放大倍数下木质素纤维及玄武岩纤维的微观形貌。样品的制备方法为：首先选取一块硬币大小的金属载体，之后在载体上缠绕上导电胶，并将纤维粘贴在导电胶上，在纤维的表面喷金后开始微观测试。

（3）热稳定性试验。

由于沥青混合料在拌和的时候处于高温状态，因此纤维本身的热稳定性是十分重要的。鉴于此，分别用高温纤维质量损失试验及热重分析试验对纤维材料的热稳定性进行评价。

高温纤维质量损失试验首先将烘箱预热至(105 ± 5)℃，利用电子天平称取纤维并将其放入坩埚中，之后在烘箱里烘干 2h。然后，将烘箱预热至(210 ± 5)℃，利用电子天平称取坩埚的质量，称取(10 ± 0.1)g 的纤维。接着，将纤维和坩埚一同放入预热好的烘箱中，恒温 1h±1min，观察纤维是否出现燃烧现象。最后，从烘箱中取出坩埚和纤维，冷却至室温后放到电子天平上称重。纤维的质量损失比例由公式（5-7）计算得到。

$$W_L = \frac{m_1 - m_2}{m_0} \times 100\% \qquad (5\text{-}7)$$

式中，W_L 是纤维的质量损失比例（%）；m_1 是纤维和坩埚的质量（g）；m_2 是坩埚的质量（g）；m_0 是初始纤维的质量（g）。为了能够更加准确地掌握玉米秸秆纤维的热稳定性，本研究使用德国耐驰集团生产的 STA 449C 热重分析仪对玉米秸秆纤维材料进行测试分析。测试中热重分析仪的升温速率为 10℃/min，测试的温度范围为 10～600℃，测试的纤维样品质量为 15mg。

（4）直径筛分试验。

由于玉米秸秆纤维的直径大小跨度范围较大，因此通过筛分试验来确定玉米秸秆纤维的直径大小。在筛分试验中，首先利用高精度电子天平称取适量的干燥纤维材料，之后将称好的纤维放置在分析筛中。分析筛中筛网孔隙从大到小排列分别为 0.875mm、0.425mm、0.180mm 及 0.106mm。紧接着盖上筛盖，用筛网专用刷逐级筛分 10min。最后，称取不同孔隙大小筛网上纤维的剩余质量。每级筛网的通过率由公式（5-8）计算得到。

$$P_Y = \frac{m_Y}{m_0} \times 100\% \qquad (5-8)$$

式中，P_Y 是每级筛网的通过率（%）；m_Y 是每级筛网纤维剩余的质量（g）；m_0 是纤维的全部质量（g）。

2）试验结果分析。

（1）玉米秸秆纤维成分含量分析。

玉米秸秆是由大量的有机物和少量的无机物及水分组成的，其中有机物的主要成分为碳水化合物，此外还有少量的粗蛋白质和粗脂肪。碳水化合物又是由纤维素类物质和可溶性糖类组成的。纤维素类物质是植物细胞壁的主要成分，它包含纤维素、半纤维素及木质素等。玉米秸秆中的无机物用粗灰分来表示，主要由硅酸盐和其他少量微量元素组成[151]。

化学处理前后玉米秸秆纤维的成分含量测试结果如表 5-5 所示，表中的抽提物泛指粗蛋白、粗脂肪及色素等成分。试验结果表明，经过化学处理后的玉米秸秆纤维材料中的抽提物含量大幅度下降，这是由于玉米秸秆纤维在经过氢氧化钠处理后，其表面层的蜡质层、果胶、粗蛋白等成分被去除。同时玉米秸秆纤维表面层中与蜡质层及脂肪紧密相连的部分木质素，在化学处理过程中也会被去除[158,159]，因此可以看到玉米秸秆纤维中的木质素含量出现了下降现象，其化学处理原理为：Fiber-OH+NaOH→Fiber-O⁻Na⁺+H₂O+[表面杂质成分]。

表 5-5　玉米秸秆纤维的成分含量（质量比例/%）

玉米秸秆纤维类型	纤维素	半纤维素	木质素	抽提物	灰分	水分
未经过化学处理的玉米秸秆纤维	31.6	25.3	13.6	17.5	5.8	6.2
经过化学处理后的玉米秸秆纤维	50.4	25.1	10.2	5.6	5.3	3.4

（2）玉米秸秆纤维微观形貌。

通过图 5-7 可以看出，未经过化学处理的玉米秸秆纤维表面较为光滑，具有连续的层状结构。通过图 5-8 可以看出，玉米秸秆纤维在经过氢氧化钠化学处理后，其形貌特征发生了明显的变化，纤维表面的连续层结构被破坏，内部管状结构裸露出来。同时，强碱的处理破坏了玉米秸秆纤维的管状结构，导致纤维中一部分原来的管腔结构发生了坍塌，变得极其不规则。

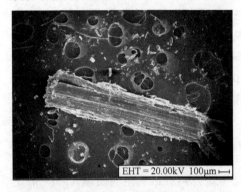
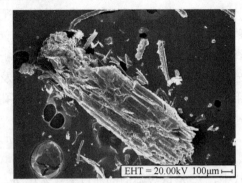

图 5-7　未经过化学处理的玉米秸秆纤维　　　图 5-8　经过化学处理后的玉米秸秆纤维
　　　　　　电镜图　　　　　　　　　　　　　　　　电镜图

EHT 为加速电压

　　总体来看，玉米秸秆纤维与之前相比表面更加粗糙，增大的比表面积会增强纤维的吸油能力。但强碱的处理也破坏了纤维的管腔结构，导致纤维原有的管状结构变得扁平，这也会降低纤维的吸油能力。因此，对玉米秸秆纤维的化学处理程度应适当，尽量减少强碱对玉米秸秆纤维管状结构的破坏。

　　（3）玉米秸秆纤维的热稳定性。

　　在沥青混合料中添加纤维的过程一般为干拌法，这是由于纤维本身分散性不好，直接添加到沥青中会出现结团现象[160]。因此干拌的目的是利用集料之间的摩擦力将呈絮状以及束状的纤维分散开，使得纤维在混合料中能够分散均匀。在室内拌和普通沥青混合料时，拌和温度一般在 150～170℃ 范围内；室内拌和改性沥青混合料时，其拌和温度会达到 180℃。但在施工现场拌和沥青混合料时，为防止温度降低，石料的加热温度一般会比室内试验温度要高，普通沥青混合料拌和温度会达到 180℃；在拌和改性沥青混合料时，石料的加热温度会更高，甚至会达到 220℃。因此，纤维材料的热稳定性非常重要，这是为了保证纤维在沥青混合料中拌和、运输以及铺筑施工过程中，其性能不会因为温度过高导致性能出现显著下降。

　　通过图 5-9 可以看出，未经过化学处理的玉米秸秆纤维质量损失非常严重。在热稳定性试验中，未经过化学处理的玉米秸秆纤维出现了燃烧现象，最后已经炭化为灰分，纤维中的大部分成分通过燃烧分解成气体及水分。通过表 5-6 的试验数据表明，经过化学处理后玉米秸秆纤维的质量损失比例为 3.6%，可见经过化学处理后纤维的热稳定性得到了显著的提高。这是因为玉米秸秆纤维在氢氧化钠碱性溶液中去除了一些热稳定性不佳的成分，例如蛋白质、果胶及脂肪等成分，使得纤维本身在高温状态下没有出现燃烧现象。

表 5-6　玉米秸秆纤维质量损失比例

纤维种类	质量损失比例/%
未经过化学处理的玉米秸秆纤维	91.6
经过化学处理后的玉米秸秆纤维	3.6

（a）加热前　　　　　　　　　　　　　（b）加热后

图 5-9　未经过化学处理的玉米秸秆纤维的热稳定性试验

　　玉米秸秆纤维在不断加热的过程中会出现热分解现象，在热分解的过程中大致可以分为三个阶段，分别为去除水分的阶段、热分解主要阶段和残渣缓慢分解阶段[161-163]。第一阶段是干燥及脱水阶段，由于温度的上升，纤维附着在外部水分及细胞内部的水分开始蒸发，这可以通过图 5-10 看出，在开始升温阶段纤维有着轻微的质量损失。到了第二阶段，纤维内部结构逐渐分解为自由基及官能团，释放出少量挥发性小分子气体。伴随着温度的升高，纤维的失重速率逐渐增大，热重分析曲线呈现出快速下滑的趋势，由图 5-10 可以看出，在这个阶段纤维的质量损失最多，质量损失比例在 60%～70% 范围内，这表明玉米秸秆纤维中主要成分纤维素及半纤维素开始大量分解。最后阶段就是残渣的缓慢分解，主要产生碳和灰分。由于木质素比较难热解，其热解过程几乎跨越了整个温度范围，因此在最后阶段木质素会继续分解产生挥发性气体。

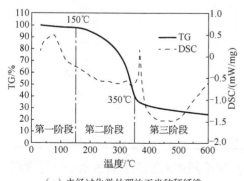 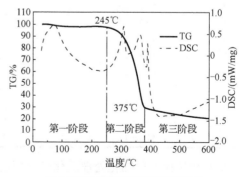

（a）未经过化学处理的玉米秸秆纤维　　　　　　（b）经过化学处理后的玉米秸秆纤维

图 5-10　玉米秸秆纤维的热重分析（TG）和差示扫描量热分析（DSC）曲线

通过图 5-10 可以看出，经过化学处理后的玉米秸秆纤维热稳定性要好于未经过处理过的玉米秸秆纤维。未经过化学处理的玉米秸秆纤维从 150℃开始第二阶段热分解，而经过化学处理后的玉米秸秆纤维则是从 245℃开始第二阶段热分解。这说明化学处理过程中去除了玉米秸秆纤维中大部分热稳定性较差的成分，极大提高了玉米秸秆纤维材料的热稳定性，因此化学处理在玉米秸秆纤维加工工艺过程中具有很重要的意义。这确保了玉米秸秆纤维能够满足普通沥青混合料及改性沥青混合料在施工过程中对温度的需求。

（4）玉米秸秆纤维直径与长度尺寸分析。

在沥青路面材料中，作为添加剂纤维材料的直径与长度会影响到沥青混合料的性能以及拌和时的施工和易性。因此，有必要对玉米秸秆纤维材料的直径和长度进行测试。研究中玉米秸秆经过物理破碎及化学试剂浸泡后得到的纤维材料直径和长度尺寸虽然无法统一，但是通过表 5-7 所示的不同制备方案下玉米秸秆纤维直径筛分试验结果得知［测试方法参考《沥青路面用纤维》（JT/T 533—2020）附录 L］，随着打磨时间的增长，玉米秸秆纤维直径在 425～180μm 范围内的质量比例在减小，而在 180～106μm、106～50μm 范围内的质量比例在增大，这说明玉米秸秆纤维在逐渐变得细化。通过大量的纤维筛分结果也可以看出，在相同制备方案下得到的每批次玉米秸秆纤维整体直径、筛分后的质量比例都在一定的范围内波动，这说明可以通过控制玉米秸秆纤维制备方案中的变量因素进而控制玉米秸秆的整体直径大小。同时玉米秸秆纤维的最大长度也可以控制在 4mm 以下［测试方法参考《沥青路面用纤维》（JT/T 533—2020）附录 H］。

表 5-7　12 种玉米秸秆纤维直径筛分的质量比例

纤维编号	不同直径筛分尺寸范围下的纤维质量比例/%		
	425～180μm	180～106μm	106～50μm
1	58.8±2.9	23.1±1.8	18.1±1.1
2	49.7±2.4	27.7±1.1	22.6±1.3
3	42.6±1.6	31.8±1.0	25.6±0.6
4	51.1±2.3	27.3±1.5	21.6±0.8
5	50.5±1.8	26.6±0.9	22.9±0.9
6	48.1±2.8	28.2±2.1	23.7±0.7
7	52.4±2.2	26.2±1.0	21.4±1.2
8	49.3±2.0	28.2±1.2	22.5±0.8
9	50.2±2.4	27.4±1.7	22.4±0.9
10	48.6±2.5	27.5±1.4	23.9±1.1
11	48.2±2.6	27.6±1.6	23.2±1.0
12	51.3±1.9	27.8±1.3	20.9±0.6

对初步粉碎、细化处理及化学处理后三种不同加工工序下的玉米秸秆纤维直径进行筛分试验，结果见表 5-8。

表 5-8　三种玉米秸秆纤维直径筛分的质量比例

直径筛分范围/μm	玉米秸秆纤维直径筛分质量比例/%		
	粗糙的玉米秸秆纤维	细化的玉米秸秆纤维	化学处理后的玉米秸秆纤维
875~425	26.2±1.2	0	0
425~180	61.0±1.4	40.3±2.6	49.7±2.4
180~106	6.5±1.3	20.1±1.2	27.7±1.1
106~0	6.3±1.3	39.6±1.4	22.6±1.3

　　筛分结果表明，细化的玉米秸秆纤维整体直径尺寸在减小，在 875~425μm 直径范围内纤维质量比例由原来的约 26% 已经降低为 0。原本大量的玉米秸秆纤维直径集中在 425~180μm 直径范围内（61%），且只有近十分之一的玉米秸秆纤维直径小于 180μm（12.8%）。经打磨后可以看到，玉米秸秆纤维直径主要分布在 425~180μm 及 106~0μm 的直径范围内。然而经过化学处理后玉米秸秆纤维的直径筛分质量比例出现了变化，其中在 425~180μm 的直径范围内纤维质量比例增加了 9.4%，在 180~106μm 的直径范围内增加了 7.6%，在 106~0μm 的直径范围内减少了 17%。这主要是因为在化学处理后，使用了 50μm 的筛网清洗玉米秸秆纤维并且过滤了水分，因此小于 50μm 的玉米秸秆纤维材料被过滤掉，进而导致玉米秸秆纤维整体直径尺寸有所增大。

　　2. 技术指标

　　由于玉米秸秆纤维属于新的沥青路面用纤维材料，暂时没有相关的技术标准。但玉米秸秆纤维作为以吸附沥青作用为主的路用纤维，本研究将参考我国交通运输行业标准《沥青路面用纤维》（JT/T 533—2020）中对絮状木质素纤维的技术要求，对玉米秸秆纤维性能进行评价。同时对比木质素纤维性能指标进行分析，两种纤维的性能指标如表 5-9 所示。其中木质素纤维来自吉林省吉林正翔新型建材有限公司，木质素纤维如图 5-11 所示。

表 5-9　两种纤维的性能指标

指标	玉米秸秆纤维	木质素纤维	絮状木质素纤维技术要求	试验方法
纤维直径/μm	50~425	40~500	—	JT/T 533—2020 附录 A
纤维长度/mm	≤4	≤5.5	≤6	JT/T 533—2020 附录 H
0.15mm 质量通过率/%	65.3	67.8	60~80	JT/T 533—2020 附录 A
灰分含量/%	5.3	18.9	13~23	JT/T 533—2020 附录 B

续表

指标	玉米秸秆纤维	木质素纤维	絮状木质素纤维技术要求	试验方法
pH 值	7.6	7.8	6.5～8.5	JT/T 533—2020 附录 C
吸油倍率/%	30.37	33.28	—	参考 5.1.1 节 吸油试验方法
密度/(g/cm³)	1.32	0.86	—	JT/T 533—2020 附录 I
含水量/%	3.6	3.8	≤5	JT/T 533—2020 附录 E
裂解温度/℃	>245	—	—	参考 5.1.2 节 热重分析试验
质量损失比例（210℃，1h）/%	3.6	4.2	≤6，且无燃烧	JT/T 533—2020 附录 F

图 5-11　木质素纤维

通过表 5-9 可以看出，两种纤维在直径的对比中，玉米秸秆纤维和木质素纤维直径相差不多。对比两种纤维的长度，木质素纤维的整体长度要略大于玉米秸秆纤维。通过两种纤维的直径和长度，粗略计算得到纤维的长径比，总体来看在相同单位体积条件下木质素纤维的比表面积略大于玉米秸秆纤维。此外，纤维长度越长，在沥青混合料拌和中越容易出现结团现象，所以规范要求絮状木质素纤维的长度不大于 6mm，通过试验结果得知玉米秸秆纤维的长度不大于 4mm，因此玉米秸秆纤维长度满足规范对絮状木质素纤维的要求。

灰分主要由木质素纤维中的无机盐及微量元素等杂质组成，灰分含量的高低会影响纤维本身的抗拉强度。有研究表明灰分含量高的纤维断裂强度和弹性，比灰分含量低的纤维要差[164]。在纤维灰分含量指标中，可以看出玉米秸秆纤维灰分含量为 5.3%，与木质素纤维相比灰分含量更低，间接证明玉米秸秆纤维比木质素纤维抗拉强度要好，同时也小于规范对木质素纤维灰分含量的技术要求。

木质素纤维为了能够具备耐高温性能，在拌和过程中纤维性能不受到高温的影响，会在纤维上喷涂耐高温的涂覆材料。常用的涂覆材料为硅藻土、碳酸钙及高岭土等无机材料，我国一般采用硅藻土涂覆材料，且使用量占纤维质量比例的13%～23%。实际上，沥青路面用纤维规范中对木质素纤维的灰分含量要求，反映了对涂覆材料使用量的要求。涂覆材料如果太少的话不足以起到保护作用，但如果量过大的话则会对纤维吸附沥青的能力起到抑制作用，因此纤维经过高温燃烧后剩下的灰分需要控制到一定的范围内。然而玉米秸秆纤维经过化学处理后，能够承受拌和时集料的高温，因此不需要喷涂涂覆材料。所以在沥青路面用纤维规范中，对木质素纤维灰分含量的要求并不适合玉米秸秆纤维。

沥青是一种偏弱酸性的有机材料，因此纤维的酸碱性会影响纤维与沥青之间的界面强度。通过对纤维进行 pH 值的测试，可以看到玉米秸秆纤维 pH 值为 7.6，符合规范对木质素纤维 pH 值 6.5～8.5 的技术要求。

由于玉米秸秆纤维材料的特殊性，无法使用技术规范提供的吸油试验方法，因此为了能够横向对比，对木质素纤维使用了与玉米秸秆纤维相同的纤维吸油试验方法，该方法参考 5.1.1 节。根据试验结果可以看出，木质素纤维的吸油效果最佳，之后是玉米秸秆纤维。通过图 5-8 可以看到，玉米秸秆纤维材料表面粗糙，且具有大量的内部孔隙结构，比表面积也因此增大，间接证明玉米秸秆纤维具有一定的吸油及持油能力。通过图 5-12 可以看出，木质素纤维也是表面粗糙具有一定的内部空隙结构，由于木质素纤维呈絮状且成团，因此在纤维吸油试验中表现最佳。值得一提的是，由于两种纤维材料的密度不同，在吸油试验中两种纤维虽然质量相同，但是体积不同，进而会导致整体纤维的比表面积不同，该方法不能有效地评价不同种类纤维之间吸油能力的强弱。

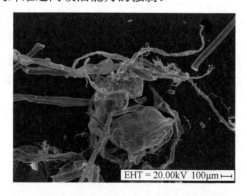

图 5-12　木质素纤维的微观形貌

纤维本身的含水量会影响到纤维与沥青之间的吸附效果，进而会影响到沥青混合料的整体性能。因此，规范要求纤维的含水量要尽可能地低，这样就会提高沥青与纤维之间的吸附性能，进而提高沥青混合料整体性能。通过表 5-9 含水量试验结果可以得知，玉米秸秆纤维的含水量为 3.6%，满足规范对木质素纤维含水量的技术要求（≤5%），与木质素纤维（3.8%）相比相差不大。另外，由于玉米秸秆纤维存在大量孔隙结构，因此在存放纤维时尽量保持环境的干燥，防止纤维受潮导致变质，影响沥青混合料的性能。

通过两种纤维热稳定性试验结果可以得到，玉米秸秆纤维质量损失比例与木质素纤维相比相差不大，这是因为木质素纤维主要是从木材中提取出来的有机纤维，与玉米秸秆纤维的成分相似，因此两种纤维热稳定性几乎相同。同时玉米秸秆纤维的热稳定性也满足规范对木质素纤维热稳定性的技术要求，这为玉米秸秆纤维能够应用在沥青混合料中奠定了基础。

综上所述，玉米秸秆纤维材料的技术性能指标满足沥青路面用絮状木质素纤维的技术要求，可以将其应用在沥青混合料中进行路用性能的研究。同时，将试验得到的玉米秸秆纤维物理性能技术指标作为沥青路用玉米秸秆纤维的评价标准。

5.2 玉米秸秆纤维的沥青吸附机制

通过前述玉米秸秆纤维的理化特性分析可以初步判断纤维具有吸油的能力，但是玉米秸秆纤维对沥青的吸附过程及吸附机制尚不明确。因此，本节先是通过吸附试验分析不同掺量玉米秸秆纤维及不同类型沥青对吸附过程的影响，利用吸附动力学模型及吸附等温线模型，揭示玉米秸秆纤维吸附沥青质的动态三阶段吸附机制，从而表明玉米秸秆纤维具备吸附沥青的能力。然而玉米秸秆纤维在不同温度下更易于吸附沥青中的哪种组分，是否具备改善沥青性能的能力，还有待研究者做进一步的研究。因此，本节接下来利用分子动力学软件 Materials Studio，基于分子动力学分析手段，分析沥青不同组分在玉米秸秆纤维界面上的扩散规律，明确玉米秸秆吸附沥青不同组分的规律性，这将作为玉米秸秆纤维改善沥青性能的理论基础。

5.2.1 物理吸附试验及吸附模型研究

1. 物理吸附试验

1）试验材料

我国标准对沥青组分的划分方式为四组分划分方法，这也是国际上最常用的划分方式。所谓四组分就是将沥青划分为沥青质、饱和分、芳香分和胶质。为了分析玉米秸秆纤维在沥青中的吸附过程，沥青质被选为吸附的目标，作为被玉米秸秆纤维吸附的吸附质。本研究选择五种沥青作为试验原材料，其中三种沥青名称为 Anda50#、Anda70#及 Anda90#，产于中国辽宁省盘锦市；另外两种沥青名称为 SK70#和 SK90#，油源来自韩国 SK 沥青厂。通过棒状薄层色谱-氢火焰离子探测仪检测沥青的四组分含量，利用沥青质在沥青中的质量比例计算出沥青质在沥青中的浓度，五种沥青的沥青质浓度见表 5-10。

表 5-10　五种沥青的沥青质浓度

沥青类型	沥青质浓度/(g/L)
Anda50#	57.3
Anda70#	67.8
Anda90#	90.3
SK70#	102.9
SK90#	149.0

2）试验仪器

在玉米秸秆纤维吸附沥青质过程中所使用的试验设备见表 5-11。

表 5-11　主要的试验设备

仪器名称	型号	生产厂家
集热式磁力加热搅拌器	DF-I	常州荣华仪器制造有限公司
电子天平	LT5001	常熟市天量仪器有限责任公司

3）表征方法及原理

（1）Brunauer-Emmet-Teller 分析。

采用来自美国麦克默瑞提克公司的全自动比表面积及微孔物理吸附仪 ASAP2020，利用 N_2 吸脱附等温曲线方法来测定玉米秸秆纤维的比表面积及孔隙尺寸，并通过 Brunauer-Emmet-Teller（BET）方法计算得到纤维的比表面积，样品在测试前需要在 150℃下脱气 5h。

（2）棒状薄层色谱-氢火焰离子探测试验。

由于棒状薄层色谱-氢火焰离子探测仪（thin-layer chromatography with flame ionization detection, TLC-FID）具有操作简单、速度快、数据准确、复现性好、污染少等优点，该方法已经被大量用于原油及重油组分分析中。因此在玉米秸秆纤维吸附沥青质的过程中，使用该方法对沥青的四组分含量进行测试。

采用棒状薄层色谱-氢火焰电离检测法分析沥青四组分的测试原理如下：将沥青样品在专用色谱棒上展开及分离，之后将色谱棒以恒定速度通过氢火焰；在色谱棒薄层上，被分离的有机物质从氢火焰中获得了能量从而离子化，而氢火焰离子检测器则监测这些离子产生的电流。由于电流强度与进入火焰区每种物质的数量成正比，因此可以实现定量监测。如图 5-13 所示，检测出四个非常明显的峰，从左到右分别对应沥青中的沥青质、胶质、饱和分和芳香分。通过计算这四个峰的面积比，得到沥青中四组分的含量。

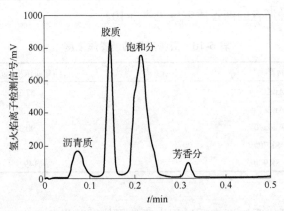

图 5-13　沥青组分的 TLC-FID 信号图

　4）试验方案

　　由于沥青属于黏弹性材料，只有在高温条件下才能呈现液态，为了能够进行玉米秸秆纤维吸附沥青质试验，本研究选择油浴锅作为加热及控制沥青材料温度的容器。吸附试验步骤如下：首先将沥青材料放入 135℃ 的烘箱中进行加热，当沥青呈现出液态时将其 400mL 倒入 800mL 的烧杯中。之后利用电子天平称取适量的玉米秸秆纤维，并将其倒入 50μm 的筛网中。接下来将装有沥青的烧杯放入油浴锅中进行加热，并将温度控制在 135℃。然后将装有玉米秸秆纤维的筛网，放入装有沥青的烧杯中进行吸附直到吸附平衡，在这个吸附过程中打开磁力搅拌器将转速调节为 100r/min。最后将装有玉米秸秆纤维的筛网移除，对烧杯中剩余的沥青溶液进行棒状薄层色谱-氢火焰电离检测分析沥青四组分含量，计算出沥青质的浓度。玉米秸秆纤维吸附沥青质试验步骤如图 5-14 所示。

　　为了研究不同质量玉米秸秆纤维对纤维吸附沥青性能的影响，本节选择五种不同质量的玉米秸秆纤维进行吸附试验，质量分别为 4g、8g、12g、16g 及 20g。同时对应的吸附质浓度不变，选择 Anda70#（67.8g/L）沥青。

　　为了研究不同沥青质浓度对玉米秸秆纤维吸附沥青性能的影响，本研究选择了五种不同类型的沥青材料进行吸附试验，沥青类型分别为 Anda50#、Anda70#、Anda90#、SK70# 及 SK90#，对应的沥青质浓度分别为 57.3g/L、67.8g/L、90.3g/L、

102.9g/L 及 149.0g/L。五种吸附质对应的吸附剂质量不变，玉米秸秆纤维的质量为 8g。

图 5-14　玉米秸秆纤维吸附沥青质试验步骤

玉米秸秆纤维吸附沥青质的性能可以用 q_e 来评价，数值越大意味着吸附能力越强，计算公式如（5-9）所示[165]。

$$q_e = \frac{(C_0 - C_e) \times V}{m} \tag{5-9}$$

式中，q_e 是单位质量玉米秸秆纤维在吸附平衡时吸附沥青质的质量（g/g）；C_0 是初始沥青质的浓度（g/L）；C_e 是平衡时沥青质的浓度（g/L）；V 是沥青溶液的体积（L）；m 是干燥玉米秸秆纤维的质量（g）。

玉米秸秆纤维吸附沥青质的吸附率（%）可以通过式（5-10）计算得到[165]：

$$吸附率 = (C_0 - C_e) / C_0 \tag{5-10}$$

吸附动力学的研究需要测量单位质量玉米秸秆纤维在任意时刻吸附沥青质的质量 q_t，试验步骤如前所述，q_t（g/g）计算公式如（5-11）所示[166]。

$$q_t = \frac{(C_0 - C_t) \times V}{m} \tag{5-11}$$

式中，C_t 为 t 时刻沥青质的浓度（g/L）。

2. 吸附模型与规律

1）吸附模型

固体与液体的吸附是指固体表面对溶质的吸着现象，其中在吸附过程中被吸附的目标物被称为吸附质，而具有吸附能力的固体则被称为吸附剂[167]。吸附分为物理吸附和化学吸附两种类型。物理吸附是指吸附剂与吸附质之间利用分子间作用力（范德华力）产生的吸附现象，在这个过程中物质不改变原来的性质，因此吸附能小且被吸附的物质很容易脱落，通常物理吸附是可逆的[168]。化学吸附是指吸附剂与吸附质之间发生化学作用（化学键）而产生的吸附现象，在吸附过程中不仅有分子间作用力同时还有化学键的作用，由于化学吸附中化学键产生的力较大，因此保持较高的吸附稳定性且被吸附物质不容易脱落。由于产生了化学反应，化学吸附通常是不可逆的，被吸附的物质也不再是原来的物质[169]。

吸附剂的性质对吸附效果有着非常重要的影响，主要影响的因素包括吸附剂的孔隙大小与结构、表面电荷类型及在吸附质中的用量[170]。吸附剂孔隙的大小与数量直接影响吸附能力的大小，比表面积大的吸附剂意味着拥有更多吸附点位，能够吸附更多的吸附质。吸附剂表面的电荷类型则影响着吸附剂与吸附质之间的吸附活性，如果吸附剂的电荷类型与吸附质相反则会产生静电吸引作用，进而提高吸附效果。通常情况下，在保持吸附质浓度与数量不变的条件下，增加吸附剂的用量是可以提高整体吸附量，主要原因是增多的吸附剂能够给予更多的吸附点位，但同时也会降低单位质量吸附剂的吸附量，分析原因是吸附剂数量的增多导致在吸附过程中没能充分利用其吸附点位。

初始吸附质的浓度在吸附过程中也起到关键的作用，通常情况下，吸附质的被吸附率将随着初始浓度的增加而降低，这是因为吸附剂表面上的吸附点位有限，过多的吸附质没有点位可用。同时在吸附剂吸附点位没有饱和的情况下，吸附剂对吸附质平衡吸附量随着吸附质初始浓度的增加而增加[171]。

（1）吸附动力学模型。

吸附动力学在吸附剂吸附速率的研究中起到重要的作用，通过吸附动力学模型将吸附剂对吸附质的吸附量与吸附时间的关系进行拟合，并研究其吸附机制。常用的吸附动力学模型主要有准一级动力学模型、准二级动力学模型、颗粒内扩散模型及液膜扩散模型。

准一级动力学模型假定吸附剂吸附吸附质的过程是物理吸附，其吸附速率主要受到吸附剂表面活性点位及数量的影响，模型的数学表达式如公式（5-12）所示[172]。

$$\ln(q_e - q_t) = -k_1 t + \ln q_e \tag{5-12}$$

式中，q_e 为每克吸附剂在达到吸附平衡时对吸附质的吸附量（g/g）；q_t 是每克吸附

剂在任何时间点 t 对吸附质的吸附量（g/g）；k_1 是准一级动力学模型的吸附速率常数（min^{-1}）；t 是吸附时间（min）。

其中吸附速率常数 k_1 是通过 $\ln(q_e - q_t)$ 与 t 进行线性回归分析得到，线性回归分析得到的截距可以用来计算 q_e，进而可以预测单位吸附剂在吸附平衡时对吸附质的吸附量。

准二级动力学模型假定吸附剂与吸附质之间发生了电子交换或离子交换过程，进而导致了化学吸附，模型的数学表达式如公式（5-13）所示[173]。

$$\frac{t}{q_t} = \frac{t}{q_e} + \frac{1}{k_2 q_e^2} \tag{5-13}$$

式中，k_2 为准二级动力学模型的吸附速率常数 [g/(g·min)]，是根据 t/q_t 与 t 的线性回归分析得到，其中线性回归分析的截距可以用来计算得到预测吸附平衡量。有研究表明，能够用准二级动力学进行拟合时，说明吸附过程中可能发生了化学反应或者吸附质的浓度与吸附剂表面的吸附点位数量处于一个量级水平[174]，且准二级动力学模型应用最为广泛。

颗粒内扩散动力学模型描述了吸附质在吸附剂中的扩散过程及速率控制步骤，假设的条件是液膜扩散阻力可以被忽略，或者液膜阻力只是在吸附初始阶段很短时间内起作用，模型的数学表达式如公式（5-14）所示[175]。

$$q_t = k_{pi} t^{0.5} + C \tag{5-14}$$

式中，k_{pi} 是颗粒内扩散反应速率常数 [g/(g·min$^{-0.5}$)]；C 为颗粒吸附表面液膜层厚度参数，数值越大说明边界层对吸附的影响越大，$C>0$ 意味着在初始阶段吸附反应迅速，$C<0$ 表明吸附剂的边界层对吸附反应起到抑制作用。其中反应速率常数 k_{pi} 与厚度参数 C 是通过 q_t 与 $t^{0.5}$ 进行线性回归分析得到。

液膜扩散动力学模型假设的条件是吸附阻力全部集中在吸附剂颗粒边界，模型的数学表达式如公式（5-15）、公式（5-16）所示[176]。

$$\ln\left(1 - \frac{q_t}{q_e}\right) = -\frac{D\pi^2}{a^2} t + C \tag{5-15}$$

$$B = \frac{D\pi^2}{a^2} \tag{5-16}$$

式中，B 是液膜扩散速率常数（min^{-1}）；C 是液膜扩散常数。

液膜扩散速率常数 B 和液膜扩散常数 C 可以通过 $\ln(1 - q_t / q_e)$ 与 t 进行线性回归分析得到，如果模型直线过原点，则吸附质的吸附过程主要受吸附剂颗粒内扩散控制，反之则主要受液膜扩散控制。

（2）吸附等温线模型。

吸附等温线模型在热力学研究中应用广泛，其中吸附剂的表面结构、孔隙结构及吸附剂与吸附质的相互作用均会对吸附等温线的形状产生影响，并且通过分析吸附等温线可以用来分析吸附过程。

Langmuir（朗缪尔）吸附等温线模型适用于描述均质固体吸附剂结构上的单层吸附，其应用需要满足以下理论假设：吸附点位均匀地分布在吸附剂的整个表面，并且每个吸附中心的能量相同；吸附为单层、定位吸附，一个吸附粒子只占据一个吸附点位；吸附点位对每个吸附粒子的吸附力相同，且吸附质粒子之间无相互作用力；达到吸附平衡时，吸附速率与脱附速率相等。

模型的数学表达式如式（5-17）、式（5-18）所示[177]。

$$\frac{C_e}{q_e} = \frac{1}{q_m}C_e + \frac{1}{q_m K_L} \tag{5-17}$$

$$R_L = \frac{1}{1 + K_L C_0} \tag{5-18}$$

式中，C_e 是在吸附平衡下剩余吸附质的浓度（g/L）；q_e 是吸附剂在吸附平衡时吸附吸附质的质量（g/g）；q_m 是吸附剂吸附吸附质的最大吸附量（g/g）；K_L 是 Langmuir 吸附等温线模型常数，可以反映吸附剂的吸附能力，可以通过 C_e/q_e 与 C_e 线性回归分析得到；R_L 是 Langmuir 吸附等温线的常数，当数值大于 1 时吸附过程朝着不利的方向发展，当数值在 0 至 1 之间时吸附过程朝着有利的方向进行；C_0 是吸附质初始浓度（g/L）。

Freundlich（弗罗因德利希）吸附等温线模型适用于描述具有不同活性吸附点位的非均相多层吸附。吸附剂表面一般都是不均匀的，这导致了吸附剂表面存在不同类型的活性点位，而且不同的活性点位对吸附质的吸引力是不同的，同时一个吸附质粒子可能会被两个或者两个以上的活性点位吸附。模型的数学表达式如公式（5-19）所示[178]。

$$\ln q_e = \frac{1}{n}\ln C_e + \ln K_F \tag{5-19}$$

式中，n 是 Freundlich 吸附等温线模型的参数，用来表征吸附强度；K_F 也是 Freundlich 吸附等温线模型的参数，单位 $(g/g)(L/g)^{1/n}$，其数值越小意味着吸附剂与吸附质之间的吸附越好，吸附平衡后吸附质剩余浓度低。

Redlich-Peterson（雷德利希-彼得森）吸附等温线模型综合考虑了 Langmuir 和 Freundlich 两种吸附等温线的特点，既考虑了 Langmuir 吸附等温线模型中吸附质在吸附剂表面只发生单层吸附的描述，又考虑了 Freundlich 吸附等温线模型中对吸附剂表面不均匀性的描述。模型的数学表达式如式（5-20）所示[179]。

$$q_e = \frac{X C_e}{1 + Y C_e^{\alpha}} \tag{5-20}$$

由于 Redlich-Peterson 吸附等温线模型有三个参数，无法进行线性回归分析，因此将此公式转换为对数公式。模型的对数表达式如公式（5-21）所示。

$$\ln\left(X\frac{C_e}{q_e}-1\right)=\alpha\ln C_e+\ln Y \qquad (5\text{-}21)$$

式中，X 为 Redlich-Peterson 吸附等温线模型的平衡吸附系数（L/g）；α 为该模型的吸附指数，数值介于 0～1；Y 为该模型的吸附常数（L/g）。

2）玉米秸秆纤维的孔隙结构

BET 分析是研究纳米材料表面结构（比表面积和孔体积）的重要手段。玉米秸秆纤维的 N_2 吸附-脱附等温线如图 5-15 所示，玉米秸秆纤维的表面特征参数如表 5-12 所示。通过 BET 吸附等温线方程计算出玉米秸秆纤维的比表面积为 $5.84\text{m}^2/\text{g}$。

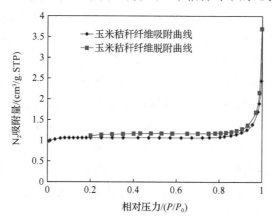

图 5-15 玉米秸秆纤维的 N_2 吸附-脱附等温线

STP 代表标准状态

表 5-12 玉米秸秆纤维的表面特征参数

参数	试验数值
BET 表面积/(m^2/g)	5.84
Langmuir 表面积/(m^2/g)	7.75
微孔比面积/(m^2/g)	5.45
外表比面积/(m^2/g)	0.39
总孔体积/(cm^3/g)	2.86×10^{-3}
微孔体积/(cm^3/g)	2.52×10^{-3}
平均孔的尺寸/Å	19.57

由图 5-15 可以看出，吸附等温线曲线在较低的相对压力（P/P_0）范围内呈缓慢上升趋势，在较高的相对压力（P/P_0）下呈急剧上升趋势。等温线曲线整体形

态同时呈现Ⅱ型等温线和Ⅳ型等温线，Ⅱ型等温线反映了无孔或大孔吸附剂的典型物理吸附过程[180,181]，通过图 5-8 玉米秸秆纤维微观形貌可以看出，玉米秸秆纤维应为大孔结构的吸附剂。同时，玉米秸秆纤维的 N_2 吸附-脱附等温线也呈现出一个类似于Ⅳ型等温线的滞后环[182]，即在脱附时得到的等温线与吸附时的等温线不重合，说明玉米秸秆纤维中也存在介孔结构。

通过 BJH（Barrett-Joyner-Halenda）模型计算出玉米秸秆纤维总孔体积为 $2.86×10^{-3} cm^3/g$。总体来说，玉米秸秆纤维存在孔隙结构，这可以为吸附沥青质提供更多的活性点位。

3）不同因素对吸附过程的影响

（1）玉米秸秆纤维掺量对吸附的影响。

在温度为 135℃，沥青质初始浓度为 67.3g/L，搅拌速度为 100r/min，玉米秸秆纤维掺入量分别为 4g、8g、12g、16g 及 20g 时，对沥青质吸附效果的影响如图 5-16 所示。如图 5-16 所示，随着玉米秸秆纤维掺量的增多，吸附沥青质的吸附率从 44.4%逐渐增长到 69.62%，并且增长速率逐渐降低，这说明随着玉米秸秆纤维数量的增多，吸附沥青质的有效活性点位也在增多，因此总体吸附沥青质的数量更多。然而由图 5-16 可以看出，随着玉米秸秆纤维掺入量由 4g 增长到 20g，玉米秸秆纤维对沥青质的单位质量吸附量从 3.01g 降低到 0.944g，这意味着当沥青中沥青质含量固定不变时，随着玉米秸秆纤维数量的增多，进而导致单位质量的玉米秸秆纤维有效活性点位没有被充分利用，因此单位质量纤维的吸附量出现了下降现象。

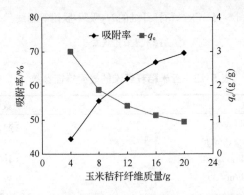

图 5-16　玉米秸秆纤维掺量对沥青质吸附效果的影响

（2）沥青质初始浓度对吸附的影响。

温度及转速设定同上，玉米秸秆纤维掺入量为 8g，沥青质初始浓度分别为 57.3g/L、67.8g/L、90.3g/L、102.9g/L 及 149.0g/L，玉米秸秆纤维对沥青质的吸附量结果如图 5-17 所示。从图中可以看出，随着时间的增长，沥青质吸附曲线在吸附过程的初始阶段呈现快速上升趋势，之后曲线上升速率逐渐减小，直到曲线数值几乎不再增大，最后处于轻微波动状态。这说明玉米秸秆纤维最后达到了吸附沥青质的平衡状态，而这个处于轻微波动的数值则为动态吸附平衡点。其中吸附曲线初始阶段吸附速率快是因为当玉米秸秆纤维与沥青质刚接触时，外表面的大量活性点位迅速被沥青质占据，因此吸附过程发生较为迅速。但是随着吸附时间的持续，纤维外表面的活性点位被沥青质占据后逐渐减少，此时多余的沥青质将会进入纤维内部孔隙中，并被其内表面吸附，而这个吸附过程发生较为缓慢，因此吸附速率降低。同时，由于受到沥青质自身排斥力的影响，纤维上有些空余的有效活性点位将难以被沥青质占据。

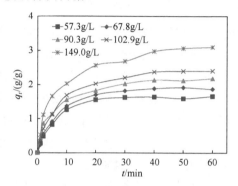

图 5-17　沥青质初始浓度对吸附量的影响

4）吸附动力学模型分析

为了研究玉米秸秆纤维对沥青质的吸附动力学行为，利用准一级动力学模型和准二级动力学模型对试验结果进行模拟分析，准一级动力学模型和准二级动力学模型拟合结果及拟合曲线如表 5-13 和图 5-18 所示。

表 5-13　玉米秸秆纤维吸附沥青质准一级动力学模型和准二级动力学模型拟合参数

沥青质浓度 /(g/L)	q_e，试验 值/(g/g)	准一级动力学模型			准二级动力学模型		
		q_e，计算 值/(g/g)	k_1 /(1/min)	R^2	q_e，计算 值/(g/g)	k_2 /[g/(g·min)]	R^2
57.3	1.640	1.054	0.088	0.767	1.804	0.114	0.997
67.8	1.885	1.370	0.078	0.946	2.121	0.078	0.996
90.3	2.135	1.773	0.095	0.993	2.339	0.091	0.998
102.9	2.400	2.304	0.101	0.962	2.699	0.057	0.998
149.0	3.100	2.685	0.081	0.966	3.364	0.053	0.998

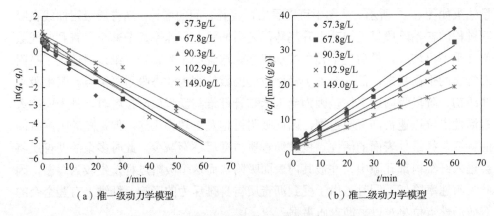

（a）准一级动力学模型　　　　　　　　　（b）准二级动力学模型

图 5-18　玉米秸秆纤维吸附沥青质的动力学模型

由表 5-13 可以看出，五种沥青准二级动力学模型的线性相关系数（R^2）均大于准一级动力学模型。这表明与准一级动力学模型相比，准二级动力学模型能够更好地拟合玉米秸秆纤维对沥青质的吸附过程。此外，对比准一级动力学模型和准二级动力学模型得到的理论玉米秸秆纤维对沥青质的吸附量，可以看出准二级动力学模型拟合得到的理论吸附量与试验中的平衡吸附量更加接近，但是准一级动力学模型拟合得到的理论吸附量与试验中的平衡吸附量差距不是很大，这说明8g 纤维的吸附点位与试验中这五种不同 400mL 沥青溶液的沥青质含量处于同一数量级水平。通过吸附动力学模型分析结果，说明玉米秸秆纤维具备吸附沥青质的能力，从而证明玉米秸秆纤维具有吸附沥青的能力。

5）吸附机制分析

沥青质在玉米秸秆纤维多孔表面被吸附的过程分为三个阶段。首先沥青质在玉米秸秆纤维表面的沥青液膜中扩散，沥青液膜则由胶质、饱和分以及芳香分组成。之后克服液膜阻力穿过液膜到达纤维表面，这一过程则被称为液膜扩散过程。接下来沥青质从玉米秸秆纤维外表面扩散到纤维内表面吸附点位，这一过程被称为颗粒内扩散过程。玉米秸秆纤维吸附沥青质机理图如图 5-19 所示。其中扩散较慢的环节被称为整个吸附过程的速率限制步骤。

图 5-20 为玉米秸秆纤维吸附沥青质的颗粒内扩散模型。从图中可以看出，该模型分为三个部分。第一部分吸附线段的斜率最大（k_{p1}），意味着吸附速率最快，这一部分说明沥青质在玉米秸秆纤维表面吸附过程速度较快。之后第二部分吸附线段的斜率减小，吸附速率降低且时间较短，这一部分为沥青质由纤维表面扩散到纤维内部的过渡阶段。第三部分吸附线段的斜率最小，吸附速率最慢，这一部分则是沥青质在纤维内扩散的过程。

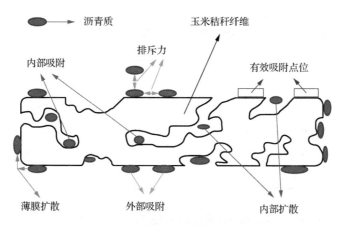

图 5-19　玉米秸秆纤维吸附沥青质机理图

　　五种沥青的第二部分及第三部分吸附线段均未通过原点，说明内扩散不是控制吸附过程的唯一步骤。三个部分扩散速率逐渐下降的原因是沥青中沥青质浓度下降导致扩散驱动力不足，同时也体现了液膜阻力的增加。根据图 5-20 也可以看出，沥青中沥青质初始浓度越大，吸附线段的斜率越大，吸附速率越快。

　　为了获得吸附过程中存在的实际速率限制步骤，研究中利用液膜扩散模型拟合了沥青质在玉米秸秆纤维上的吸附数据，如图 5-21 所示。从图中可以看出，五种沥青的拟合曲线均没有通过原点，同时点较为分散，这表明沥青质在玉米秸秆纤维上的吸附主要涉及外部质量传递，吸附速率受到液膜扩散的控制。拟合参数 k_{p1}、k_{p2} 以及 k_{p3} 和相关系数 R^2 数值如表 5-14 所示。表 5-15 列出了五种沥青中玉米秸秆纤维吸附沥青质液膜扩散模型拟合参数。

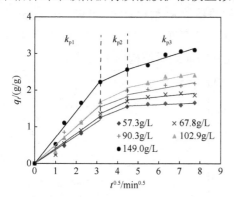

图 5-20　玉米秸秆纤维吸附沥青质的颗粒内
扩散模型

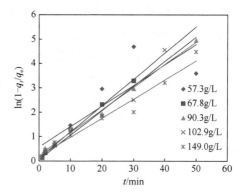

图 5-21　玉米秸秆纤维吸附沥青质的液膜
扩散模型

表 5-14　玉米秸秆纤维吸附沥青质颗粒内扩散模型拟合参数

沥青质浓度/(g/L)	k_{p1}/[g/(g·min)]	C_1	R_1^2	k_{p2}/[g/(g·min)]	C_2	R_2^2	k_{p3}/[g/(g·min)]	C_3	R_3^2
57.3	0.377	0	0.982	0.225	0.548	1	0.023	1.474	0.511
67.8	0.409	0	0.969	0.256	0.556	1	0.056	1.491	0.722
90.3	0.504	0	0.981	0.209	0.886	1	0.102	1.424	0.863
102.9	0.508	0	0.976	0.260	0.864	1	0.121	1.532	0.884
149.0	0.678	0	0.970	0.259	0.721	1	0.180	1.761	0.940

表 5-15　玉米秸秆纤维吸附沥青质液膜扩散模型拟合参数

沥青质初始浓度/(g/L)	B	C	R^2
57.3	0.084	0.570	0.738
67.8	0.108	0.117	0.997
90.3	0.093	0.240	0.996
102.9	0.101	0.054	0.956
149.0	0.783	0.054	0.968

6）吸附等温线模型分析

图 5-22 展示了 Langmuir、Freundlich 及 Redlich-Peterson 吸附等温线模型的拟合曲线，表 5-16 列出了三种吸附等温线的拟合参数数值。通过三种吸附等温线拟合结果可以看出，Redlich-Peterson 的拟合相关系数 R^2 数值最大（0.979），这表明 Redlich-Peterson 能够更好地拟合玉米秸秆纤维对沥青质的吸附过程，这也意味着吸附过程中既存在均质结构上的单层吸附也存在非均质结构的多层吸附。

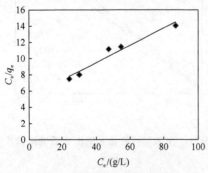

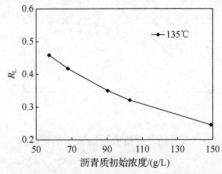

（a）Langmuir吸附等温线模型拟合结果　　　（b）Langmuir吸附等温线模型中沥青质初始浓度对R_L的影响

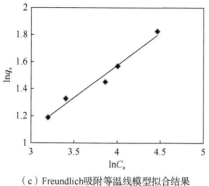
（c）Freundlich吸附等温线模型拟合结果

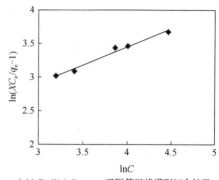
（d）Redlich-Peterson吸附等温线模型拟合结果

图 5-22　玉米秸秆纤维吸附沥青质的三种吸附等温线模型

表 5-16　玉米秸秆纤维吸附沥青质 Langmuir、Freundlich 和 Redlich-Peterson 吸附等温线模型参数

吸附等温线类型	参数	数值
Langmuir	q_m /(g/g)	9.337
	K_L /(L/g)	0.020
	R^2	0.952
Freundlich	K_F /[(g/g)(L/g)$^{1/n}$]	0.712
	$1/n$	0.478
	R^2	0.976
Redlich-Peterson	X/(L/g)	2.871
	Y/(L/g)$^\alpha$	3.620
	α	0.537
	R^2	0.979

　　通过比较 Langmuir 和 Freundlich 的拟合相关系数 R^2，可以看出 Freundlich 模拟对吸附试验数据的拟合结果更好，这说明玉米秸秆纤维对沥青质的吸附过程主要为非均质结构的多层吸附。其中单层吸附现象一般为化学吸附导致，过程中沥青质的分子或者离子与玉米秸秆纤维表面由于电子的交换形成化学结合；而多层吸附现象一般为物理吸附导致，多是由于范德华力相互作用。由此，根据模型拟合结果分析，玉米秸秆纤维与沥青质的吸附过程主要为物理吸附，但由于纤维结构表面成分太过复杂，不排除有化学吸附的可能性。

　　通过表 5-16 的拟合参数结果发现，$1/n$ 的数值在 0～1 范围内，这表明沥青质与玉米秸秆纤维的多层吸附效果较好。此外，从图 5-22（b）中可以看出，不同初始浓度的沥青质 R_L 数值均在 0～1 范围内，说明玉米秸秆纤维吸附沥青质是朝着有利的方向进行的。

5.2.2　沥青吸附的分子模拟与分析

通过玉米秸秆纤维吸附沥青质试验证明纤维具备吸附沥青的能力，但是纤维在不同温度下更易于吸附沥青中的哪种组分，是否具备改善沥青性能的能力，还有待研究者做进一步的研究。由于沥青的化学结构十分复杂，一些常规的试验手段已然无法达到研究的目的。分子动力学模拟方法是指利用理论方法与计算机技术，模拟或仿真分子运动的微观行为，这个方法有助于研究者对材料微观结构与性能之间关系的理解，根据计算得到的数据能够反映其宏观性质。因此，本节将借助于分子动力学分析手段，利用商业软件 Materials Studio 对沥青分子结构模型及玉米秸秆纤维分子结构模型进行构建，之后进行分子动力学模拟计算，根据模拟计算结果分析沥青不同组分在纤维界面上的扩散规律，明确玉米秸秆纤维吸附沥青不同组分的规律性。

1. 分子模型构建

1）沥青分子模型的构建

（1）沥青分子的选取。

沥青是由不同分子量的碳氢化合物及其非金属衍生物组成的混合物。由于沥青中涵盖了上百万种的分子结构，所以其化学结构极其复杂，因此在构建沥青分子模型时不可能将所有种类的沥青分子结构都包含在内。基于现有沥青组分划分方法，根据沥青中分子量、极性及结构类型，将沥青中的所有成分划分为沥青质、胶质、芳香分及饱和分四个组分。结合目前的研究[120-122,125]，在四组分中选取具有代表性的且能较好表征沥青性能的分子，因此本节选取五种沥青质分子结构、七种胶质分子结构、六种芳香分分子结构及两种饱和分分子结构，共 20 种分子结构来构建沥青分子模型。

沥青质作为沥青中分子量最大、极性最强的组分，对沥青性能的影响最大。本节选取五种沥青质分子结构，对应的信息如表 5-17 所示，其化学分子结构如图 5-23 所示。

表 5-17　五种沥青质分子信息

分子类型	分子式	相对分子质量	原子数
沥青质 a	$C_{63}H_{65}NOS_2$	916.3	132
沥青质 b	$C_{66}H_{81}N$	888.4	148
沥青质 c	$C_{51}H_{62}S$	707.1	114
沥青质 d	$C_{42}H_{54}O$	574.9	97
沥青质 e	$C_{36}H_{39}NOS$	533.8	78

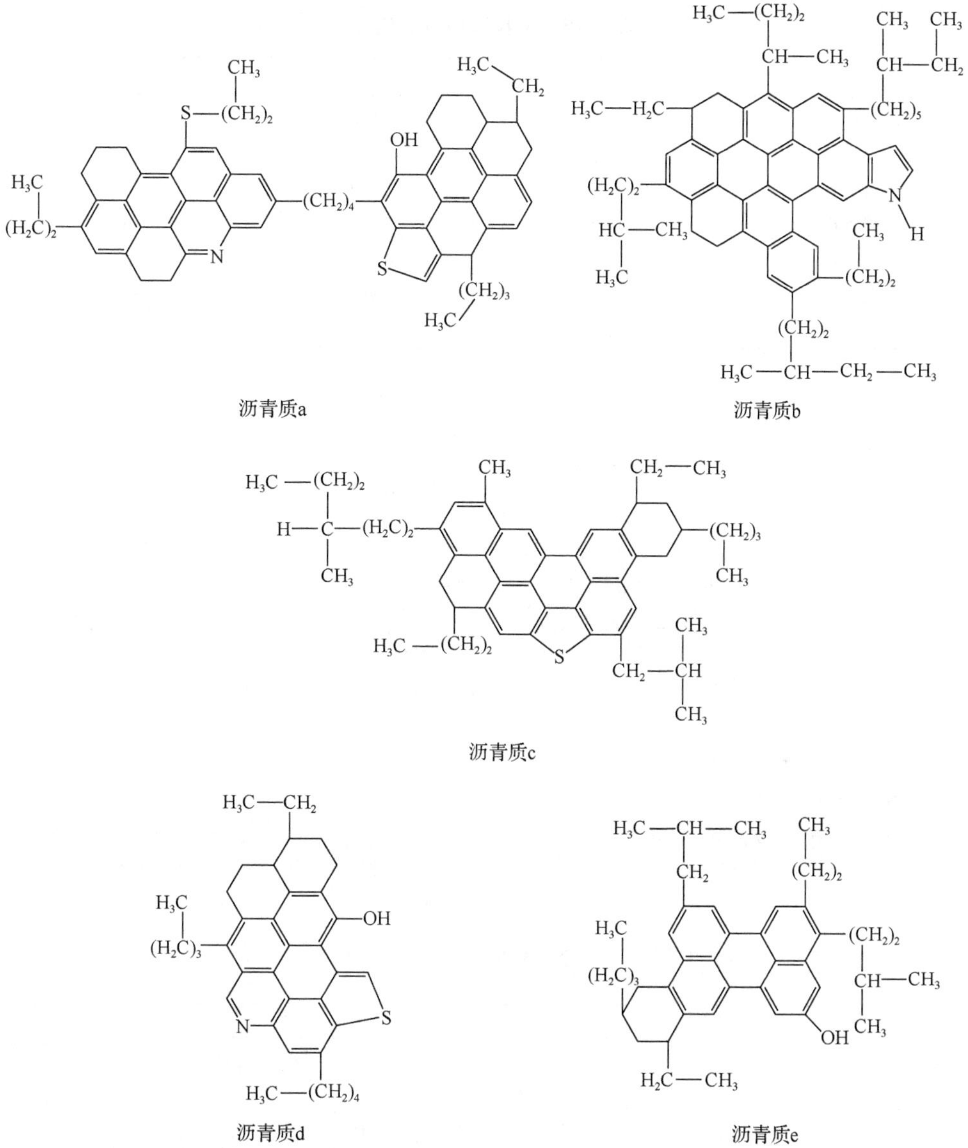

沥青质a

沥青质b

沥青质c

沥青质d

沥青质e

图 5-23　五种沥青质分子结构

　　胶质作为沥青中极性仅弱于沥青质的组分，在沥青胶体结构中主要起到连接其他组分的作用。本节选取七种胶质分子结构，对应的信息如表 5-18 所示，其化学分子结构如图 5-24 所示。

表 5-18 七种胶质分子信息

分子类型	分子式	相对分子质量	原子数
胶质 a	$C_{49}H_{78}S$	699.2	128
胶质 b	$C_{40}H_{60}S$	573.0	101
胶质 c	$C_{38}H_{55}N$	525.9	94
胶质 d	$C_{36}H_{57}N$	503.9	94
胶质 e	$C_{29}H_{50}O$	414.7	80
胶质 f	$C_{18}H_{10}S_2$	290.4	30
胶质 g	$C_{22}H_{18}$	282.4	40

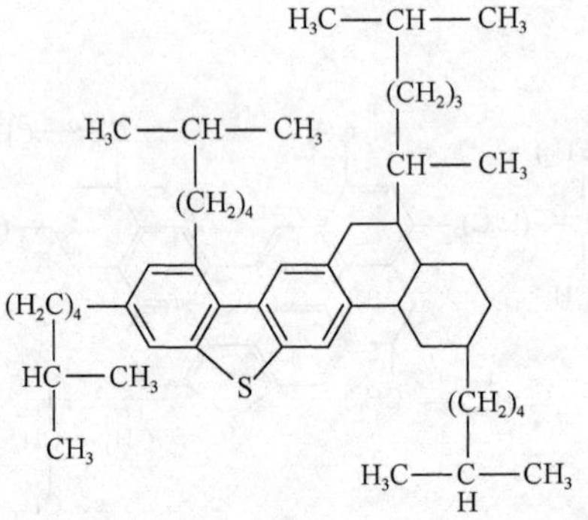

胶质a

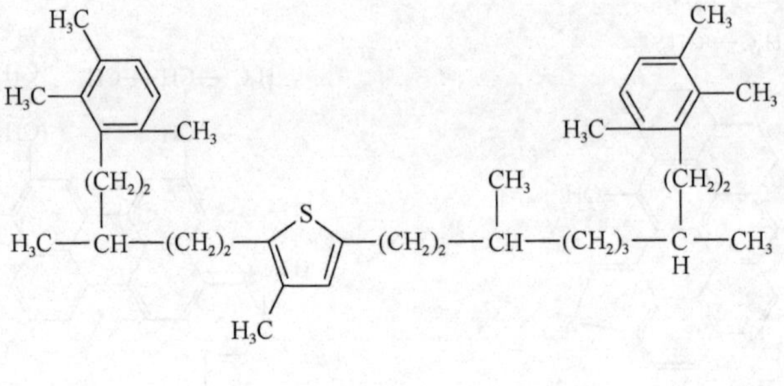

胶质b

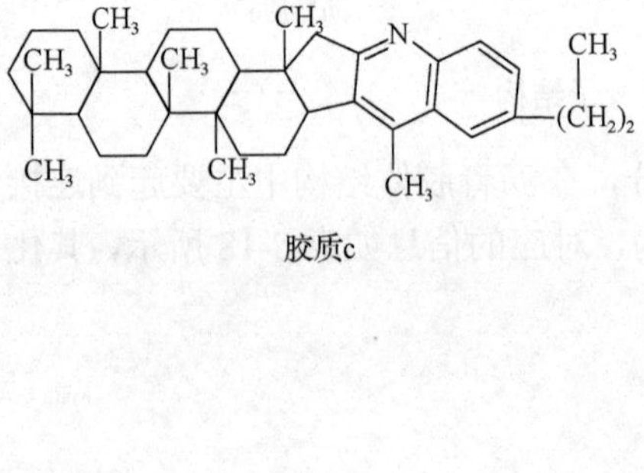

胶质c

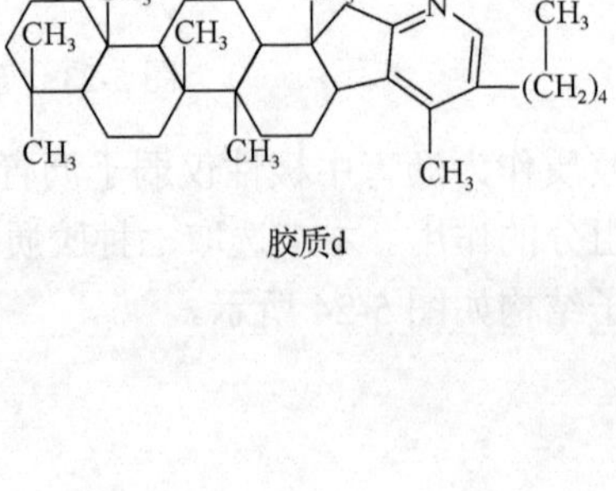

胶质d

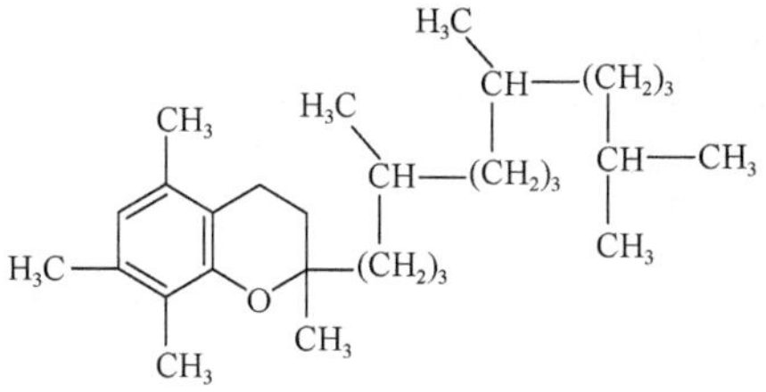

胶质e

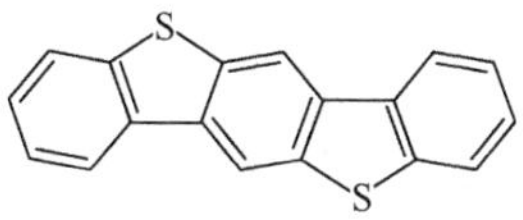

胶质f

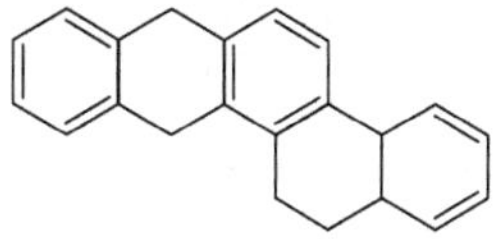

胶质g

图 5-24　七种胶质分子结构

芳香分是沥青中相对分子质量最小的组分，主要是由一系列芳香族化合物组成。本节选取六种芳香分的分子结构，对应的信息如表 5-19 所示，其化学分子结构如图 5-25 所示。

表 5-19　六种芳香分分子信息

分子类型	分子式	相对分子质量	原子数
芳香分 a	$C_{35}H_{44}$	464.7	79
芳香分 b	$C_{30}H_{46}$	406.7	76
芳香分 c	$C_{24}H_{30}S$	350.6	55
芳香分 d	$C_{24}H_{38}$	326.6	62
芳香分 e	$C_{13}H_{9}N$	179.2	23
芳香分 f	$C_{12}H_{12}$	156.2	24

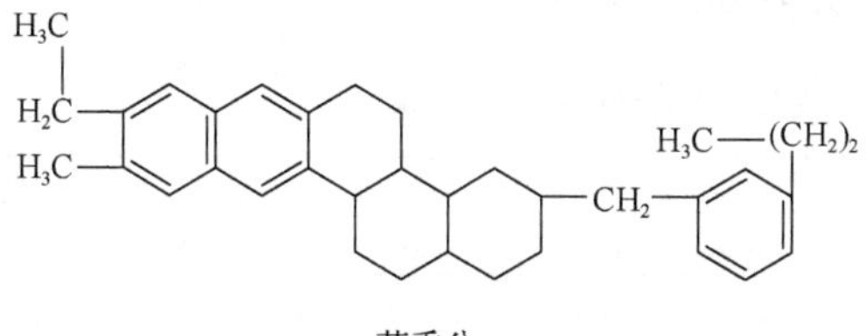

芳香分a

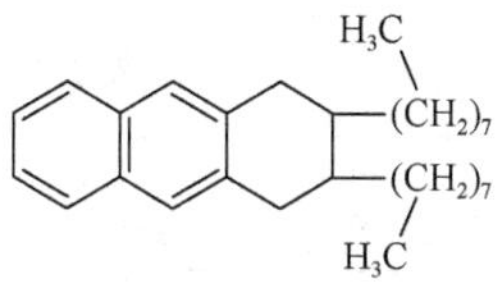

芳香分b

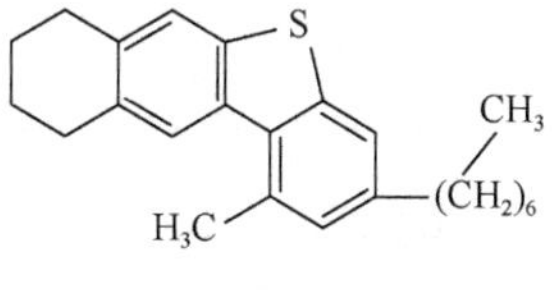

芳香分c

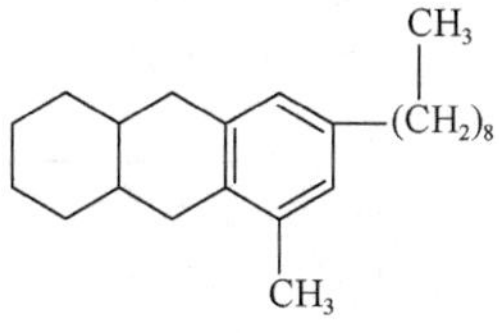

芳香分d

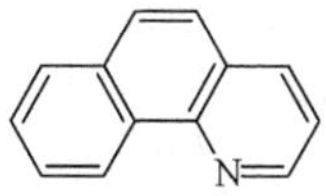

芳香分e

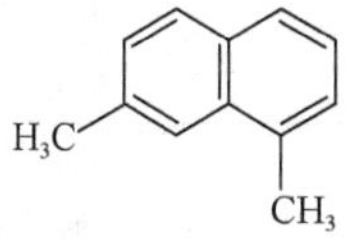

芳香分f

图 5-25　六种芳香分分子结构

饱和分是沥青中复杂的非极性组分。本节选取两种饱和分分子结构，对应的信息如表 5-20 所示，其化学分子结构如图 5-26 所示。

表 5-20　两种饱和分分子信息

分子类型	分子式	相对分子质量	原子数
饱和分 a	$C_{35}H_{62}$	482.9	97
饱和分 b	$C_{30}H_{62}$	422.8	92

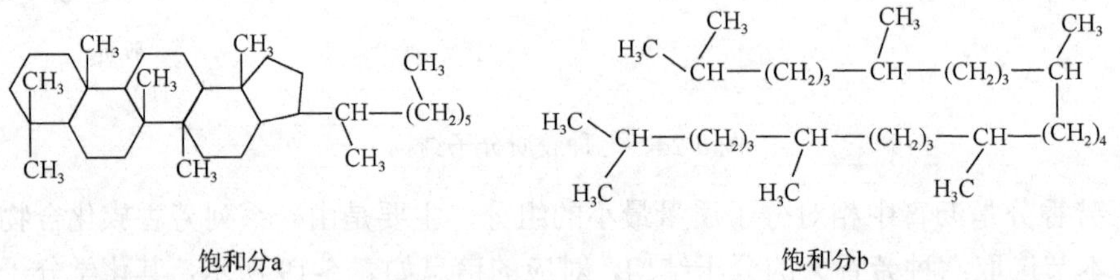

图 5-26　两种饱和分分子结构

（2）沥青分子配比计算。

本节将根据不同沥青各组分间的比例，建立四种沥青分子模型。通过之前5.2.1 节介绍的棒状薄层色谱-氢火焰离子探测试验方法，测得 Anda50#、Anda70#、SK70#及 SK90#四种沥青四组分的试验数据，并将其作为沥青分子配比计算中的参考依据。将之前选取的 20 种沥青分子进行配比计算，依据每种分子的相对分子质量，调节不同种类分子的数量，使得构建的沥青分子模型中每种组分的质量比例与试验得到的沥青组分质量比例尽量吻合。同时对于同一种组分中的不同分子类型，通过小幅度的调试使得每种分子类型数量尽量相近。

Anda50#沥青分子配比计算结果如表 5-21 所示。

表 5-21　Anda50#沥青分子配比计算结果

组分	分子类型	分子相对质量	分子数量	分子中原子数	质量比例/%	原子总数	模型组分比例/%	试验组分比例/%
沥青质	沥青质 a	916.3	1	132	1.47	132	5.79	5.73
	沥青质 b	888.4	1	148	1.42	148		
	沥青质 c	707.1	1	114	1.13	114		
	沥青质 d	574.9	1	97	0.92	97		
	沥青质 e	533.8	1	78	0.85	78		
胶质	胶质 a	699.2	4	128	4.47	512	21.97	21.85
	胶质 b	573.0	6	101	5.50	606		
	胶质 c	525.9	4	94	3.36	376		
	胶质 d	503.9	4	94	3.22	376		
	胶质 e	414.7	4	80	2.65	320		
	胶质 f	290.4	4	30	1.86	120		
	胶质 g	282.4	2	40	0.90	160		

续表

组分	分子类型	分子相对质量	分子数量	分子中原子数	质量比例/%	原子总数	模型组分比例/%	试验组分比例/%
芳香分	芳香分 a	464.7	19	79	14.12	1501	50.51	50.57
	芳香分 b	406.7	17	76	11.06	1292		
	芳香分 c	350.6	16	55	8.97	880		
	芳香分 d	326.6	16	62	8.36	992		
	芳香分 e	179.2	14	23	4.01	322		
	芳香分 f	156.2	16	24	4.00	384		
饱和分	饱和分 a	482.9	22	97	16.99	2134	21.72	21.85
	饱和分 b	422.8	7	92	4.73	644		
合计	—	—	160	—	100	11188	100	100

注：因数据四舍五入，合计数值可能与各行数值加和不完全相等。余同。

Anda70#沥青分子配比计算结果如表 5-22 所示。

表 5-22　Anda70#沥青分子配比计算结果

组分	分子类型	分子相对质量	分子数量	分子中原子数	质量比例/%	原子总数	模型组分比例/%	试验组分比例/%
沥青质	沥青质 a	916.3	1	132	1.50	132	6.88	6.78
	沥青质 b	888.4	1	148	1.46	148		
	沥青质 c	707.1	1	114	1.16	114		
	沥青质 d	574.9	2	97	1.89	194		
	沥青质 e	533.8	1	78	0.88	78		
胶质	胶质 a	699.2	5	128	5.73	640	27.91	27.88
	胶质 b	573.0	6	101	5.64	606		
	胶质 c	525.9	5	94	4.31	470		
	胶质 d	503.9	5	94	4.13	470		
	胶质 e	414.7	5	80	3.40	400		
	胶质 f	290.4	5	30	2.38	150		
	胶质 g	282.4	5	40	2.32	200		
芳香分	芳香分 a	464.7	11	79	8.38	869	36.20	36.43
	芳香分 b	406.7	11	76	7.34	836		
	芳香分 c	350.6	12	55	6.90	660		
	芳香分 d	326.6	12	62	6.43	744		
	芳香分 e	179.2	13	23	3.82	299		
	芳香分 f	156.2	13	24	3.33	312		
饱和分	饱和分 a	482.9	20	97	15.84	1940	29.01	28.91
	饱和分 b	422.8	19	92	13.17	1748		
合计	—	—	153	—	100	11010	100	100

SK70#沥青分子配比计算结果如表 5-23 所示。

表 5-23   SK70#沥青分子配比计算结果

组分	分子类型	分子相对质量	分子数量	分子中原子数	质量比例/%	原子总数	模型组分比例/%	试验组分比例/%
沥青质	沥青质 a	916.3	2	132	2.90	264		
	沥青质 b	888.4	1	148	1.41	148		
	沥青质 c	707.1	2	114	2.24	228	10.05	10.29
	沥青质 d	574.9	2	97	1.82	194		
	沥青质 e	533.8	2	78	1.69	156		
胶质	胶质 a	699.2	4	128	4.42	512		
	胶质 b	573.0	5	101	4.53	505		
	胶质 c	525.9	4	94	3.33	376		
	胶质 d	503.9	4	94	3.19	376	22.83	22.83
	胶质 e	414.7	5	80	3.28	400		
	胶质 f	290.4	5	30	2.30	150		
	胶质 g	282.4	4	40	1.79	160		
芳香分	芳香分 a	464.7	14	79	10.29	1106		
	芳香分 b	406.7	14	76	9.01	1064		
	芳香分 c	350.6	14	55	7.76	770	40.67	40.71
	芳香分 d	326.6	13	62	6.72	806		
	芳香分 e	179.2	13	23	3.68	299		
	芳香分 f	156.2	13	24	3.21	312		
饱和分	饱和分 a	482.9	18	97	13.75	1746	26.45	26.17
	饱和分 b	422.8	19	92	12.71	1748		
合计	—	—	158	—	100	11320	100	100

SK90#沥青分子配比计算结果如表 5-24 所示。

表 5-24   SK90#沥青分子配比计算结果

组分	分子类型	分子相对质量	分子数量	分子中原子数	质量比例/%	原子总数	模型组分比例/%	试验组分比例/%
沥青质	沥青质 a	916.3	2	132	3.03	264		
	沥青质 b	888.4	3	148	4.41	444		
	沥青质 c	707.1	3	114	3.51	342	14.62	14.90
	沥青质 d	574.9	2	97	1.90	194		
	沥青质 e	533.8	2	78	1.77	156		
胶质	胶质 a	699.2	4	128	4.63	512		
	胶质 b	573.0	4	101	3.79	404		
	胶质 c	525.9	4	94	3.48	376	21.77	21.41
	胶质 d	503.9	4	94	3.33	376		
	胶质 e	414.7	4	80	2.74	320		

续表

组分	分子类型	分子相对质量	分子数量	分子中原子数	质量比例/%	原子总数	模型组分比例/%	试验组分比例/%
胶质	胶质 f	290.4	4	30	1.92	120	21.77	21.41
	胶质 g	282.4	4	40	1.87	160		
芳香分	芳香分 a	464.7	14	79	10.76	1106	43.34	43.59
	芳香分 b	406.7	14	76	9.42	1064		
	芳香分 c	350.6	14	55	8.12	770		
	芳香分 d	326.6	14	62	7.56	868		
	芳香分 e	179.2	13	23	3.85	299		
	芳香分 f	156.2	14	24	3.62	336		
饱和分	饱和分 a	482.9	14	97	11.18	1358	20.28	20.10
	饱和分 b	422.8	13	92	9.09	1196		
合计	—	—	150	—	100	10665	100	100

计算结果显示，四种沥青分子模型的原子总数都在 150～160。这是为了确保计算机在模拟计算时能够正常运行，同时也让四种沥青分子模型规模近似相同。

（3）力场及模型参数的设定。

分子力场是分子动力学模拟计算的基础，作为势能函数用来描述系统中分子间的相互作用，将直接决定分子动力学模拟计算的正确与否。通常来讲，体系的总势能一般包括非键结势能、键伸缩势能、键角弯曲势能、二面角扭曲势能、离平面振动势能和库伦相互作用势能。分子力场早在 20 世纪 60 年代就有学者展开研究，但是由于分子力场函数中的参数选择不同，会导致其覆盖面有所不同，进而会影响到模拟计算的结果。同时对于同一体系，不同分子力场的选择也会带来不同的计算结果。随着时间的推移，分子力场的研究有了长足的进步，一些规模较大及覆盖面较广的新型力场被开发出来，如 MM3、MM4、AMBER、CFF、UNIVERSAL 及 COMPASS 力场等。不同分子力场的适用范围及特点有所不同，为了使分子动力学模拟计算效果更优，需要了解分子力场的适用条件。目前，在 Materials Studio 中常用的力场有 COMPASS、CVFF 及 PCFF 力场。COMPASS 力场能够在较大的温度及压强范围内，很好地模拟和预测气态和凝聚态物质的结构、构象及热力学性质的力场。这个分子力场适用于大部分有机物、无机物、聚合物及金属氧化物等体系[183]。CVFF 力场为 Dauber Osguthope 等开发而来，该分子力场最开始是以生化分子为主，其力场的参数设定更有利于氨基酸、水及各种官能团的使用。之后随着不断地发展，该力场也可适用于蛋白质及大量的有机分子等。这个分子力场能够准确计算系统中的结构以及结合能，同时也可以给出较为合理的构型能与振动频率[184]。PCFF 分子力场是通过 CFF91 衍生出来，更适合应用在聚合物以及有机物的计算中，其中包括聚碳酸酯类、脂类及惰性气体等[185]。综合考虑每个力场的适用性以及特点，本节分子动力学模拟选用 COMPASS 力场进行计算。

　　边界条件主要分为两种：一种为非周期性边界条件，另一种为周期性边界条件。非周期性边界条件出现的情况有三种：第一种情况下，设定好盒子的体积大小，当粒子运动到非周期性边界外时，其将不会再回到原有的盒子中，且不存在与其他粒子之间的相互作用；第二种情况为盒子的非周期性边界是固定的，粒子只能在盒子内依据能量守恒原理进行运动，由于粒子运动到非周期性边界时发生了碰撞，这样会导致盒子内粒子运动紊乱；最后一种情况是当粒子运动到盒子的非周期性边界时，盒子会自动增大，保证粒子始终在盒子内运动且不发生碰撞[186]。周期性边界条件是对无限大复杂体系理想化消除系统边界的有效手段，周期性边界条件粒子运动示意图如图 5-27 所示。九宫格中间有颜色填充，是真实的盒子，即为模拟的系统，其余 8 个被称为盒子的周期性镜像，周期性镜像中的粒子与盒子中的粒子具有一样的运动轨迹与排列位置。

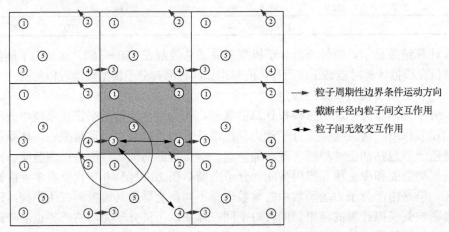

图 5-27　周期性边界条件粒子运动示意图

　　在周期性边界条件下，当盒子中的一个粒子运动到边界外时，必须有一个完全一样的粒子从周期性镜像中进入盒子中，如图 5-27 中的的②号粒子，同时两个粒子的运动速度及方向均相同。在这样的条件下，会保证盒子中粒子的数目不变，进而密度不会改变，更能符合模拟的要求。在周期性边界条件下，采用最近镜像法来计算粒子之间的交互作用。例如，计算系统中③号粒子与④号粒子相互作用时，计算的是与③号粒子最近的周期性镜像中的④号粒子，而不是盒子中的④号粒子。同时在分子动力学计算过程中还引入了截断半径，图中的圆表示在这个范围内的粒子之间产生了相互作用，当粒子之间的距离超过截断半径时，粒子之间将没有相互作用力。例如，在计算系统中③号粒子与其他粒子相互作用时，不但考虑了盒子内⑤号粒子对其的作用，同时也考虑周期性镜像中④号粒子、②号粒子及①号粒子的作用。这样处理后相当于扩大了模拟体系，取消了边界效应，无限接近于实际情况[187]。

　　系综是在一定的宏观情况下，很多性质及结构完全类似、同时处于不同运动状态且相互独立的系统集合。系综主要分为正则系综（NVT）、微正则系综（NVE）、等压等焓系综（NPH）及等温等压系综（NPT）[138, 188]。本节将会应用到 NVT 以及 NPT 系综，在 NVT 系综中粒子数量、体积及温度均保持不变；在 NPT 系综中粒子数量不变，压强及温度则被控制在固定值附近。在分子动力学模拟计算过程中，需要温度调控机制来控制系综的温度，从而能够产生出准确的统计系综。目前常用控制温度的方法有 Velocity Scale 方法、Nose 方法、Andersen 方法及 Berendsen 方法等，本节采用 Nose 方法进行控温。除了调节温度还需要控制系统压力，控制压力的方法有 Berendsen 方法、Andersen 方法及 Parrinello 方法等，本节采用 Berendsen 方法进行控压。

　　在分子动力学模拟过程中时间步长大小的选择至关重要。如果在分子动力学计算中选择一个较短的时间步长，则会导致模拟计算的时间变长。如果选择一个较长的时间步长，将会使得分子模拟计算过程中出现偏差，进而影响计算结果。相关研究表明，分子动力学计算的时间步长应该小于化学键振动周期的 1/10[186]。根据试算结果，本节选择时间步长为 1fs。

　　（4）分子构型优化。

　　在建立沥青分子模型之前，需要对 20 种分子逐个进行几何优化，目的在于降低分子结构的能量，确保能够完成接下来的模拟计算。利用 Materials Studio 软件中 Forcite 模块，对每种沥青分子进行 Medium 质量的几何优化，算法选择 Smart，能量收敛精度为 0.001kcal/mol，范德华力采用 Atom Based 方法计算，其截断半径设为 12.5Å，最大迭代步数设置为 1000 步。单个分子在几何优化过程中总势能能量变化的典型示意图如图 5-28 所示。

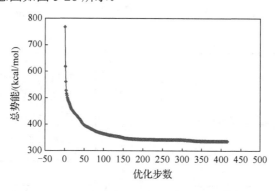

图 5-28　单个分子总势能优化曲线

　　（5）分子模型构建。

　　根据表 5-21～表 5-24 中四种沥青分子配比计算结果，在 Materials Studio 软件中使用 Amorphous Cell 模块，将几何优化好的沥青分子进行无定形聚合物模型搭建，模型选用周期性边界条件，选择 Medium 质量并且初始密度设定为 0.5g/cm³，建立的 Anda70#沥青分子模型如图 5-29 所示。

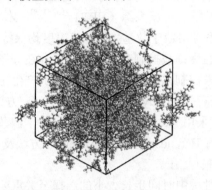

图 5-29　Anda70#沥青分子模型

（6）系统弛豫。

构建沥青分子模型后，其结构中有很多不合理之处，很有可能会因为分子之间能量不稳定，导致分子动力学的模拟计算量增大或者出现计算错误。因此需要对沥青分子模型进行系统弛豫。系统弛豫的目的是将系统从不平衡状态过渡到平衡状态，同时也是系统中粒子之间的相互作用及交换能量达到平衡稳定的过程。由于沥青分子的结构过于复杂，其弛豫的时间会很长，因此对沥青分子进行了退火处理，消除模型中不稳定的分子结构。具体操作过程如下。

① 利用 Forcite 模块中的 Dynamics 任务，将沥青分子模型放置在 NVT 系综下，在 298.0K 温度条件下运行 12000 步，总的模拟时间为 12.0ps，时间步长为 1.0fs。由图 5-30 可以看出，沥青分子结构模型在 NVT 系综的模拟计算下，温度逐渐稳定在 298K 左右，各种能量也慢慢稳定下来，在没有报错的情况下开始进行下一步工作。

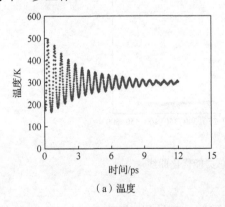

（a）温度

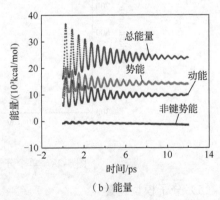

（b）能量

图 5-30　在 NVT 系综下模拟的温度以及能量变化

② 利用 Forcite 模块中的 Anneal 任务，对沥青分子模型进行 10 个退火循环计算，初始温度设置为 300.0K，中间温度设置为 500.0K，总的步数为 10000 步。

③ 利用 Forcite 模块中的 Dynamics 任务，将沥青分子模型放置在 NPT 系综中及 298K 温度条件下进行 300.0ps 的分子动力学计算，时间步长为 1.0fs，总共运行的步数为 300000 步。

通过图 5-31 可以看出，沥青分子模型在 NPT 系综下，体系温度稳定在 298K 附近，每种能量最后也达到了动态平衡。由于沥青分子模型盒子三个角度均为 90° 且为正方体结构，因此长宽高三边长度相同。

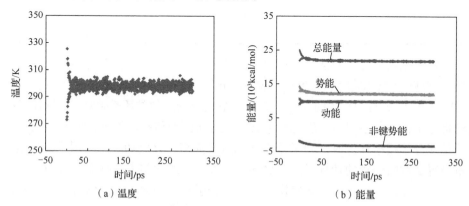

（a）温度　　　　　　　　　　　　（b）能量

图 5-31　沥青分子模型在 NPT 系综下模拟的温度及能量变化

通过图 5-32 沥青分子模型盒子长度的变化可以看出，随着时间步长的增长，盒子长度最后趋于稳定。同样通过图 5-33 也可以观察到，当时间步长超过 50ps 后，沥青分子模型的密度在固定值上下浮动。

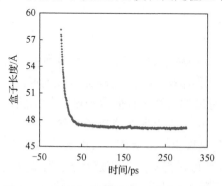

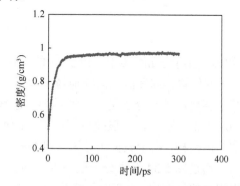

图 5-32　沥青分子模型在 NPT 系综下模拟　　图 5-33　沥青分子模型在 NPT 系综下模拟
　　　　盒子长度的变化　　　　　　　　　　　　　密度的变化

综上所述，可以证明沥青分子模型体系已经达到了平衡状态。

（7）沥青分子模型验证。

密度作为材料的一种物理指标，可以反映其化学性质。本节将模拟计算得到的在298K（25℃）温度条件下四种沥青分子模型的密度，与实际沥青材料性能指标进行对比，模拟计算结果如表5-25所示。

表5-25　四种沥青分子模型密度

沥青类型	模拟计算密度/(g/cm³)	试验密度/(g/cm³)
Anda50#	0.991	1.026
Anda70#	0.996	1.005
SK70#	0.992	1.038
SK90#	0.998	1.012

通过试验结果可以发现，计算得到的四种沥青分子模型密度均小于实际沥青密度，密度试验数值为 $1.005 \sim 1.038$g/cm³，而模型计算的数值为 $0.991 \sim 0.998$g/cm³。这是因为真实的沥青材料分子组成无论是种类还是数量，要远比模拟的沥青分子模型复杂得多，因此模拟数值会与实际数值有所不同。同时，沥青分子模型在分子模拟计算时，为了减少计算量及提高计算成功率，采用了 Medium 质量设置及截断半径的计算手段，这导致了各分子之间的束缚减少，进而影响模型的密度，使得数值偏小。虽然模拟的沥青分子模型密度与实测值有一点差异，但是随着模拟时间的增长，密度数值会更加接近实际情况。

径向分布函数是指在一个系统中选取任何一个粒子作为目标，并且以它作为圆心，距离 r 为半径，计算其他粒子在这个范围附近出现的概率，由此可以分析沥青分子模型的局部密度及有序与无序化，进而确定其是否为晶体结构。计算公式如式（5-22）所示。

$$g(r) = \frac{\mathrm{d}N}{4\pi r^2 \rho \mathrm{d}r} \tag{5-22}$$

式中，$g(r)$ 为在距离中心粒子 r 的位置出现其他粒子的概率；$\mathrm{d}N$ 为距离中心粒子 r 的位置，球面区域的其他粒子数量；ρ 为系统密度；$\mathrm{d}r$ 为球面区域的厚度。晶体结构由于其分子呈周期性排列，通常是有序的。通过径向分布函数的描述，相对于中心粒子，一般随着固定距离的增加，总是会出现波峰或者波谷。而对于非晶体结构，由于其分子是无序排列的，因此呈现出短程有序、长程无序的规律。

通过图5-34沥青分子模型的径向分布函数可以得知，四种沥青分子模型呈现出相同的规律性。沥青分子模型的径向分布函数主要表现为三个阶段：当 r 在 $0 \sim 2$Å 范围内时，函数中出现了若干个峰，这说明中心粒子距离较短时，会有很多其他粒子出现，因此会有一些波峰出现；当 r 在 $2 \sim 4$Å 范围内时，函数逐渐趋于平稳状态，这说明沥青分子模型在从有序结构向无序结构过渡；而当 r 超过 4Å 时，函数数值逐渐趋近于1，这说明随着距离不断地增大，系统中总会出现其他粒子，但由于数量较少，统计概率在 1 附近轻微浮动。沥青材料作为一种典型的非晶体材料，是由众多分子交错组成的，因此在短距离内原子在分子中是有序排列的，而距离增大后则为无序排列，这与模拟的结果呈现出相同的规律性。

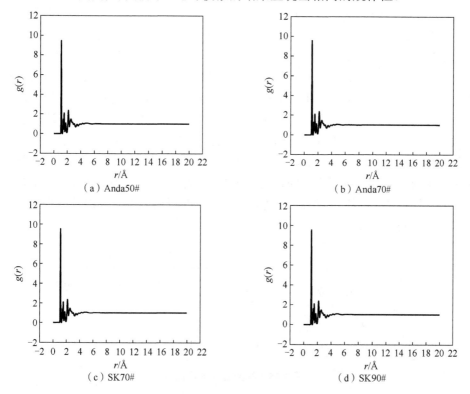

图 5-34　四种沥青分子模型的径向分布函数

通过对构建的沥青分子模型密度及径向分布函数结果进行验证，可以看到虽然沥青分子模型与实际沥青材料密度上还是存在较小的误差，这也是因为沥青材料的分子组成太过于复杂，构建出完全一样的沥青分子模型难度过大。但是通过径向分布函数的结果分析，二者的整体宏观性质还是相同的，因此本研究构建的沥青分子模型具有一定的研究价值，可以进行接下来的分子模拟计算。

2）玉米秸秆纤维分子模型构建

天然秸秆纤维的主要组成为纤维素、半纤维素及木质素。其中半纤维素不是均一聚糖，而是一群复合聚糖的总称，组成半纤维素的结构单元主要有 D-木糖基、D-甘露糖基、D-葡萄糖基、D-半乳糖基、L-阿拉伯糖基和 D-葡萄糖醛酸基等，还有少量的 L-鼠李糖基，L-岩藻糖基。这些结构单元在构成半纤维素时，一般不是由一种结构单元构成，而是由 2～4 种结构单元构成聚糖[149]。

木质素是由苯基丙烷结构单元，通过醚键及碳-碳键连接而成的具有三度空间的高分子聚合物。目前也发现木质素结构单元存在酯键，与半纤维素存在着复杂的化学键连接。

纤维素是天然高分子化合物，大分子是由 1,4-β 苷键连结 D-葡萄糖单元($C_6H_{10}O_5$)构成的线性链($C_6H_{10}O_5$)$_n$，分子结构如图 5-35 所示[149]。与其他聚合物相比，纤维素分子的重复单元简单而均一，分子表面较平整易于长向伸展，加上吡喃葡萄糖环上有反应性强的侧基，将十分有利于形成分子内及分子间的氢键，使这种带状、刚性的分子链易于聚集在一起，形成规整性的结晶结构。纤维素 I 是天然存在的纤维素形式，包括细菌纤维素、海藻和高等植物细胞中存在的纤维素。关于纤维素 I 的晶胞尺寸，早期研究者提出了三种主要的晶胞模型，包括Meyer-Misch 模型、Blackwell-Sarko 模型及 Honjo-Watabe 模型。研究表明，天然存在的纤维素并不是只有纤维素 I 一种结晶变体，而是两种结晶变体的混合物，分别为纤维素 I$_a$ 和纤维素 I$_\beta$。同时发现在棉花、秸秆类等高等植物细胞中富含纤维素 I$_\beta$，其质量比例约为 80%。此外，将这些天然纤维素进行高温热处理后，其纤维素 I$_\beta$ 含量会更高。

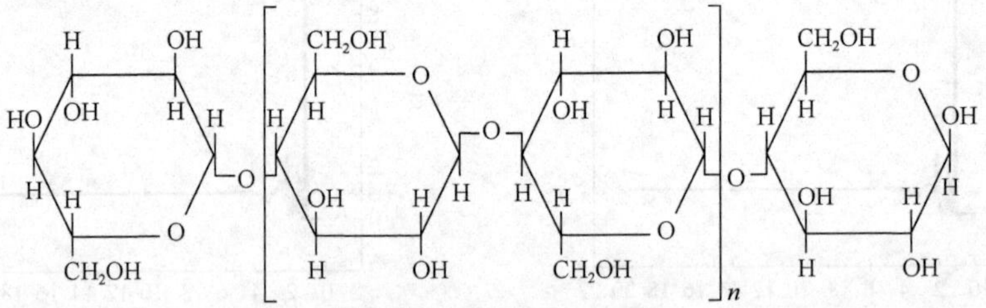

图 5-35　纤维素分子结构

考虑到半纤维素及木质素分子都属于高分子聚合物，且成分组成十分复杂，并根据 5.1.2 节对玉米秸秆纤维成分含量的分析，玉米秸秆中纤维素含量最多，因此本研究将玉米秸秆纤维成分进行简化，只考虑纤维素成分，并以纤维素 I$_\beta$ 构型的纤维素晶体结构近似代表玉米秸秆纤维。

本节将参考 Nishiyama 等[189]、Sugiyama 等[190]的研究成果构建纤维的分子模型。纤维素 I$_\beta$ 的空间群为 P21；建立晶胞的长度为 a=0.801nm，b=0.817nm，c=1.03nm；建立晶胞的角度 α=90°，β=90°，γ=97.3°。纤维素 I$_\beta$ 晶胞分子结构原子坐标如表 5-26 所示。首先在 Materials Studio 软件中使用 Crystals 模块建立空间群，在 Lattice Parameters 中输入晶胞的长度及角度，利用 Add Atom 任务栏来添加原子，在构建完初始模型后使用 Adjust Hydrogen 工具添加氢原子，从而得到纤维素的晶胞模型，如图 5-36 所示。

表 5-26　纤维素 I_β 晶胞原子坐标

原子	原子坐标			原子	原子坐标		
	x	y	z		x	y	z
C1	0.0150	-0.0410	0.0443	C7	0.5340	0.4560	0.3053
C2	-0.0250	-0.1830	-0.0506	C8	0.4760	0.3188	0.2104
C3	0.0410	-0.1360	-0.1838	C9	0.5460	0.3640	0.0775
C4	-0.0060	0.0310	-0.2240	C10	0.4830	0.5270	0.0385
C5	0.0270	0.1600	-0.1222	C11	0.5420	0.6584	0.1398
C6	-0.0460	0.3200	-0.1520	C12	0.4530	0.8160	0.1135
O1	0.0620	-0.3130	0.0007	O6	0.5290	0.1670	0.2530
O2	-0.0260	-0.2600	-0.2749	O7	0.4870	0.2340	-0.0071
O3	-0.0780	-0.0850	0.1586	O8	0.4380	0.4150	0.4204
O4	-0.0550	0.1000	-0.0043	O9	0.4860	0.6080	0.2649
O5	0.0490	0.404	-0.2530	O10	0.5430	0.9150	0.0180

其次利用 Forcite 模块对纤维素晶胞进行 Medium 质量的几何优化,以得到较为准确的纤维素晶胞结构。其中选用周期性边界条件,选择 Smart 算法,能量收敛精度为 0.001kcal/mol,范德华力采用 Atom Based 方法计算,其截断半径设为 12.5Å,最大迭代步数设置为 1000 步。纤维素晶胞几何优化过程中总势能能量变化的典型示意图如图 5-37 所示。

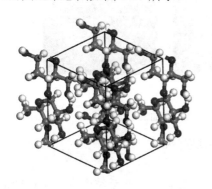

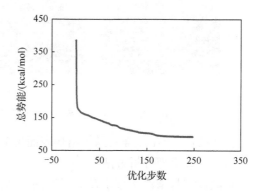

图 5-36　纤维素的晶胞模型　　　　　图 5-37　纤维素晶胞的总势能优化曲线

2. 吸附数值模拟与分析

1) 界面模型构建与模拟计算

对前文优化后的纤维素晶胞模型利用 Surfaces 模块中的 Cleave Surface 工具进行切割,在(-1, 0, 0)方向上切出厚度为 24Å 的晶体表面,最后构建一个面积为 51.900Å×49.020Å 的超晶胞,纤维素超晶胞模型如图 5-38 所示。之后利用 Build

Layers 工具将纤维素晶体模型与沥青分子模型拼接在一起，建立具有三维周期性条件的模型结构，如图 5-39 所示。

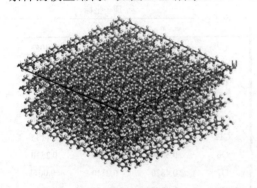

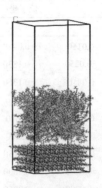

图 5-38　纤维素超晶胞模型　　　　　　　图 5-39　沥青分子与纤维素超晶胞模型结构

与此同时，在盒子边界与沥青分子模型之间建立一个厚度为 60Å 的真空层，这是为了避免沥青分子在周期性边界条件下越过上方边界与纤维素晶体模型底层相遇。

最后在 Forcite 模块中使用 Medium 质量的 Dynamics 工具，在 NVT 系综及298K 下运行 100ps 的分子动力学模拟计算，时间步长为 1fs。图 5-40 展示了沥青分子模型在纤维素晶体结构表面的扩散过程。

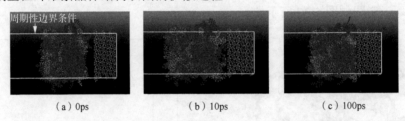

　（a）0ps　　　　　　　　　（b）10ps　　　　　　　　　（c）100ps

图 5-40　沥青分子模型在纤维素晶体结构表面的扩散过程

2）沥青分子在纤维素晶体结构表面扩散过程分析

（1）扩散机理分析方法。

扩散过程是来源于分子及原子的热运动，其导致物体在系统中产生了移动现象，因此分析粒子移动是研究扩散过程的重点。目前在分子动力学模拟计算研究中，均方位移（MSD）可以作为反映粒子运动规律的指标参数，其计算公式如式（5-23）所示[128]。

$$MSD(t) = \left\langle \left| r(t) - r(0) \right|^2 \right\rangle \tag{5-23}$$

式中，$\langle\ \rangle$ 为系统内所有原子的平均；$r(t)$ 和 $r(0)$ 分别为粒子在 t 时刻的位置矢量及初始位置矢量。

分子扩散系数 D 可以用来评价物质本身扩散能力，其中扩散系数越大，分子扩散速率越快，根据 D 与 MSD 之间的爱因斯坦关系，D 的计算公式如式（5-24）所示[128]。

$$D = \lim_{t \to \infty} \frac{1}{6t} \text{MSD} \qquad (5\text{-}24)$$

式中，扩散系数 D 可以通过 MSD 与 t 线性拟合得到，数值为 MSD 变化曲线斜率的 1/6。

（2）温度对扩散的影响。

本节利用 Anda70#沥青分子模型与纤维素晶体结构模型进行建模，模拟计算了 248K（−25℃）、273K（0℃）、298K（25℃）及 333K（60℃）四个温度下沥青分子模型的扩散过程。利用扩散系数指标来评价沥青组分随温度变化扩散的快慢。通过模拟计算得到四个温度下 Anda70#沥青不同组分的均方位移来拟合计算沥青组分的扩散系数。这里采用扩散相对稳定的 0ps 至 60ps MSD 变化曲线段，不同温度下 Anda70#沥青四组分的 MSD 曲线如图 5-41 所示。

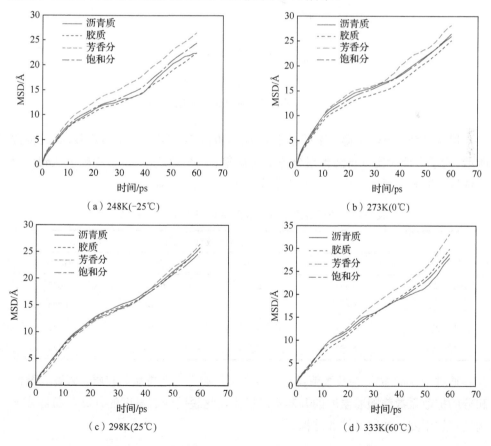

图 5-41　不同温度下 Anda70#沥青四组分的 MSD 曲线

如图 5-42 所示，通过沥青质在不同温度下的 MSD 曲线可以看出，沥青质在纤维表面扩散到 10ps 时，斜率出现了变化，斜率数值降低。这与之前 5.2.1 节玉米秸秆纤维吸附沥青质的三阶段过程中前两个阶段试验结果吻合，进而验证了之前的结论。而沥青质在纤维表面扩散模拟过程没有表现出第三个阶段，这是因为分子动力学模拟的局限性，在建模过程中由于尺度问题无法建立纤维孔隙结构，因此在试验中沥青质内扩散的过程无法在分子动力学模拟结果中体现。

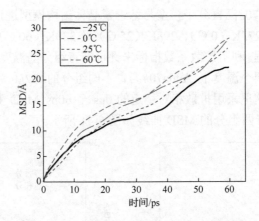

图 5-42 不同温度下沥青质的 MSD 曲线

根据拟合计算结果得到不同温度下 Anda70#沥青四组分的扩散系数，如表 5-27 所示。为了方便对比分析沥青组分在不同温度下的扩散规律，本节绘制了 Anda70# 沥青每种组分在不同温度下的扩散系数柱状图，如图 5-43 所示。

表 5-27 不同温度下 Anda70#沥青四组分的扩散系数

温度	扩散系数/$(10^{-12} m^2/s)$			
	沥青质	胶质	芳香分	饱和分
248K（-25℃）	5.358	5.122	6.212	5.647
273K（0℃）	5.607	5.488	6.305	5.773
298K（25℃）	6.027	6.048	6.497	5.842
333K（60℃）	6.395	7.405	7.983	6.823

通过图 5-43 扩散系数数值结果可以发现，沥青中沥青质、胶质、芳香分及饱和分的扩散系数都随着温度的升高不断增大，这说明随着温度的升高，沥青分子运动更加剧烈，加速了扩散过程。

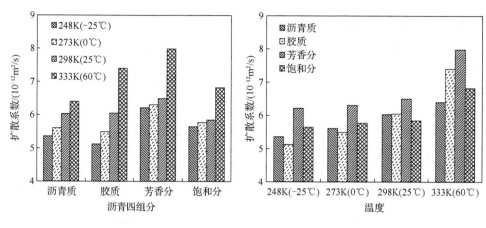

图 5-43　不同温度下 Anda70#沥青四组分的扩散系数

通过图 5-43 可以看出，当温度处于-25℃和 0℃时，沥青中芳香分和饱和分的扩散系数要大于沥青质和胶质成分，而当温度升高至 25℃及 60℃时，胶质的扩散系数则超过了饱和分，这说明沥青分子在纤维素晶体结构表面扩散的复杂性。从整体上来看，随着温度从-25℃增长至 60℃，芳香分的扩散系数数值一直是四种组分中最大，这表明沥青中的轻质组分芳香分更易于吸附在玉米秸秆纤维表面。

通过表 5-28 不同温度区间 Anda70#沥青四组分扩散系数增长率的计算结果可以看出，在低温段（-25~0℃）及中温段（0~25℃）时，沥青质和胶质扩散系数的增长幅度要大于芳香分和饱和分；而在高温段（25~60℃）时，芳香分的扩散系数增长幅度是四组分中最大的。这表明沥青处在低温段及中温段时，温度变化对胶质与沥青质在纤维表面上的扩散速度影响较大；而在高温段时，芳香分的扩散速度更易受到温度的影响。

表 5-28　不同温度区间 Anda70#沥青四组分扩散系数的增长率

沥青组分	增长率/%		
	-25~0℃	0~25℃	25~60℃
沥青质	4.65	7.49	6.11
胶质	7.15	10.20	22.44
芳香分	1.50	3.05	22.87
饱和分	2.23	1.20	16.79

（3）沥青成分扩散规律分析。

本节采用沥青四组分分子模型与纤维素晶体结构模型，模拟计算在 298K（25℃）温度下沥青组分的扩散过程，进而探究沥青不同组分在纤维素晶体结构表面的扩散规律。同样利用扩散系数指标分析四种沥青的不同组分在 298K（25℃）温度下的扩散规律，四种沥青分子模型 MSD 曲线如图 5-44 所示。

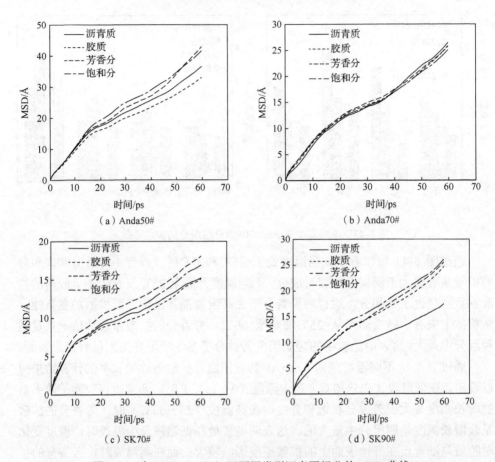

图 5-44　在 298K（25℃）下不同类型沥青四组分的 MSD 曲线

选择扩散过程相对稳定的 0ps 至 60ps MSD 变化曲线段，进行拟合计算得到扩散系数，四种沥青的四组分扩散系数计算结果如表 5-29 所示。为了方便对比分析不同类型沥青组分的扩散规律，本节绘制了 Anda50#、Anda70#、SK70# 及 SK90# 四种类型沥青分子每种组分在 298K（25℃）温度下的扩散系数柱状图，如图 5-45 所示。

表 5-29　在 298K（25℃）下四种沥青四组分的扩散系数

沥青类型	扩散系数/($10^{-12}\,m^2/s$)			
	沥青质	胶质	芳香分	饱和分
Anda50#	8.845	7.965	10.382	10.350
Anda70#	6.027	6.048	6.497	5.842
SK70#	3.240	3.123	3.777	3.678
SK90#	3.898	5.595	5.962	6.003

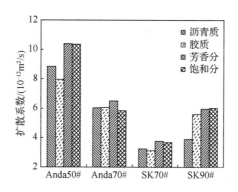

图 5-45　在 298K（25℃）下不同类型沥青四组分的扩散系数

通过图 5-45 可以看出，不同类型沥青中各组分之间的扩散系数规律性不强，这体现了沥青分子模型体系扩散的复杂性，沥青分子模型结构及分子数量的不同均会对扩散过程造成影响。但从总体上来看，Anda50#、Anda70#、SK70#、SK90# 这四种沥青随着沥青质含量的增加，其扩散系数数值在减小，这说明沥青中沥青质初始含量越高，其扩散速率越慢，玉米秸秆纤维吸附沥青质所达到的吸附平衡时间越长，这间接验证了 5.2.1 节的结论。通过图 5-45 还可以发现，芳香分与饱和分两种组分的扩散系数大于沥青质与胶质两种组分。对比这四种组分的分子结构，可以发现芳香分与饱和分多属于链状小分子结构，相比沥青质与胶质的多环体型分子结构更容易扩散；同时芳香分与饱和分属于非极性分子，相比极性较强的沥青质与胶质，分子之间的作用力较弱，也更利于扩散。

因此，通过沥青中四组分的扩散规律，从微观角度说明沥青中轻质组分与玉米秸秆纤维的吸附效果相对较好，这意味着玉米秸秆纤维可以通过吸附沥青中的轻质组分来提高沥青的黏度。

5.3　玉米秸秆纤维沥青的高低温性能试验研究

通过 5.2 节关于吸附机制的研究，表明玉米秸秆纤维与沥青之间具有较好的吸附效果。而玉米秸秆纤维作为一种新型材料，掺入沥青中能否起到良好的增强效果，有待研究者对其进行性能试验研究。本节利用针入度试验、软化点试验、旋转黏度试验、沥青动态剪切流变试验及沥青弯曲蠕变劲度试验对掺入玉米秸秆纤维沥青的基本性质、高温性能和低温性能进行评价，并通过与掺入木质素纤维以及玄武岩纤维的沥青性能进行对比，分析得到玉米秸秆纤维在沥青中的作用机理，为接下来玉米秸秆纤维 SMA 路用性能的研究提供理论依据。

5.3.1 玉米秸秆纤维沥青的制备

为了分析玉米秸秆纤维对沥青的增强效果，本节选用来自辽河石化有限公司的 90#沥青材料进行纤维沥青性能的研究，沥青性能指标见表 5-30。根据《公路沥青路面施工技术规范》（JTG F40—2004）的相关规定，该 90#沥青的性能指标符合技术要求。

表 5-30　90#沥青的性能指标

	性能指标单位	数值	技术要求
基质沥青	针入度（25℃）/0.1 mm	88.0	80～100
	软化点/℃	44.0	>42
	延度（10℃）/cm	114	>20
	延度（15℃）/cm	148	>100
	蜡含量/%	2.0	<3.0
	闪点/℃	276	>245
	燃点/℃	285	—
	溶解度/%	99.8	>99.5
	密度（15℃）/(g/cm^3)	1.007	—
	动力黏度（60℃）/(Pa·s)	211	>140
RTFOT 后	质量变化/%	−0.2	>−0.8
	残留针入度比/%	70	>50
	残留延度（10℃）/cm	16	>6
	残留延度（15℃）/cm	26	>20

此外，本研究选择传统沥青路面应用的木质素纤维和玄武岩纤维作为对比样品掺入沥青中，对比分析玉米秸秆纤维对沥青的增强效果。玉米秸秆纤维和木质素纤维的主要性能指标见 5.1.2 节。玄武岩纤维产自吉林通鑫玄武岩科技股份有限公司，玄武岩纤维如图 5-46 所示，性能指标如表 5-31 所示。

图 5-46　玄武岩纤维

表 5-31　玄武岩纤维的性能指标

性能指标	单位	数值	试验规范
纤维直径	μm	15.72	JT/T 766.1—2010
断裂强度	MPa	1612	JT/T 766.1—2010
断裂伸长	%	2.2	JT/T 766.1—2010
密度	g/cm^3	2.63	JT/T 766.1—2010
弹性模量	MPa	102.9×10^3	JT/T 766.1—2010

　　本节分别将玉米秸秆纤维、木质素纤维及玄武岩纤维掺入辽河 90#基质沥青中进行拌制，并将其称为纤维沥青。根据已有的经验性研究，考虑到过多的木质素纤维和玄武岩纤维无法拌和到沥青中，本节选择 1%、1.5%、2%、2.5%作为木质素纤维在沥青中的掺配比例，1%、1.5%、2%、2.5%作为玄武岩纤维的掺配比例。考虑到玉米秸秆纤维的吸油能力要弱于木质素纤维，同时也是第一次将玉米秸秆纤维材料应用到沥青当中，因此选择 2%、4%、6%、8%、10%作为玉米秸秆纤维在沥青中的掺配比例。不同掺配比例的纤维沥青命名规则如表 5-32 所示。

表 5-32　纤维沥青的命名规则

纤维掺量	名称	纤维掺量	名称
90#基质沥青	A90	1.5%木质素纤维	L1.5
2.0%玉米秸秆纤维	C2	2.0%木质素纤维	L2
4.0%玉米秸秆纤维	C4	2.5%木质素纤维	L2.5
6.0%玉米秸秆纤维	C6	1.0%玄武岩纤维	B1
8.0%玉米秸秆纤维	C8	1.5%玄武岩纤维	B1.5
10.0%玉米秸秆纤维	C10	2.0%玄武岩纤维	B2
1.0%木质素纤维	L1	2.5%玄武岩纤维	B2.5

　　本节使用 Y300 型高速剪切乳化仪搭配恒温加热套筒进行纤维沥青的制备。为了防止基质沥青老化，同时也考虑到基质沥青的黏度，拌和温度选择 145℃。在搅拌时为防止沥青黏稠导致仪器损坏，刚开始使用低速搅拌，与此同时将纤维少量多次地投入沥青中，之后逐渐提高转速，当达到 2500r/min 时稳定搅拌 60min，之后降低转速，使用 200r/min 继续搅拌 5min，这是为了避免沥青中存在气泡。

5.3.2　玉米秸秆纤维沥青性能试验分析

1. 基本性质

1）经验指标分析

针入度、软化点和延度是评价黏稠沥青路用性能最常用的经验指标。由于纤维沥青密度较大且属于非均质材料，在进行纤维沥青延度试验时，纤维将会很快被拉断，且位置主要发生在纤维成团处或者纤维与沥青结合界面处，并非沥青本身被拉断，所以延度试验数据不能准确反映纤维沥青的黏度性能，故延度试验方法不宜作为纤维沥青性能的评价方法。因此，本节按照《公路工程沥青及沥青混合料试验规程》(JTG E20—2011)中 T 0604—2011 沥青针入度试验以及 T 0606—2011 沥青软化点试验（环球法）的相关规定，对三种纤维沥青进行试验。

图 5-47 展示了三种不同掺量纤维沥青的针入度试验结果。通过图 5-47 可以看出，随着玉米秸秆纤维掺量的增多，纤维沥青的针入度逐渐降低，这表明玉米秸秆纤维对沥青具有较好的改善效果，能够提高沥青的黏度。同时与玄武岩纤维以及木质素纤维沥青针入度试验结果相比，随着玉米秸秆纤维掺量的增多呈现出较好的下降趋势，这可能是因为玉米秸秆纤维直径较短且呈现颗粒状，在沥青中拌和后相对均匀。

通过图 5-47 可以看出，随着木质素纤维掺量的增多，纤维沥青的针入度先降低，当木质素纤维掺量超过 1.5%时纤维沥青的针入度数值变化趋于平稳。这说明在沥青中掺入少量木质素纤维时，木质素纤维对沥青具有较好的吸附效果。然而在沥青中掺入过多的木质素纤维时，由于沥青中的纤维含量已经饱和，过多的木质素纤维并不能对沥青起到额外的效果；同时由于木质素纤维呈现絮状，过多的木质素纤维在沥青中会结团且分布不均匀，因此木质素纤维沥青的针入度数值会随着掺量的增多出现上下浮动现象。与玉米秸秆纤维及木质素纤维相比，随着玄武岩纤维掺量的增多，沥青的针入度下降趋势缓慢，这表明玄武岩纤维对沥青的改善效果较差，主要是因为玄武岩纤维表面光滑，吸附沥青能力较弱。

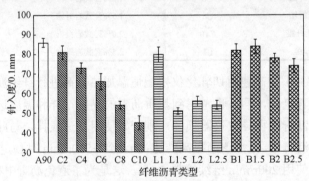

图 5-47　三种不同掺量纤维沥青针入度试验结果

图 5-48 展示了三种不同掺量纤维沥青的软化点试验结果。通过试验结果可以看出，玉米秸秆纤维沥青、木质素纤维沥青及玄武岩纤维沥青的软化点指标都随着纤维掺量的增多而增大，这意味着三种纤维都能够提高沥青的黏度。通过对比三种纤维沥青软化点试验结果，可以看出木质素纤维对沥青的增强效果最为明显；

玉米秸秆纤维具有较好的拌和均匀性，且随着玉米秸秆纤维的增多，沥青的黏度还在增大并没有出现饱和的现象；玄武岩纤维对沥青的提升效果不是很明显。

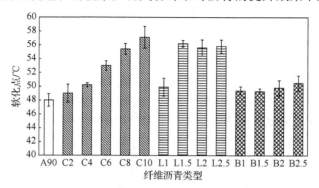

图 5-48　三种不同掺量纤维沥青软化点试验结果

2）温度敏感性分析

本节利用美国 Brookfield 公司生产的 DV-II +Pro 型旋转黏度计对纤维沥青进行表观黏度测试，通过试验结果绘制沥青的黏温曲线，并用黏温指数评价沥青的温度敏感性。测试的沥青样品种类为基质沥青及五种不同掺量的玉米秸秆纤维沥青。试验依据《公路工程沥青及沥青混合料试验规程》（JTG E20—2011）中 T 0625—2011 沥青旋转黏度试验（布洛克菲尔德黏度计法），选取 27 号旋转转子，设置转速为 20r/min，试验温度选择 110℃、120℃、135℃、150℃及 160℃。

掺量 2%、4%、6%、8%、10%玉米秸秆纤维沥青及基质沥青在不同温度下黏度测定结果如表 5-33 所示。

表 5-33　玉米秸秆纤维沥青黏度试验数据

沥青种类	黏度/(Pa·s)				
	110℃	120℃	135℃	150℃	160℃
A90	1.720	0.803	0.385	0.148	—
C2	2.094	1.042	0.446	0.183	—
C4	2.802	1.587	0.602	0.266	—
C6	3.532	2.056	0.792	0.363	—
C8	5.194	2.826	1.576	0.668	0.310
C10	7.501	4.564	2.473	0.824	0.653

沥青材料的黏度与温度的关系直接反映了其温度的敏感性，沥青的黏度随着温度的升高而下降，其黏温曲线的变化规律符合幂函数的形式[191]，如式（5-25）所示。

$$\eta = Ae^{BT} \tag{5-25}$$

式中，η 为黏度（Pa·s）；T 为温度（℃）；A、B 为回归分析系数。一般情况下，A 的数值越大，意味着沥青的黏度越大；B 的绝对数值越大，意味着沥青的感温性越大。

图 5-49 为五种玉米秸秆纤维沥青及基质沥青的黏温曲线，温度区间为110～160℃。通过试验结果可以看出，所有沥青的黏度都随着温度的升高而降低，同时也可以看出随着玉米秸秆纤维掺量的增多，纤维沥青的黏度更大。根据回归参数意义，由表 5-34 玉米秸秆纤维沥青黏度与温度的回归分析可以看出，随着沥青中玉米秸秆纤维掺量的增多，回归分析系数 A 逐渐增大并呈现出较好的规律性。这意味着玉米秸秆纤维对沥青的流动起到阻滞作用，沥青流动时内部抵抗能力增强，因此玉米秸秆纤维能够提高沥青的黏度。同时良好的规律性间接说明玉米秸秆纤维具有较好的拌和均匀性。通过回归分析系数 B 的绝对值可以得到，随着玉米秸秆纤维掺量的增多，沥青的温度敏感性有所下降。

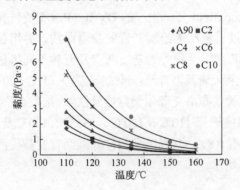

图 5-49　玉米秸秆纤维沥青以及基质沥青的黏温曲线

表 5-34　玉米秸秆纤维沥青黏度与温度的回归分析

沥青种类	回归方程	相关系数 R^2
A90	$y_0 = 1148.1e^{-0.060x}$	0.9946
C2	$y_2 = 1518.5e^{-0.060x}$	0.9986
C4	$y_4 = 1952.1e^{-0.060x}$	0.9988
C6	$y_6 = 2008.9e^{-0.058x}$	0.9983
C8	$y_8 = 2053.5e^{-0.054x}$	0.9893
C10	$y_{10} = 2099.3e^{-0.051x}$	0.9855

大量试验结果表明，ASTM D2493 所采用的 Saal 公式是适用性较广的沥青黏温关系表达式[192]，如式（5-26）所示。

$$\lg(\lg\eta \times 10^3) = n - m\lg(T + 273.13) \tag{5-26}$$

式中，m 为回归分析系数，该系数表示沥青在试验温度范围内的温度敏感性，绝对值越小意味着沥青的温度敏感性越低；n 为回归分析系数，该系数与流体物性有关。

为了进一步分析纤维沥青的温度敏感性，利用式（5-27）计算得到黏温指数 (viscosity-temperature susceptibility, VTS)[193,194]。

$$VTS = \frac{\lg(\lg \eta_1 \times 10^3) - \lg(\lg \eta_2 \times 10^3)}{\lg(T_1 + 273.13) - \lg(T_2 + 273.13)} \quad (5\text{-}27)$$

通过图 5-50 及表 5-35 的线性回归方程可以看出，当玉米秸秆纤维掺量分别为 2%、4%、6%、8%及 10%时，线性拟合曲线的相关性系数 R^2 都大于 0.97，这说明玉米秸秆纤维沥青的黏度与温度具有较好的相关性。研究表明黏温指数绝对值越小，说明沥青的温度敏感性越小。通过计算结果可以看出，随着玉米秸秆纤维掺量增多，纤维沥青黏温指数绝对值逐渐减小，同时均小于基质沥青，这意味着玉米秸秆纤维具有改善沥青感温性能的能力。

表 5-35　玉米秸秆纤维沥青双对数黏温曲线回归分析

沥青种类	回归方程	VTS	相关系数 R^2
A90	$y_0 = -3.919x + 10.634$	−4.185	0.9921
C2	$y_2 = -3.826x + 10.406$	−3.713	0.9973
C4	$y_4 = -3.645x + 9.957$	−2.883	0.9965
C6	$y_6 = -3.331x + 9.157$	−2.658	0.9974
C8	$y_8 = -3.153x + 8.724$	−2.374	0.9742
C10	$y_{10} = -2.730x + 7.645$	−2.222	0.9800

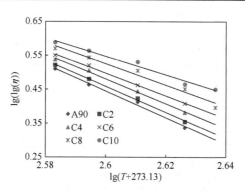

图 5-50　玉米秸秆纤维沥青的双对数黏温曲线

2. 高温性能分析

1）试验方法与方案

沥青的流变性能与沥青混合料的路用性能密切相关。由于纤维本身具有吸附和稳定沥青的作用，纤维掺入后会对沥青的流变性能产生影响。本节将以玉米秸秆纤维沥青作为主要研究对象、木质素纤维沥青及玄武岩纤维沥青作为对比样品进行沥青流变性质试验，进而分析玉米秸秆纤维对沥青高温流变性能的影响。

首先利用 Gemini II ADS 型动态剪切流变仪对三种不同纤维种类及不同掺量的纤维沥青进行高温性能测试。试验方法依据《公路工程沥青及沥青混合料试验规程》（JTG E20—2011）中 T 0628—2011 沥青流变性质试验（动态剪切流变仪法），试验中采用应变控制模式，试验温度选择 64℃、70℃及 76℃，旋转轴直径和间隙厚度分别选择 25mm 和 1mm。

之后对不同掺量的玉米秸秆纤维沥青进行频率扫描试验，研究玉米秸秆纤维对沥青黏弹性能的影响。试验采用应变控制模式，试验温度选择 40℃、50℃及 60℃，试验扫描频率范围为 0.1～60Hz，旋转轴直径为 25mm，沥青试样间隙为 1mm。

2）车辙因子分析

三种纤维沥青车辙因子试验结果如图 5-51 所示。

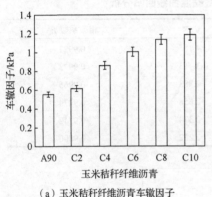

（a）玉米秸秆纤维沥青车辙因子

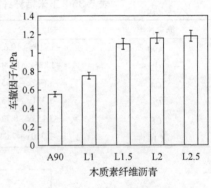

（b）木质素纤维沥青车辙因子

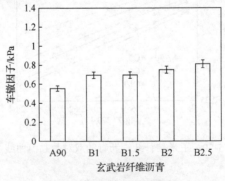

（c）玄武岩纤维沥青车辙因子

图 5-51　三种纤维沥青车辙因子试验结果

通过图 5-51（a）玉米秸秆纤维沥青车辙因子试验结果可以看出，随着玉米秸秆纤维掺量的增多，纤维沥青车辙因子数值逐渐增大，这说明玉米秸秆纤维具有提高沥青性能的作用。通过纤维沥青车辙因子试验数据可以发现，掺入 6%、8% 及 10%玉米秸秆纤维的沥青车辙因子在 70℃时数值均大于 1kPa，这意味着当玉米秸秆纤维掺量在 6%～10%范围内时，玉米秸秆纤维沥青的车辙因子满足 Superpave 规范对设计温度 70℃的要求。同时也可以看出，当玉米秸秆纤维掺量超过 6%时，随着纤维掺量的增多，纤维沥青车辙因子增长速度减缓，表明沥青中玉米秸秆纤维的掺量逐渐趋于饱和。然而当温度达到 76℃时，五种不同玉米秸秆纤维掺量的沥青车辙因子数值均小于 1kPa。

通过图 5-51（b）木质素纤维沥青车辙因子试验结果可以看出，随着木质素纤维掺量的增多，纤维沥青的车辙因子数值起初增长明显，这说明木质素纤维具有较好的改善沥青性能的效果。然而当木质素纤维掺量超过 1.5%时，车辙因子数值增长缓慢，表明沥青中木质素纤维掺量超过 1.5%时，纤维沥青中木质素纤维掺量趋于饱和，过多地掺入木质素纤维并不能起到良好的作用。通过试验数据可以看出，掺入 1.5%、2.0%及 2.5%木质素纤维沥青的车辙因子数值在 70℃时均大于 1kPa。

通过图 5-51（c）玄武岩纤维沥青车辙因子试验结果可以看出，随着玄武岩纤维掺量的增加，纤维沥青的车辙因子数值增长缓慢，这说明玄武岩纤维对沥青的提升效果不明显。同时通过试验数据也可以看出，掺入 1%、1.5%、2%及 2.5%玄武岩纤维的沥青车辙因子数值在 70℃时都小于 1kPa，未能满足 Superpave 规范对基质沥青的性能要求。

通过纤维沥青车辙因子试验结果可以看出，当温度为 70℃时，玉米秸秆纤维与木质素纤维相比，掺入 6%的玉米秸秆纤维沥青车辙因子（1.007）略小于掺入 1.5%的木质素纤维沥青车辙因子（1.097），然而掺入 8%的玉米秸秆纤维沥青车辙因子（1.137）要略大于掺入 1.5%的木质素纤维沥青车辙因子（1.097）。这说明在沥青中掺入 6%到 8%这个范围内的玉米秸秆纤维与掺入 1.5%木质素纤维的提升效果相当。同样在温度为 70℃时，玉米秸秆纤维与玄武岩纤维相比，同等掺入 2%的纤维时，玄武岩纤维沥青车辙因子（0.751）要大于玉米秸秆纤维沥青车辙因子（0.616），然而当玉米秸秆纤维掺量超过 4%时，玉米秸秆纤维沥青车辙因子（0.861）要大于掺入 2.0%玄武岩纤维沥青车辙因子（0.751）及 2.5%玄武岩纤维沥青车辙因子（0.811）。因此，通过调节玉米秸秆纤维在沥青中的掺量可以达到与木质素纤维及玄武岩纤维相近的改善效果，这也说明了玉米秸秆纤维可以有效增加沥青的黏度，进而提高了沥青的高温抗变形能力。

3）主曲线分析

对于黏弹性材料，在不同的作用频率下或者在不同的温度下是可以表现出同等的力学状态，这种力学行为的等效性可以通过温度移位因子来实现[195]。因此为了能够更好理解玉米秸秆纤维对沥青黏弹特性的影响，本节利用时温等效原理将在 40℃、50℃及 60℃测得的玉米秸秆纤维沥青模量及相位角进行等效平移，得到基准温度为 50℃不同荷载频率作用下的流变学主曲线，进而可以得到宽频率范围内的纤维沥青材料性质。本节采用 WLF 非线性拟合方程来确定温度移位因子，同时采用 CAM 模型对玉米秸秆纤维沥青的模量主曲线进行拟合。

相位角同样也可以评价沥青的黏弹特性[196,197]，能够反映玉米秸秆纤维沥青的性质，相位角拟合曲线方程如式（5-28）所示。

$$\delta = 90I - (90I - \delta_{\mathrm{m}}) \left\{ 1 + \left[\frac{\lg(f_{\mathrm{t}} / f')}{R_{\mathrm{d}}} \right]^2 \right\}^{-m_{\mathrm{d}}/2} \tag{5-28}$$

式中，δ 为相位角；δ_{m} 为相位角主曲线转折点处的相位角值；f_{t} 为位置频率；f' 为换算加载频率；I 为模型参数，当 $f' > f_{\mathrm{t}}$ 时，$I = 0$，当 $f' \leqslant f_{\mathrm{t}}$ 时，$I = 1$；m_{d} 和 R_{d} 为拟合主曲线的形状参数。

复数模量主曲线拟合参数和相位角主曲线拟合参数的数值分别见表 5-36 和表 5-37。通过图 5-52 及图 5-53 可以看出，玉米秸秆纤维掺入沥青之后，无论是哪种掺量的纤维沥青复数模量及相位角与基质沥青都有着一样的变化趋势，这说明玉米秸秆纤维并不会改变沥青原本的黏弹特性，但是玉米秸秆纤维可以改变沥青材料复数模量及相位角的数值。

表 5-36　复数模量主曲线拟合参数

沥青种类	C_1	C_2	G_{g}^*	f_{c}	m_{e}	k
A90	−12.102	185.204	6.601	1300.713	0.923	0.782
C2	−19.611	309.213	6.652	1352.698	0.919	1.213
C4	−22.098	355.206	6.729	1335.714	0.922	0.851
C6	−23.103	351.196	6.732	1310.696	0.918	0.901
C8	−25.099	357.202	6.883	1381.704	0.921	1.011
C10	−22.597	349.192	6.872	1312.701	0.912	0.712

注：C_1、C_2 为 WLF 非线性拟合方程拟合参数；G_{g}^* 为玻璃态的复数模量，当 $f \to \infty$ 时为复数模量 G^*；f_{c} 为加载频率的主曲线位置拟合参数；m_{e} 和 k 为拟合主曲线的形状参数。

表 5-37　相位角主曲线拟合参数

沥青种类	C_1	C_2	f_{t}	δ_{m}	R_{d}	m_{d}
A90	−7.596	104.198	2488.629	62.112	3.959	6.552
C2	−7.601	104.202	2488.596	62.202	3.961	6.528
C4	−7.602	104.201	2519.732	62.109	4.023	6.412
C6	−7.603	104.312	2539.729	62.217	4.134	6.635
C8	−7.712	91.196	2219.734	65.212	4.236	5.435
C10	−7.608	104.196	6318.633	54.110	3.881	5.152

注：C_1、C_2 为 WLF 非线性拟合方程拟合参数。

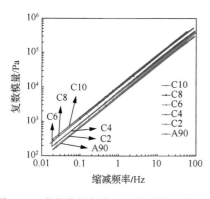

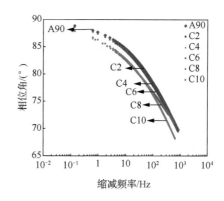

图 5-52　荷载作用频率对玉米秸秆纤维沥青　　　图 5-53　荷载作用频率对玉米秸秆纤维沥青
　　　　　　复数模量的影响　　　　　　　　　　　　　　相位角的影响

通过图 5-52 可以看出，随着玉米秸秆纤维掺量的增加，纤维沥青的复数模量值在增大，这表明玉米秸秆纤维能够提高沥青的模量。通过图 5-53 可知，随着玉米秸秆纤维掺入量的增加，纤维沥青的相位角在减小，这说明玉米秸秆纤维能够提高沥青的弹性性质，降低黏性性质。通过分析玉米秸秆纤维对沥青模量及相位角的影响，认为在沥青中掺加纤维后，一方面纤维可以通过吸附沥青提高沥青的黏度；另一方面纤维在沥青中能够起到部分加筋作用，当沥青受到外力时，沥青中分布的纤维能够吸收部分应力，使其整体纤维沥青承受荷载的能力有所增加。

通过图 5-52 可以看出，当施加荷载频率为 0.1Hz 时，基质沥青的复数模量数值为 652.5Pa，随着玉米秸秆纤维掺量的增多，纤维沥青的复数模量也在不断增大，数值分别为 706.7Pa（掺量 2%）、859.4Pa（掺量 4%）、874.6Pa（掺量 6%）、1177.1Pa（掺量 8%）、1323.8Pa（掺量 10%），分别为基质沥青的 1.08 倍、1.32 倍、1.34 倍、1.80 倍及 2.03 倍。而当施加荷载频率为 10Hz 时，基质沥青的复数模量数值为 $4.8×10^5$Pa，随着纤维掺量的增多，纤维沥青的复数模量数值分别为 $5.1×10^5$Pa（掺量 2%）、$6.1×10^5$Pa（掺量 4%）、$6.2×10^5$Pa（掺量 6%）、$8.4×10^5$Pa（掺量 8%）、$8.8×10^5$Pa（掺量 10%），分别为基质沥青的 1.06 倍、1.27 倍、1.29 倍、1.75 倍及 1.83 倍，这说明玉米秸秆纤维对沥青性能的提升作用在荷载频率较低时（对应高温状态）表现得更加明显。

4）纤维与沥青相容性分析

损耗模量与存储模量的双对数曲线是 Han 等[198]在 1983 年提出的，主要是以均相聚合物为目标。在 Han 曲线中，均相聚合物不存在温度依赖，但多相聚合物的 Han 曲线存在温度依赖性，通过 Han 曲线可以评价多组分聚合物的相容性[199]。

由图 5-54 玉米秸秆纤维沥青 Han 曲线可以看出，基质沥青 Han 曲线不存在温度依赖，且曲线叠合较好。而掺入玉米秸秆纤维后沥青的 Han 曲线叠合存在一定的误差，但差值不大，这说明玉米秸秆纤维与沥青相容性较好，且不受纤维的掺量变化的影响。

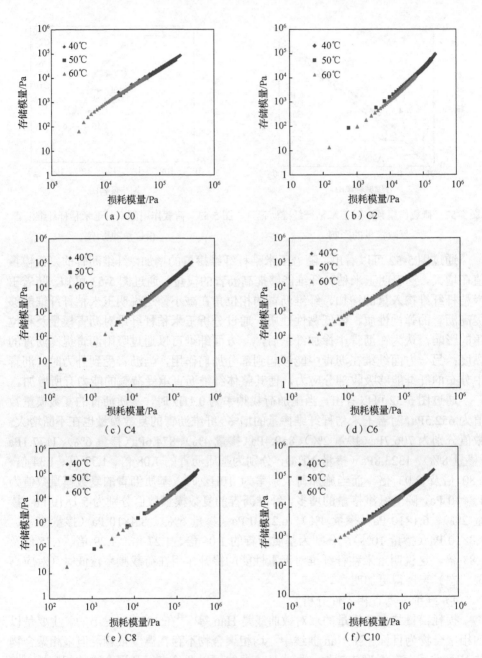

图 5-54　玉米秸秆纤维沥青 Han 曲线

C0 指不加玉米秸秆纤维的沥青

3. 低温性能分析

在季冻地区，由于冬季温度非常低，沥青材料会变脆变硬，进而降低应力松弛的能力。在此条件下，沥青路面在行车荷载及温度的综合作用下，沥青路面材料内部的拉应力会超过本身的极限抗拉强度，进而导致沥青路面的低温开裂病害。如果将玉米秸秆纤维应用到季冻地区，有必要对玉米秸秆纤维沥青的低温性能进行研究。本节将以玉米秸秆纤维沥青作为主要研究对象、木质素纤维沥青及玄武岩纤维沥青作为对比样品进行沥青弯曲蠕变劲度试验，进而对其低温流变性能进行对比分析研究。

试验利用美国凯能仪器公司生产的 TE-BBR 弯曲梁流变仪对三种不同纤维及不同掺量的纤维沥青进行低温性能测试。依据《公路工程沥青及沥青混合料试验规程》（JTG E20—2011）中 T0627—2011 试验方法，试验中接触荷载为(35±5)mN，试验荷载为(980±50)mN，采用应变控制模式，试验温度选择-12℃、-18℃及-24℃，试验结果如图 5-55 与图 5-56 所示。

通过图 5-55（a）玉米秸秆纤维沥青蠕变劲度的试验结果可以看出，在-12℃、-18℃及-24℃的温度下，沥青中玉米秸秆纤维掺量从 0 增长到 2%时，纤维沥青的蠕变劲度呈现了降低的趋势，这说明在沥青中掺入少量的玉米秸秆纤维增加了沥青的柔韧性，改善了其在低温下的松弛能力。然而，当玉米秸秆纤维的掺量从 2%增长到 6%时，纤维沥青的蠕变劲度数值逐渐增大，这意味着在沥青中掺入玉米秸秆纤维不利于沥青的低温抗裂性能。分析其原因是当少量的玉米秸秆纤维掺入到沥青中时，纤维在沥青中可以起到部分增韧的作用，然而随着玉米秸秆纤维掺量的增多，纤维在沥青中吸附和稳定的作用将更加突出。但是通过-18℃及-24℃纤维沥青蠕变劲度的走势又可以看出，当玉米秸秆纤维掺量超过 8%时，蠕变劲度又出现略微下降的趋势，分析其原因是当沥青处于低温状态下时，过多纤维的掺入已经起不到吸附沥青的作用，但可以起到部分加筋作用，因此会略微提高沥青的低温性能。

通过图 5-55（b）木质素纤维沥青蠕变劲度的试验结果可以看出，在-12℃、-18℃及-24℃的温度下，与基质沥青相比，掺入 1%后的木质素纤维沥青蠕变劲度均出现轻微的下降，这表明少量的木质素纤维对沥青的低温性能有着积极的作用。之后随着纤维掺量从 1%增长到 1.5%再到 2%时，木质素纤维沥青的蠕变劲度在不同温度下变化趋势不同：在-24℃时呈现先增长后平稳的状态；在-18℃时呈现先下降后平稳的趋势；在-12℃时是先平稳后升高的状态。这些不规律的变化可能是由于过多的木质素纤维在沥青中分散不均匀。

通过图 5-55（c）玄武岩纤维沥青蠕变劲度的试验结果可以看出，在-12℃、-18℃及-24℃的温度下，当掺入 1%的玄武岩纤维后沥青的蠕变劲度都显现出下降的情形，这也证明玄武岩纤维由于自身表面光滑，吸附沥青的能力较弱，更多展现了玄武岩纤维在沥青中加筋的作用，增强了沥青的韧性。然而随着玄武岩纤维掺量的增多，可以见到当掺量从1%增长到1.5%再到2%时，纤维沥青的蠕变劲度逐渐增大。分析其原因是当过多的玄武岩掺入沥青中后，由于玄武岩纤维长度较长从而出现了纤维成团现象，加筋的作用并没有体现出来，反而使得沥青在低温条件下变硬变脆。因此，在沥青中掺加过多的玄武岩纤维对其低温抗裂性能起到消极的作用。

　　通过图5-55（d）在-12℃时纤维沥青蠕变劲度试验数据对比情况可以看出，当三种纤维掺量都为2%时，三种纤维沥青蠕变劲度均满足Superpave规范要求，纤维沥青蠕变劲度按从小到大排序：玉米秸秆纤维沥青（41.2）<木质素纤维沥青（74.8）<玄武岩纤维沥青（98.3）<基质沥青（128）。这表明在2%这个同等掺量下，玉米秸秆纤维对沥青低温性能的改善效果最佳。通过蠕变劲度数值可以看出，过多地在沥青中掺加纤维会影响其低温性能。

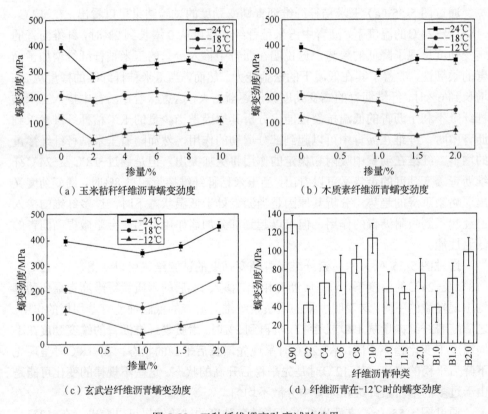

（a）玉米秸秆纤维沥青蠕变劲度　　　　　（b）木质素纤维沥青蠕变劲度

（c）玄武岩纤维沥青蠕变劲度　　　　　（d）纤维沥青在-12℃时的蠕变劲度

图5-55　三种纤维蠕变劲度试验结果

通过图 5-56（a）玉米秸秆纤维沥青 m 值试验数据可以看出，在-12℃和-18℃时，纤维沥青的 m 值先是降低之后处于波动状态，整体来看当玉米秸秆纤维掺量超过 2%时，掺量对 m 值的影响不大。木质素纤维沥青与之相比，图 5-56（b）试验结果也出现了同样的情形，随着纤维掺量的增多，-12℃和-18℃时木质素纤维沥青的 m 值也是先降低后处于波动趋势。通过图 5-56（c）玄武岩纤维沥青 m 值的试验结果可以了解到，在-12℃、-18℃及-24℃的温度下，随着纤维掺量的增多，m 值逐渐减小，这说明过多地在沥青中掺入玄武岩纤维不利于其低温性能。

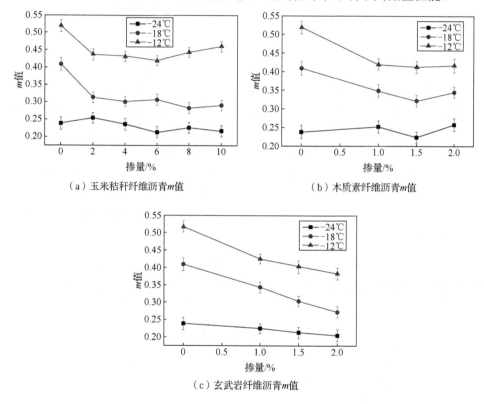

（a）玉米秸秆纤维沥青 m 值　　　　（b）木质素纤维沥青 m 值

（c）玄武岩纤维沥青 m 值

图 5-56　三种纤维 m 值试验结果

5.4　玉米秸秆纤维对 SMA 路用性能的调控技术研究

纤维作为一种外掺剂，掺入沥青混合料中可以提高其路用性能。目前应用在沥青路面中的纤维种类有很多，例如木质素纤维、玄武岩纤维等。但每种纤维由于其自身物理性质及特点，对沥青混合料路用性能的改善作用机理不尽相同。玉米秸秆纤维作为一种以吸附沥青作用为主的外掺剂，如果掺入沥青混合料中，是否能够提高沥青混合料的路用性能有待研究。本节将根据玉米秸秆纤维和玄武岩纤维的理化与力学属性，开展 SMA 路用性能调控与提升技术研究。基于纤维沥青试验结果，选择不同的玉米秸秆纤维掺量，揭示玉米秸秆纤维对 SMA 路用性能的提升规律和作用机理，进而设计吸附（玉米秸秆纤维）+增强（玄武岩纤维）型混合纤维，开展混合纤维 SMA 路用性能验证，明确混合纤维对 SMA 路用性能的调控原理，最后通过 SMA 路用性能与经济性对比分析，推荐用于调控和提升 SMA 路用性能的玉米秸秆纤维与混合纤维合理掺量。

5.4.1 调控技术方案

1. 吸附型玉米秸秆纤维 SMA 设计方案

玉米秸秆纤维作为一种新型的沥青路用纤维材料，鲜有应用在沥青混合料中的经验。但作为以吸附沥青作用为主的路用纤维，本小节将参考 5.3 节纤维沥青试验结果，在沥青中掺加大约 3 倍玉米秸秆纤维后的高温性能与掺加 1 倍木质素纤维沥青的高温性能相同。因此，本节选择 0.2%、0.4%、0.6%、0.8%及 1%五种玉米秸秆纤维掺量（纤维质量占沥青混合料总体质量的比例）作为研究对象，与掺入 0.2%、0.3%木质素纤维及掺入 0.2%、0.3%玄武岩纤维的 SMA-13 性能进行对比研究，进而明确玉米秸秆纤维对 SMA 路用性能的改善效果及作用机理，同时推荐适用于 SMA-13 的掺量。不同纤维种类及不同掺配比例的 SMA-13 命名规则如表 5-38 所示。

表 5-38 SMA-13 的命名规则

纤维掺量及类型	SMA-13 名称
0.2%玉米秸秆纤维	C0.2
0.4%玉米秸秆纤维	C0.4
0.6%玉米秸秆纤维	C0.6
0.8%玉米秸秆纤维	C0.8
1%玉米秸秆纤维	C1
0.2%木质素纤维	L0.2
0.3%木质素纤维	L0.3
0.2%玄武岩纤维	B0.2
0.3%玄武岩纤维	B0.3

2. 吸附+增强型混合纤维 SMA 设计方案

根据纤维自身的物理性能及其对沥青混合料性能的影响，总结出纤维的作用机理主要分为两大类[200]：一类是在沥青混合料中起到吸附稳定沥青的作用。当纤维掺入混合料中，纤维能够吸附沥青，形成黏结力更强的结构沥青及更为牢固的纤维骨架网络结构，这将提高沥青混合料的高温稳定性。另一类则是在沥青混合料中起到增强加筋的作用，这种作用机理需要纤维有着较高的抗拉强度及模量，这样能够增强混合料的劲度及抗拉强度。同时当混合料受到外力作用时，在混合料中均匀分散的纤维能够承担一定的应力作用，减缓混合料内部微裂纹的产生，这会提高沥青混合料的低温抗裂性能。

玉米秸秆纤维由于表面粗糙且具有孔隙结构，结合 5.3 节纤维沥青的试验结论，说明玉米秸秆纤维具备较好的吸附沥青能力，同时由于其本身长度较短，具有较好的分散均匀性。相比玉米秸秆纤维，玄武岩纤维由于表面较为光滑且不具有孔隙结构，结合纤维沥青的试验结论，表明玄武岩纤维吸附沥青的能力要弱于具有孔隙结构的玉米秸秆纤维。但从物理性质角度来看，玉米秸秆纤维的抗拉强度与玄武岩纤维相比要小很多，玉米秸秆纤维在沥青混合料中的加筋作用、阻止裂缝的能力是要弱于玄武岩纤维的[201]，这将是玉米秸秆纤维应用在沥青路面上的劣势。由此来看，玉米秸秆纤维在混合料中的作用机理主要是以吸附沥青为主，而玄武岩纤维的作用机理则是以增强作用为主，如果将两种纤维同时掺入 SMA 中，在高温时能够发挥玉米秸秆纤维吸附稳定沥青的作用，在低温时发挥玄武岩纤维增强加筋的作用，两种纤维起到优势互补，能否形成一种高性能的混合纤维 SMA，有待研究者做进一步的研究。

因此，本研究将玉米秸秆纤维和玄武岩纤维同时掺入 SMA-13 中，并对其进行室内试验研究，评价混合纤维对改性 SMA 路用性能的改善效果，进而推荐出适用于 SMA-13 的混合纤维掺配比例。根据前期探索性试验，本节将选择五种掺配比例的混合纤维作为研究对象，分别为掺入 0.2%玉米秸秆纤维和 0.2%玄武岩纤维、0.2%玉米秸秆纤维和 0.3%玄武岩纤维、0.4%玉米秸秆纤维和 0.2%玄武岩纤维、0.6%玉米秸秆纤维和 0.1%玄武岩纤维、0.6%玉米秸秆纤维和 0.2%玄武岩纤维。为了方便叙述，不同混合纤维掺配比例 SMA-13 的命名规则如表 5-39 所示。

表 5-39　玉米秸秆纤维/玄武岩纤维 SMA-13 的命名规则

纤维掺量及类型	SMA-13 名称
0.2%玉米秸秆纤维，0.2%玄武岩纤维	C0.2,B0.2
0.2%玉米秸秆纤维，0.3%玄武岩纤维	C0.2,B0.3
0.4%玉米秸秆纤维，0.2%玄武岩纤维	C0.4,B0.2
0.6%玉米秸秆纤维，0.1%玄武岩纤维	C0.6,B0.1
0.6%玉米秸秆纤维，0.2%玄武岩纤维	C0.6,B0.2

5.4.2　吸附型玉米秸秆纤维 SMA 路用性能研究

1. 配合比设计

1）试验材料

（1）沥青。

本节中 SMA 试验用的沥青材料为 SBS(I-C)改性沥青。该改性沥青产自辽河石化有限公司，各项性能指标见表 5-40。根据《公路沥青路面施工技术规范》（JTG F40—2004）的相关规定，该 SBS 改性沥青的性能指标符合技术要求。

表 5-40　SBS 改性沥青的物理性能指标

	性能指标单位	数值	技术标准
老化前	密度（15℃）/(g/cm³)	1.015	—
	针入度（25℃）/0.1 mm	62.8	60～80
	针入度指数（PI）	−0.2	≥−0.4
	延度（5℃）/cm	54	≥30
	软化点/℃	72.4	≥55
	闪点/℃	246	≥230
	溶解度/%	99.5	≥99
	动态黏度（135℃）/(Pa·s)	2.4	≤3
RTFOT 后	质量损失比例/%	0.3	≤1
	残留针入度比（25℃）/%	71	≥60
	延度（5℃）/cm	29	≥20

（2）集料和填料。

本节中沥青混合料用的粗集料、细集料及矿粉均来自吉林省四平市，各项性能指标见表 5-41。根据《公路沥青路面施工技术规范》（JTG F40—2004）的相关规定，粗集料、细集料及矿粉的性能指标符合技术要求。

表 5-41　集料和矿粉的物理性能指标

集料粒径/mm	含水量/%	表观相对密度	含泥量/%	砂当量	塑性指数	亲水系数
9.5～13.2	0.38	2.721	0.6	—	—	—
4.75～9.5	0.35	2.724	0.4	—	—	—
4.75～2.36	0.32	2.702	1.1	—	—	—
2.36～0.075	1.72	2.607	2.1	86	—	—
矿粉（<0.075）	0.5	2.655	—	—	3.4	0.67

（3）纤维。

本节试验中沥青混合料所用的纤维有玉米秸秆纤维、木质素纤维及玄武岩纤维，其性能指标如前。

2）SMA-13 矿料级配设计

本研究中沥青混合料矿料级配选择骨架-密实型 SMA-13 结构。一般情况下，当 SMA 的公称最大粒径等于或者大于 13.2mm 时，其粗细集料骨架的分界筛孔为 4.75mm。

本节将参考《公路沥青路面施工技术规范》（JTG F40—2004）中沥青玛蹄脂碎石混合料 SMA-13 矿料级配范围，同时结合以往的工程经验及研究成果，将 4.75mm 和 0.075mm 的通过率作为主要控制指标，将 4.75mm 的通过率调试到 28% 附近，0.075mm 的通过率调试到 10% 左右，以此作为设计矿料级配的依据，混合料级配设计如图 5-57 所示。

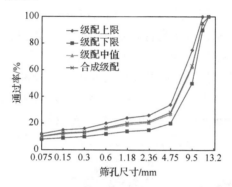

图 5-57　SMA-13 级配曲线

在矿料级配设计中，SMA-13 试件必须要满足粗集料骨架间隙率 VCA_{mix} 小于粗集料骨架松装间隙率 VCA_{DRC} 的条件，以及矿料间隙率 VMA 大于 16.5% 的要求。这里选择掺入 0.2% 木质素纤维的 SMA-13，并将其制作成马歇尔试件测试物理力学指标，进而验证矿料级配设计的合理性，根据以往的工程经验，油石比选为 5.8%，体积指标如表 5-42 所示。

表 5-42　设计级配混合料的体积指标

体积指标	毛体积相对密度	最大理论相对密度	空隙率/%	矿料间隙率/%	沥青饱和度 VFA/%	粗集料骨架的松装间隙率 VCA_{DRC}/%	粗集料骨架间隙率 VCA_{mix}/%
设计级配	2.403	2.497	3.79	17.44	78.26	37.24	37.12
设计标准	—	—	3~4	≥17	75~85	—	≤VCA_{DRC}

由体积指标可以看出，设计的矿料级配均满足技术要求，因此可以使用该级配进行 SMA-13 的性能试验。

3）室内拌和工艺

拌和过程中的拌和时间及材料投放顺序将直接影响混合料的性能。拌和时间越长，纤维在沥青混合料中分散得越均匀，但时间过长也会造成能源浪费。纤维在混合料中分散均匀性好将更易于形成空间网状结构，形成黏度更好、更稳定的沥青玛蹄脂结构，进而提高混合料的路用性能。若纤维分散不均匀则容易结团，会导致沥青混合料中形成的沥青玛蹄脂不稳定，这样不但不会提高沥青混合料的性能，反而还会带来负面效果。因此，为了提高混合料拌和的均匀性，可以适当增加拌和时间，同时也可以先将玉米秸秆纤维与石料放在一起进行拌和，目的在于利用石料之间的剪切力将玉米秸秆纤维分散均匀，之后再放入沥青以及矿粉进行拌和。

依据《公路沥青路面施工技术规范》（JTG F40—2004）对聚合物 SBS 改性沥青混合料施工温度的要求，本研究将 SBS 改性沥青的加热温度设置为 160℃，集料的加热温度设置为 190℃，SMA 出厂温度设定在 175℃。

综上所述，本节将利用沥青拌和系统 20-0160 仪器进行混合料拌和，该仪器产自德国 Infratest 公司，见图 5-58。拌和步骤如下，首先将沥青拌和系统加热至175℃，转速设定为 50r/min。之后将玉米秸秆纤维及集料放入系统锅中拌和 140s，接下来放入沥青拌和 140s，最后放入矿粉再拌和 140s，拌和过程如图 5-59 所示。

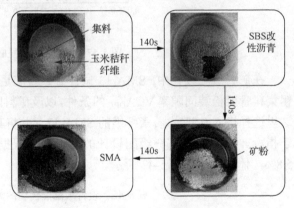

图 5-58　沥青拌和系统 20-0160　　　　　　　图 5-59　SMA 拌和过程

4）最佳沥青用量的确定

本研究选择马歇尔试验方法，通过对 SMA-13 马歇尔试件进行体积及物理力学指标的测试，分析数据得到 SMA-13 在不同玉米秸秆纤维掺量下的最佳油石比。

本研究将根据《公路工程沥青及沥青混合料试验规程》（JTG E20—2011）的方法，双面击打 50 次制作出标准的马歇尔试件。根据马歇尔试件的测试结果，参考《公路沥青路面施工技术规范》（JTG F40—2004）对沥青混合料最佳沥青用量确定的方法，以油石比为横坐标，将毛体积密度、空隙率、稳定度、流值、沥青饱和度及矿料间隙率分别作为纵坐标绘制曲线。通过毛体积密度、稳定度及空隙率确定沥青用量初始值（OAC$_1$），同时利用满足各项技术指标的沥青用量范围来确定沥青最佳用量初始值（OAC$_2$），最后取二者中间值作为最佳沥青用量（OAC），九种 SMA-13 的最佳沥青用量见表 5-43。

表 5-43　SMA-13 最佳沥青用量

SMA-13 类型	油石比	毛体积密度 /(g/cm^3)	空隙率/%	稳定度 /kN	矿料间隙率 VMA/%	沥青饱和度 VFA/%	流值/mm
C0.2	5.3	2.373	3.5	8.87	17.8	80.6	3.5
C0.4	5.4	2.371	3.8	9.56	17.9	78.7	2.8
C0.6	5.6	2.373	3.6	10.73	18.5	80.1	3.7
C0.8	5.9	2.382	3.8	10.49	17.9	78.6	3.4
C1	6.1	2.392	3.7	9.71	17.8	79.1	2.6
L0.2	5.8	2.379	3.1	10.15	18.0	82.6	3.8
L0.3	6.1	2.383	3.4	10.64	18.1	79.6	4.3
B0.2	5.4	2.367	3.7	9.62	18.1	79.7	3.0
B0.3	5.5	2.374	3.3	10.28	17.9	81.6	3.9
技术标准	—	—	3～4	≥6	≥17	75～85	2～5

5）配合比设计检验

SMA-13 的配合比设计除了物理力学性能指标满足规范条件外，还需要通过沥青混合料谢伦堡沥青析漏试验及肯塔堡飞散试验来检测其合理性。

（1）沥青混合料谢伦堡沥青析漏试验。

该方法用来测试在高温条件下，沥青结合料从混合料中析出的多余自有沥青含量。本研究依据《公路工程沥青及沥青混合料试验规程》（JTG E20—2011）中 T 0732—2011 的试验方法，分别拌和 1kg 玉米秸秆纤维掺量为 0.2%、0.4%、0.6%、0.8%、1%，木质素纤维掺量为 0.2%、0.3% 及玄武岩纤维掺量为 0.2%、0.3%的 SMA-13，之后倒入 800mL 烧杯中加上玻璃盖，放入 185℃的烘箱中 1 个小时，最后取出烧杯将混合料向下扣到玻璃板上，计算黏附在烧杯上的物质质量占混合料总质量的比例，计算公式如（5-29）所示。

$$m_x = \frac{m_1 - m_2}{m_3 - m_2} \quad (5-29)$$

式中，m_x 表示混合料中沥青的析漏损失（%）；m_1 表示烧杯及烧杯上黏附物质的质量（g）；m_2 表示烧杯的质量（g）；m_3 表示烧杯及混合料的质量（g）。

通过表 5-44 析漏试验结果可以看出，所有混合料的析漏损失均满足《公路沥青路面施工技术规范》（JTG F40—2004）中不大于 0.1%的技术要求。

表 5-44　SMA-13 的析漏试验结果

	C0.2	C0.4	C0.6	C0.8	C1	L0.2	L0.3	B0.2	B0.3	技术标准
析漏损失/%	0.08	0.06	0.05	0.07	0.07	0.06	0.05	0.08	0.07	≤0.1

（2）沥青混合料肯塔堡飞散试验。

该方法是用来评价在交通荷载作用下，混合料中集料脱落的程度。本研究依据《公路工程沥青及沥青混合料试验规程》（JTG E20—2011）中 T 0733—2011 的试验方法，拌和、击实、成型 SMA 马歇尔试件，之后放入 20℃的恒温水浴中养生 20 个小时，接下来擦去试件表面水分，放入洛杉矶试验机中，不加钢球以 32r/min 的速度旋转 300r，最后称取试件的残留质量，计算公式如（5-30）所示。

$$m_s = \frac{m_1 - m_2}{m_1} \tag{5-30}$$

式中，m_s 表示沥青混合料的飞散损失（%）；m_1 表示混合料试件的质量（g）；m_2 表示混合料试验后的残留质量（g）。

通过表 5-45 飞散试验结果可以看出，所有混合料的飞散损失均满足《公路沥青路面施工技术规范》（JTG F40—2004）不大于 15%的技术要求。

表 5-45　SMA-13 的飞散试验结果

	C0.2	C0.4	C0.6	C0.8	C1	L0.2	L0.3	B0.2	B0.3	技术标准
飞散损失/%	7.12	6.25	4.78	5.63	5.98	6.01	5.12	5.56	5.48	≤15

由以上试验结果可知，九种 SMA-13 的配合比设计符合技术标准要求。

2. 高温性能研究

沥青路面在高温条件下，受到车辆荷载长期反复作用会出现一系列路面病害，例如车辙、拥包及推移等。玉米秸秆纤维作为一种新的外掺材料，为了能够保证沥青路面的服务年限，有必要对玉米秸秆纤维沥青混合料的高温稳定性进行试验研究。因此，本研究采用《公路工程沥青及沥青混合料试验规程》（JTG E20—2011）中 T 0719—2011 车辙试验方法，对玉米秸秆纤维掺量为 0.2%、0.4%、0.6%、0.8%、1%，木质素纤维掺量为 0.2%、0.3%及玄武岩纤维掺量为 0.2%、0.3%的九种 SMA-13 进行动稳定度测试，试验结果见表 5-46。

表 5-46　SMA-13 的车辙试验结果

	C0.2	C0.4	C0.6	C0.8	C1	L0.2	L0.3	B0.2	B0.3	技术标准
动稳定度/ (次/mm)	4158 ±345	4704 ±369	5051 ±413	4952 ±278	4396 ±206	4752 ±304	5038 ±376	4576 ±288	4746 ±318	≥3000

通过表 5-46 SMA-13 车辙试验结果可以看出，无论是玉米秸秆纤维还是木质素纤维或者是玄武岩纤维掺入混合料中，SMA-13 的动稳定度都得到了提升且都大于 3000，均满足《公路沥青路面施工技术规范》（JTG F40—2004）对改性 SMA 的技术要求，这是因为纤维在混合料中起到了吸附及稳定沥青的作用。当纤维掺量都为 0.2%时，三种纤维对混合料高温性能的增强效果由好到差排序为：木质素纤维>玄武岩纤维>玉米秸秆纤维。然而当玉米秸秆纤维掺量为 0.6%时，SMA-13 的高温性能要优于 0.2%木质素纤维和 0.2%玄武岩纤维混合料，这说明通过增加玉米秸秆纤维掺量可以达到木质素纤维、玄武岩纤维对 SMA-13 高温性能的改善效果。通过表 5-46 也可看出，当混合料中木质素纤维掺量为 0.2%时，其动稳定度数值与掺量 0.4%玉米秸秆纤维的混合料相差不大，0.3%掺量的木质素纤维对混合料高温性能的改善效果与 0.6%玉米秸秆纤维的相当。这意味着当玉米秸秆纤维掺量大约为木质素纤维掺量的两倍时，二者对 SMA-13 高温性能提升效果相同。

从玉米秸秆纤维掺量变化角度来看，SMA-13 动稳定度随着纤维掺量的增多呈现先增大后减小的趋势，这说明玉米秸秆纤维的应用存在合理掺量。当适量的玉米秸秆纤维掺加到混合料中时，纤维起到吸附自由沥青的作用，在纤维表面形成较为稳固的结构沥青，这会提高沥青的黏度，有效减少沥青在高温时的流动性，进而降低混合料中集料之间的滑移作用。同时玉米秸秆纤维在混合料中无定向杂乱分布，这会在混合料的局部空间形成纤维骨架网络结构。当沥青混合料受到集中荷载作用时，纤维骨架网络结构将会起到较好分散应力的作用，以扩大应力作用范围来降低局部承受的剪切应力，进而使得其承载能力得到提升，提高沥青混合料的高温稳定性。然而当玉米秸秆纤维掺量超过 0.6%时，原本在混合料中分散均匀性较好的平衡被打破，导致纤维出现局部结团现象，形成的纤维骨架网络结构不够稳定，进而会降低混合料本身的性能。目前通过高温性能试验结果来看，当玉米秸秆纤维掺量为 0.6%时，纤维分散均匀性处于理想状态，对 SMA-13 高温性能提升效果最为显著。

3. 低温性能研究

沥青路面开裂属于沥青路面被破坏的主要表现形式之一，同时沥青路面的开裂会进一步加剧路面水损害。目前沥青路面裂缝可分为反射裂缝及温度裂缝。反射裂缝的形成是基层开裂后，面层受到集中应力进而导致开裂。而温度裂缝的形成则是温度变化导致：一种是沥青路面长时间受到温度的冷热交替变化，本身应力松弛性能降低，当温度应力超过材料本身的抗拉强度时则产生了开裂；另一种则是因为温度骤降，沥青路面材料的抗拉强度不足以抵抗内部产生的温度应力时，也会发生开裂。如果将玉米秸秆纤维应用到沥青路面中，需要满足规范对混合料低温性能的要求。

因此，本研究采用《公路工程沥青及沥青混合料试验规程》（JTG E20—2011）中弯曲试验对玉米秸秆纤维掺量为 0.2%、0.4%、0.6%、0.8%、1%，木质素纤维掺量为 0.2%、0.3%及玄武岩纤维掺量为 0.2%、0.3%的九种 SMA-13 进行低温破坏应变测试，试验结果见表 5-47。试验结果表明，掺入纤维的九种 SMA-13 低温破坏应变数值均在 2800 以上，均满足《公路沥青路面施工技术规范》（JTG F40—2004）中除冬严寒区以外对改性沥青 SMA 的技术要求。在相同 0.2%掺量下，玄武岩纤维对 SMA-13 低温性能提高幅度最大，之后是木质素纤维及玉米秸秆纤维。这是因为玄武岩纤维在三种纤维中的力学强度最优，且直径最长，所以在掺加适量的玄武岩纤维时，能够提高 SMA-13 混合料的抗拉强度。而经过分析木质素纤维好于玉米秸秆纤维的原因是密度更小，二者在掺量相同的情况下，木质素纤维在单位体积混合料中含量更高，所形成的纤维骨架网络结构更加稳定，因此破坏应变提升幅度要好于玉米秸秆纤维。然而当玉米秸秆纤维掺量达到 0.6%时，可以看到 SMA-13 的低温破坏应变要高于 0.2%和 0.3%的木质素纤维混合料，这说明此种掺量的玉米秸秆纤维在单位体积混合料中分布更为均匀，使得混合料的纤维骨架网络结构更加稳定。总体来看，五种玉米秸秆纤维掺量下的 SMA-13 低温性能均不如掺入玄武岩纤维的混合料，这说明在合理的掺量下，玉米秸秆纤维无法达到玄武岩纤维对混合料低温性能的改善效果。

表 5-47　SMA-13 的低温弯曲试验结果

	C0.2	C0.4	C0.6	C0.8	C1	L0.2	L0.3	B0.2	B0.3	技术标准
破坏应变/με	3096 ±364	3367 ±266	3584 ±301	3278 ±187	3149 ±268	3408 ±341	3214 ±175	3621 ±129	3738 ±224	≥2800

从表 5-47 可以看出，随着玉米秸秆纤维在沥青混合料中掺量的增多，其破坏应变的变化趋势为先增大后减小。这表明当少量的纤维掺入沥青混合料中时，纤维会在混合料中形成纤维骨架网络结构，在低温情况下沥青混合料受到外力作用出现微裂缝时，分布在微裂缝处的纤维会起到一定的加筋作用，进而减缓沥青混合料中微裂缝的发展。同时随着纤维掺量的增多，混合料中纤维骨架网络结构的范围会增大，提高低温时的韧性，因此玉米秸秆纤维会提高混合料的低温抗裂能力。然而随着纤维掺量的继续增大，沥青混合料的低温抗开裂性能开始降低，这是因为纤维吸附沥青后会导致沥青的黏度增大，这会降低沥青混合料在低温条件下的韧性。同时过多的纤维也会出现结团现象，增加混合料的先天损伤[202]。因此，当玉米秸秆纤维掺量为 0.6%时，纤维在混合料中的增强加筋作用处于最佳状态，对 SMA-13 混合料的低温抗裂性能改善效果明显。

4. 水稳定性研究

沥青混合料水稳定性的好坏可以反映出沥青路面抵抗水损害的能力。水损害产生的原因是沥青路面在有水及冻融循环的情况下，经过车辆荷载的作用使得混合料空隙中产生了动水压力及真空负压抽吸现象。在不断重复作用下，沥青混合料内部裂缝将会进一步扩大，同时沥青与集料的界面在水分的冲击下，二者之间的黏结能力在持续下降，之后集料表面上的沥青膜会发生脱落，进而导致沥青混合料整体强度降低出现松散等现象，最后沥青路面出现坑槽及网裂等病害[203]。

本研究采用《公路工程沥青及沥青混合料试验规程》（JTG E20—2011）中 T 0729—2000 的冻融劈裂试验对玉米秸秆纤维掺量为 0.2%、0.4%、0.6%、0.8%、1%，木质素纤维掺量为 0.2%、0.3%及玄武岩纤维掺量为 0.2%、0.3%的九种 SMA-13 混合料的水稳定性进行评价，试验结果如表 5-48 所示。

表 5-48　SMA-13 冻融劈裂试验结果

	C0.2	C0.4	C0.6	C0.8	C1	L0.2	L0.3	B0.2	B0.3	技术标准
残留强度比 /%	82.4 ±1.7	83.7 ±2.1	85.0 ±1.1	86.4 ±2.2	85.7 ±2.6	84.6 ±1.5	85.3 ±1.8	87.2 ±1.3	87.9 ±1.9	≥80

通过 SMA-13 冻融劈裂试验结果可以了解到，掺入玉米秸秆纤维后的 SMA-13 残留强度比数值均在 80 以上，均满足《公路沥青路面施工技术规范》（JTG F40—2004）中对改性沥青 SMA 的技术要求。在同等掺量的情况下，玄武岩纤维改善混合料水稳定性效果最为明显。这是因为三种纤维相比，玄武岩纤维的含水量最小且亲水性较差，这就使得掺入混合料后抵抗水侵蚀能力得到增强。木质素纤维掺入混合料后虽然能够提高沥青与集料的黏结力，但本身易吸收水分，进而会导致沥青膜脱落，从而影响混合料的抗水损害能力[204]。而少量的玉米秸秆纤维掺入混合料后没有形成稳定的纤维骨架网络结构，也因为自身的含水量导致沥青与集料之间的界面强度较弱，因此在三种纤维都掺入 0.2%的情况下，玉米秸秆纤维对 SMA-13 的水稳定性提升最少。

通过表 5-48 可以看出，随着玉米秸秆纤维掺量从 0.2%增大到 1%，SMA-13 的残留强度比出现先增大后减小的趋势。这说明当少量的玉米秸秆纤维掺入后，混合料相对应的沥青用量也会增大，纤维吸附沥青后形成了纤维骨架网络结构，进而提高了混合料的饱和度以及密实性。另一方面玉米秸秆纤维吸附自由沥青后，提高了沥青的黏度，而结构沥青比例的增多也使得集料表面有效沥青膜厚度增加，从而使得沥青与集料之间的界面强度增大。因此，当适量的玉米秸秆纤维掺入 SMA-13 中时具有较好的水稳定性。通过试验结果也可以看出，当玉米秸秆纤维掺量为 0.6%时，混合料水稳定性最佳。然而随着纤维掺量的继续增多，混合料的水稳定性出现了下滑，一方面是过多的纤维在混合料中分散均匀性较差，导致混合料难以压实，空隙率增大；另一方面则是过多的纤维掺入到混合料中会导致部分纤维贴合在集料上，且随着纤维掺量的增多，贴合在集料表面上的纤维比例逐渐增大，从而使得沥青与集料之间界面的黏结面积变小，最终造成 SMA-13 混合料抗水损害能力下降。

5. 疲劳性能研究

本研究根据《公路工程沥青及沥青混合料试验规程》(JTG E20—2011)中四点弯曲疲劳试验来评价掺量为 0.2%、0.4%、0.6%、0.8%、1%玉米秸秆纤维，0.2%、0.3%木质素纤维及 0.2%、0.3%玄武岩纤维的九种 SMA-13 混合料疲劳性能。首先拌和沥青混合料，之后轮碾成型尺寸为 400mm×300mm×50mm 的沥青混合料板块试件，切割成长宽高分别为(380±5)mm、(63.5±5)mm、(50±5)mm 的梁式试件。

本试验选择应变控制的连续偏正弦波加载模式，选用了 400με 应变控制水平，加载频率为(10±0.1)Hz，试验温度为(15±0.5)℃。在试验之前需要将小梁试件放入(15±0.5)℃的环境箱中养护不少于 4 个小时。使用澳大利亚生产的 UTM-100 进行疲劳试验，试验示意图如图 5-60 所示。开始试验后先对试件预加载 50 个循环，将测得的蠕变劲度作为初始蠕变劲度，并将混合料试件蠕变劲度下降至初始蠕变劲度 50%作为试验终止条件。

图 5-60　SMA-13 混合料四点弯曲疲劳试验

SMA-13 的疲劳试验结果如表 5-49 所示。通过疲劳寿命评价指标可看出，同为 0.2%掺量的三种纤维，玄武岩纤维对 SMA 混合料疲劳性能提升效果最佳，之后是木质素纤维，最后是玉米秸秆纤维。总体来看，五种掺量的玉米秸秆纤维混合料和两种掺量的木质素纤维混合料的疲劳寿命均小于玄武岩纤维混合料的疲劳寿命，这是因为玄武岩纤维与另外两种纤维相比弹性模量和抗拉强度更高，可以抵抗更大的集中应力，抑制混合料疲劳裂纹的能力更佳。当玉米秸秆纤维掺量为

0.6%、0.8%时,其混合料的疲劳寿命评价指标数值高于掺量为 0.2%、0.3%的木质素纤维的混合料,这说明在混合料掺入多量的玉米秸秆纤维可以达到木质素纤维对混合料疲劳性能的改善效果。

表 5-49　SMA-13 的疲劳试验结果

	SMA-13 类型								
	C0.2	C0.4	C0.6	C0.8	C1	L0.2	L0.3	B0.2	B0.3
疲劳寿命/ (10^4 次)	54.28 ±5.2	57.78 ±3.3	62.91 ±4.7	63.09 ±3.5	60.59 ±2.4	60.67 ±4.6	62.04 ±2.2	65.31 ±3.8	69.46 ±3.1

从表 5-49 也可以看到,随着玉米秸秆纤维掺量由 0.2%增长到 0.8%,SMA-13 混合料的疲劳性能具有一定的提升。这是因为混合料中掺入纤维提高了沥青胶浆的弹性成分比例,同时纤维分散在混合料中组成了纤维骨架网络结构,在一定程度上会缓解疲劳裂缝的发展,会将混合料中的集中应力分散掉,进而提高混合料的韧性。然而随着玉米秸秆纤维掺量的继续增多,混合料的疲劳寿命次数则出现了下降,这可能的原因是过多的纤维掺入混合料中已经起不到提高沥青胶浆弹性成分的作用,同时过多的纤维可能带来沥青与集料之间黏结能力下降,导致混合料疲劳性能下降。因此,当玉米秸秆纤维掺量在 0.6%与 0.8%之间时,组成的纤维骨架网络结构更为稳固,对 SMA-13 疲劳性能改善效果更为明显。

6. 动态模量试验研究

本研究根据《公路工程沥青及沥青混合料试验规程》(JTG E20—2011)中单轴压缩动态模量试验来评价玉米秸秆纤维掺量为 0.2%、0.4%、0.6%、0.8%、1%,木质素纤维掺量为 0.2%,以及玄武岩纤维掺量为 0.2%的七种 SMA-13 的性能。首先拌和沥青混合料,利用旋转压实仪成型高度 170mm、直径 150mm 的混合料试件,之后使用取芯机以及切割机将混合料试件制作成标准试验试件 [直径(100±2)mm、高度(150±2.5)mm]。试验仪器选用 UTM-100,对试件施加偏移正弦波荷载,试验温度选择 5℃、20℃、35℃及 50℃,每个温度选择 6 个加载频率(分别为 0.1Hz、0.5Hz、1Hz、5Hz、10Hz 及 25Hz)。试验中选择先低温后高温,先高频后低频的顺序进行动态模量测试试验。在试验之前需要将试件放入环境箱内保温 4 个小时,当温度小于 5℃时保温 8 个小时。

1)试验结果分析

不同玉米秸秆纤维掺量的 SMA-13 混合料、掺加木质素纤维的混合料及掺加玄武岩纤维的混合料在 4 个试验温度、6 个加载频率下的动态模量试验结果如图 5-61 所示。

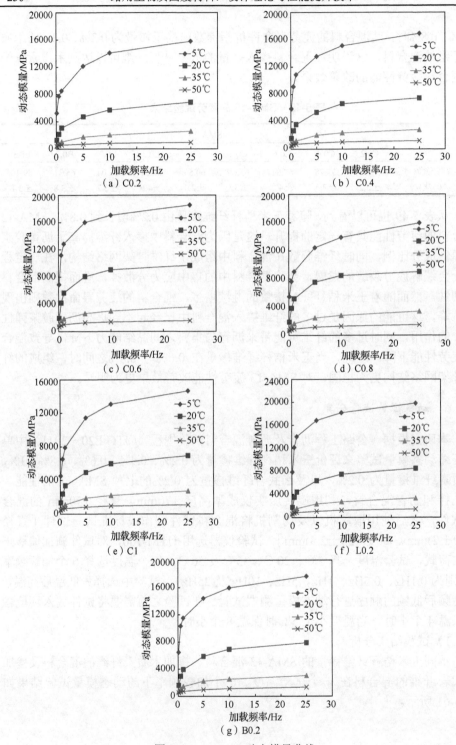

图 5-61 SMA-13 动态模量曲线

从试验结果可以看出，温度及频率对 SMA-13 的动态模量均产生了影响。随着施加荷载的频率增大，混合料的动态模量呈现出上升的趋势，但是增长率在逐渐下降。这是因为 SMA-13 具有黏弹性特征，施加的荷载应力与混合料应变之间会存在一个滞后过程。这意味着随着加载频率的增大，混合料产生应变的滞后时间会更长，进而导致动态模量逐渐增大。同样从试验结果可以看到，随着试验温度的升高，混合料的动态模量逐渐减小。这是因为温度升高后，SMA-13 中沥青玛蹄脂会变软，其黏性特征会越发凸显，导致混合料的动态模量降低。虽然掺入不同纤维种类及不同掺量 SMA-13 的动态模量随加载频率的增加其变化趋势相一致，但在不同温度下不同种类混合料的动态模量变化幅度仍然有所不同。

通过图 5-62 两个温度下 SMA-13 动态模量变化曲线可以看出，在相对低温 5℃的条件下，七种 SMA-13 的动态模量由大到小排列顺序为：L0.2>C0.6>B0.2>C0.4>C0.8>C0.2>C1。从排序结果来看，掺加适量的玉米秸秆纤维，SMA-13 的动态模量具有较好的提升，这说明掺入玉米秸秆纤维的混合料具有较高的强度，在低温下能够承受更大的破坏应变，进而提高其低温性能。然而对比低温破坏应变试验结果 B0.2 >C0.6> L0.2，可以看到这三种纤维掺配比例动态模量在相对低温的条件下，呈现的规律性与低温性能试验结果规律相反。这说明玄武岩纤维的掺入提高了混合料的柔量，由于玄武岩纤维抗拉模量在三种纤维中最佳，能够吸收更多的应力，同时又因为本身吸油能力较弱导致混合料的脆性较低，因此对混合料低温性能的提升最为明显。掺入 0.6%玉米秸秆纤维混合料的动态模量小于掺入 0.2%木质素纤维的混合料，这意味着混合料在玉米秸秆纤维这个掺配比例下韧性要好于掺入 0.2%木质素纤维的混合料，因此会具有更佳的低温性能及疲劳性能。

而在相对高温 50℃的环境下，七种 SMA-13 动态模量由大到小排列顺序为：C0.6>C0.8>L0.2>B0.2>C0.4>C1>C0.2。通过排序结果可以看到，掺加适量的玉米秸秆纤维，SMA-13 的动态模量具有一定的提升，这表明玉米秸秆纤维能够提高混合料的沥青黏度，进而提升其高温抗变形能力。对比 C0.6、L0.2、B0.2 三种纤维 SMA-13 高温性能试验结果，可以看出三种纤维混合料的动态模量与动稳定度具有相似的规律性，这表明在高温下掺入 0.6%玉米秸秆纤维混合料的刚度要优于掺入 0.2%木质素纤维及 0.2%玄武岩纤维的两种混合料，从力学响应角度证明了掺入 0.6%玉米秸秆纤维混合料的抵抗高温变形能力最佳。

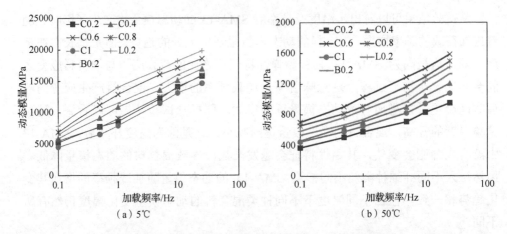

图 5-62　不同温度下 SMA-13 混合料的动态模量曲线

通过图 5-63 可以看出，在 10Hz 的加载频率下，七种 SMA-13 的动态模量随着温度的升高呈现下降的趋势，且随着温度的升高沥青混合料之间动态模量的差值在逐渐缩小。这说明在高温下，纤维掺入对 SMA-13 黏弹性能的影响在减小。

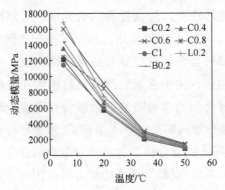

图 5-63　10Hz 条件下温度对 SMA-13 动态模量的影响

2）基于主曲线的 SMA-13 黏弹行为研究

沥青混合料的动态模量作为温度与频率的函数，需要通过大量的试验数据来得到。但在实际试验过程中，由于受到试验条件的限制部分沥青混合料的高频或者低频动态模量不易测出。因此，利用时温等效原理可以建立某一温度下频率更为广泛的动态模量主曲线，进而可以对沥青混合料的长期力学性质进行评价。沥青混合料的动态模量主曲线绘制需要依据时温等效原理，使得混合料在低温低频的力学响应与在高温高频的力学响应相同。这样就可以利用位移因子将不同温度及加载频率下的混合料动态模量曲线，转换到同一个温度下对应加载频率的动态模量主曲线。

本节采用 WLF 时温转换法则来确定移位因子。然后选用 Sigmoidal 模型进行最小二乘法拟合得到动态模量主曲线，表达式如（5-31）所示[205]。

$$|E^*| = a + \frac{b}{1 + \dfrac{1}{e^{c+d\log f_r}}} \tag{5-31}$$

式中，$|E^*|$ 为动态模量；a、b、c 及 d 为表征 Sigmoidal 函数形状的参数；f_r 为缩减频率。

本研究将参考温度设为 20℃，不同种类 SMA-13 混合料动态模量主曲线及相位角主曲线如图 5-64 和图 5-65 所示。

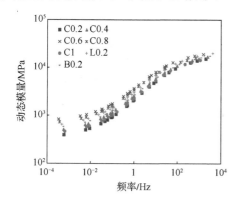 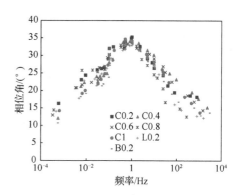

图 5-64　20℃SMA-13 混合料动态模量主曲线　　图 5-65　20℃SMA-13 混合料相位角主曲线

在主曲线的频率范围内，高频率加载等效于低温环境，而低频率加载则相当于高温条件。由图 5-64 可以看出，掺入 0.6%、0.8%的玉米秸秆纤维混合料的动态模量数值从低频到高频变化范围要小于掺入 0.2%和 1%的玉米秸秆纤维混合料，这表明在合理的掺配比例下，玉米秸秆纤维可以改善 SMA-13 的温度敏感性，使混合料受到温度及荷载的影响较小。

通过图 5-65 可以看出，混合料的相位角从低频到高频呈现出先增大后减小的趋势，并且在大约 10Hz 的频率上存在峰值。这个峰值属于混合料的过渡点，主要受到沥青胶结料及集料性能的影响。从图 5-65 也可知，掺入 0.6%、0.8%的玉米秸秆纤维混合料的相位角小于掺入 0.2%的玉米秸秆纤维混合料，这说明适当提高玉米秸秆纤维的掺量能够提高 SMA-13 的弹性特质。

7. SMA-13 路用性能综合分析

为了评价掺入不同纤维掺量及不同种类纤维后 SMA-13 的综合性能，本研究将采用路用性能综合值。结合本节对 SMA-13 进行高温性能、低温性能、水稳定性及疲劳性能的试验结果，将其作为分子，将规范中对 SMA-13 的要求作为分母，得到相对值。其中 SMA-13 的疲劳性能规范中没有明确的规定，为了能够计算得到相对值，本节将掺入 0.2%玉米秸秆纤维 SMA-13 的疲劳试验结果作为分母进行计算。同时将动稳定度、破坏应变、残留强度比及疲劳寿命的权重都设定为 1/4，最后相加得到每种 SMA-13 的路用性能综合值，每种路用性能相对数值如图 5-66 所示，计算结果如表 5-50 所示。

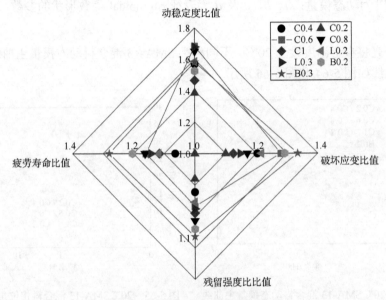

图 5-66　SMA-13 路用性能雷达图

表 5-50　SMA-13 路用性能综合分析

SMA-13 类型	1/4 权重 动稳定度比值	1/4 权重 破坏应变比值	1/4 权重 残留强度比比值	1/4 权重 疲劳寿命比值	路用性能综合值
C0.2	1.386	1.106	1.030	1.000	1.130
C0.4	1.568	1.203	1.046	1.064	1.220
C0.6	1.684	1.280	1.063	1.159	1.296
C0.8	1.651	1.171	1.080	1.162	1.266
C1	1.465	1.125	1.071	1.116	1.194
L0.2	1.584	1.217	1.058	1.118	1.244
L0.3	1.679	1.148	1.066	1.143	1.259
B0.2	1.525	1.293	1.090	1.203	1.278
B0.3	1.582	1.335	1.099	1.280	1.324
规范要求	≥3000	≥2800	≥80	≥54.28	1

通过图 5-66 可以看出，纤维种类及掺量的变化对 SMA-13 的高温性能影响程度最大，对水稳定性影响较小。从整体上来看，掺入 0.3%玄武岩纤维的 SMA-13 的低温性能、疲劳性能及水稳定性最佳。而在混合料高温性能方面，掺入 0.6%玉米秸秆纤维的混合料最佳。

由表 5-50 中不同 SMA-13 试验结果可以看出，掺加不同掺量的玉米秸秆纤维、木质素纤维及玄武岩纤维的混合料路用性能综合值排列为：B0.3>C0.6>B0.2>C0.8>L0.3>L0.2>C0.4>C1>C0.2。通过排序结果分析表明，在同等掺量下掺入 0.2%玄武岩纤维的混合料的综合性能最佳，之后是掺入 0.2%木质素纤维的混合料，最后是掺入 0.2%玉米秸秆纤维的混合料。然而当混合料中玉米秸秆纤维掺量达到 0.6%时，其路用性能综合值将超过 0.3%木质素纤维混合料，这说明通过提高混合料中玉米秸秆纤维的掺量，能够达到木质素纤维混合料的综合性能。同时 0.6%玉米秸秆纤维混合料的高温性能、低温性能及水稳定性的评价指标均满足施工技术规范要求，因此可以将玉米秸秆纤维应用到 SMA-13 中。通过混合料的路用性能综合分析也可以看出，虽然 0.8%掺量玉米秸秆纤维混合料的综合性能数值不如 0.6%掺量玉米秸秆纤维混合料，但是其残留强度比值和疲劳寿命比值要高于 0.6%掺量玉米秸秆纤维混合料，因此将玉米秸秆纤维应用在实际工程当中，可以根据不同地区气候特点及需求选择不同掺量的玉米秸秆纤维。

5.4.3　吸附+增强型混合纤维 SMA 路用性能研究

1. 配合比设计

玉米秸秆纤维/玄武岩纤维改性沥青 SMA-13 的矿料级配设计与玉米秸秆纤维矿料级配相同，即采用沥青玛蹄脂碎石混合料 SMA-13 矿料级配，详情见 5.4.2 节。室内拌和流程工艺与前述相同。

1）最佳沥青用量的确定

本节同样选择马歇尔试验方法，通过对不同玉米秸秆纤维/玄武岩纤维掺配比例的 SMA-13 马歇尔试件进行体积及物理力学指标的测试，分析数据确定出混合料的最佳油石比。

根据《公路工程沥青及沥青混合料试验规程》（JTG E20—2011）的方法，双面击打 50 次制作出标准的马歇尔试件。之后测试试件的物理指标，包括毛体积密度、理论最大密度、空隙率、马歇尔稳定度、沥青饱和度、矿料间隙率、流值。根据马歇尔试验测试结果，参考《公路沥青路面施工技术规范》（JTG F40—2004）对沥青混合料最佳沥青用量确定的方法，五种混合纤维 SMA-13 的最佳沥青用量见表 5-51。

表 5-51　玉米秸秆纤维/玄武岩纤维 SMA-13 最佳沥青用量

SMA-13 类型	油石比	毛体积密度/(g/cm^3)	空隙率/%	稳定度/kN	矿料间隙率 VMA/%	沥青饱和度 VFA/%	流值/mm
C0.2,B0.2	5.6	2.367	3.6	10.56	18.2	80.1	3.7
C0.2,B0.3	5.7	2.375	3.6	10.93	18.0	80.2	2.9
C0.4,B0.2	5.8	2.376	3.6	12.34	18.1	80.0	3.8
C0.6,B0.1	5.8	2.380	3.8	12.57	17.9	78.6	2.5
C0.6,B0.2	5.9	2.382	3.5	11.43	17.9	80.4	3.4
技术标准	—	—	3～4	≥6	≥17	75～85	2～5

2）配合比设计检验

五种混合纤维 SMA-13 混合料在确定好最佳沥青用量之后，还需要进行沥青混合料谢伦堡沥青析漏试验及肯塔堡飞散试验来检测配合比设计的合理性，试验结果如表 5-52 所示。可以看出，五种混合纤维 SMA-13 的谢伦堡沥青析漏试验的结合料损失均满足《公路沥青路面施工技术规范》（JTG F40—2004）不大于 0.1% 的技术要求，同时这五种混合料肯塔堡飞散试验的混合料损失也满足《公路沥青路面施工技术规范》（JTG F40—2004）不大于 15% 的技术要求。由此可以确定所有混合纤维 SMA-13 混合料的配合比设计是合理的。

表 5-52　玉米秸秆纤维/玄武岩纤维 SMA-13 的配合比设计检验结果

SMA-13 类型	析漏损失/%	飞散损失/%
C0.2,B0.2	0.07	4.86
C0.2,B0.3	0.08	5.78
C0.4,B0.2	0.05	4.35
C0.6,B0.1	0.04	6.24
C0.6,B0.2	0.06	7.18
技术标准	≤0.1	≤15

2. 高温性能研究

本节采用《公路工程沥青及沥青混合料试验规程》（JTG E20—2011）中 T 0719—2011 车辙试验方法，对同时掺入玉米秸秆纤维及玄武岩纤维的五种混合纤维 SMA-13 的动稳定度进行测试，并与之前掺入一种纤维的 SMA 混合料高温性能进行对比分析，试验结果见图 5-67。

从图 5-67 中可以看出，同时掺入 0.2%玉米秸秆纤维及 0.2%玄武岩纤维混合料的动稳定度要比单独掺入 0.2%玉米秸秆纤维混合料的动稳定度增大 32.9%，比单独掺入 0.2%玄武岩纤维混合料的动稳定度增大 20.8%。同时掺入 0.4%玉米秸秆

纤维及 0.2%玄武岩纤维混合料的动稳定度要比分别掺入 0.4%玉米秸秆纤维和
0.2%玄武岩纤维混合料的动稳定度增大 33.3%和 37.1%。同样掺入两种 0.6%玉米
秸秆纤维和 0.2%玄武岩纤维混合料的动稳定度比单独掺加其中一种纤维混合料
的动稳定度分别增大 20.6%（0.6%玉米秸秆纤维）和 33.1%（0.2%玄武岩纤维）。
这证明在合理的掺配比例范围内，同时掺入玉米秸秆纤维与玄武岩纤维的
SMA-13 高温稳定性要优于单独掺加一种纤维 SMA 混合料高温性能。

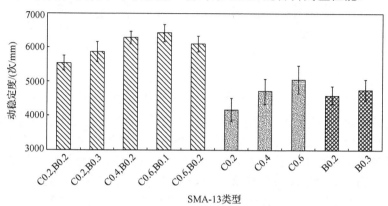

图 5-67　SMA-13 动稳定度对比示意图

通过图 5-67 可以发现，五种混合纤维混合料的高温性能高低排序为：
C0.6,B0.1>C0.4,B0.2>C0.6,B0.2>C0.2,B0.3>C0.2,B0.2。在玄武岩纤维掺量为 0.2%
时，随着玉米秸秆纤维掺量的增多，混合料的动稳定度先增大后减小。这说明在
合理掺配比例范围内，提高玉米秸秆纤维掺量可以提升混合料高温性能。而当玉
米秸秆纤维和玄武岩纤维总掺量过多时也会出现纤维结团现象，导致性能下降。
同样的情况也发生在当掺入 0.6%玉米秸秆纤维时，掺入 0.2%玄武岩纤维混合料
高温性能要弱于 0.1%玄武岩纤维混合料。

通过 C0.4,B0.2>C0.2,B0.3>C0.2,B0.2 的三种混合料性能排序可以看出，在合
理的纤维掺配比例范围之内，适当提升玉米秸秆纤维或者玄武岩纤维的掺量都会
提高 SMA 混合料的高温性能。

3. 低温性能研究

本节采用《公路工程沥青及沥青混合料试验规程》（JTG E20—2011）中弯曲
试验，对五种混合纤维 SMA-13 的低温弯曲性能进行测试，并与之前玉米秸秆纤
维混合料及玄武岩纤维混合料低温性能进行对比分析，试验结果见图 5-68。

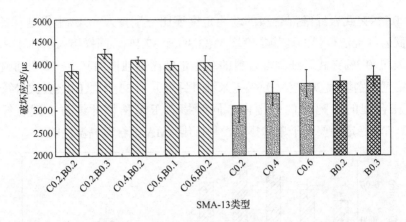

图 5-68　SMA-13 破坏应变对比示意图

通过图 5-68 可以看出，同时掺入 0.2%玉米秸秆纤维和 0.2%玄武岩纤维混合料的低温破坏应变，比掺入 0.2%玉秸秆纤维混合料及掺入 0.2%玄武岩纤维混合料的低温破坏应分别增大了 24.8%及 6.7%。掺入 0.4%玉米秸秆纤维和 0.2%玄武岩纤维混合料的低温破坏应变比掺入 0.4%玉米秸秆纤维混合料的破坏应变增大了 21.9%，比掺入 0.2%玄武岩纤维混合料的破坏应变增大了 13.3%。掺入 0.6%玉米秸秆纤维和 0.2%玄武岩纤维混合料的破坏应变比掺入其中一种纤维混合料的破坏应变分别增大了 12.9%（0.6%玉米秸秆纤维）及 11.8%（0.2%玄武岩纤维）。这说明在合理纤维掺配比例范围内，掺入两种纤维的沥青混合料低温性能要好于单独掺入一种纤维的混合料。

通过 C0.2,B0.3>C0.2,B0.2，C0.6,B0.2>C0.6,B0.1 及 C0.4,B0.2>C0.2,B0.2 的三对混合料低温破坏应变排序可以看到，在合理掺配比例范围内，适当增大玉米秸秆纤维及玄武岩纤维的掺量可以提高混合料的低温性能。从 C0.2,B0.3>C0.4,B0.2>C0.2,B0.2 破坏应变排序可以看出，玄武岩纤维掺量的变化对混合料低温性能的影响要大于玉米秸秆纤维掺量变化对混合料低温性能的影响。

4. 水稳定性研究

本节采用《公路工程沥青及沥青混合料试验规程》（JTG E20—2011）中 T 0729—2000 的冻融劈裂试验，对五种混合纤维 SMA-13 冻融前后的劈裂抗拉强度进行测试并计算得到残留强度比，与之前玉米秸秆纤维混合料及玄武岩纤维混合料的水稳定性进行对比分析，试验结果见图 5-69。

通过试验结果可以看出，五种混合纤维混合料的残留强度比均满足《公路沥青路面施工技术规范》（JTG F40—2004）中对改性沥青 SMA 大于 80%的要求。从图 5-69 中可以看出，同时掺入 0.2%玉米秸秆纤维及 0.2%玄武岩纤维混合料的残留强度比，要高于只掺入 0.2%玉米秸秆纤维混合料及只掺入 0.2%玄武岩纤维混合料的残留强度比。掺入 0.4%玉米秸秆纤维和 0.2%玄武岩纤维混合料的残留强度比高于只掺入 0.4%玉米秸秆纤维混合料的残留强度比，但低于只掺入 0.2%玄武岩纤维混合料的残留强度比。掺入 0.6%玉米秸秆纤维、0.2%玄武岩纤维混合料的残留强度比要小于只掺入一种纤维的 0.6%玉米秸秆纤维混合料及 0.2%玄武岩纤维混合料的残留强度比。

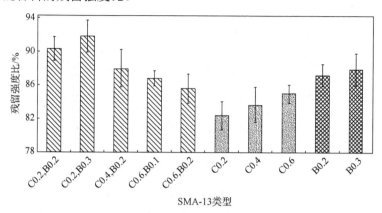

图 5-69　SMA-13 残留强度比对比示意图

通过 C0.2,B0.2>C0.4,B0.2>C0.6,B0.2 的排序也可以看出，当玄武岩纤维掺量为 0.2%时，随着玉米秸秆纤维掺量的增多，混合料的残留强度比呈现下降的趋势。这表明当玄武岩纤维掺量为 0.2%时，少量的玉米秸秆纤维能够提升混合料的水稳定性，过多的玉米秸秆纤维掺量会不利于混合料的水稳定性。通过 C0.2,B0.3>C0.2,B0.2 及 C0.6,B0.1>C0.6,B0.2 两对混合料残留强度比排序可以看出，当玉米秸秆纤维掺量较少时，随着玄武岩纤维掺量的增多，SMA-13 的水稳定性有所提升。而当玉米秸秆纤维掺量较多时，提高玄武岩纤维的掺量会不利于混合料的水稳定性。

5. 疲劳性能研究

本节采用《公路工程沥青及沥青混合料试验规程》（JTG E20—2011）中四点弯曲疲劳试验，对五种混合纤维 SMA-13 的疲劳寿命进行测试，并与之前玉米秸秆纤维混合料和玄武岩纤维混合料的疲劳性能进行对比分析，试验结果如图 5-70 所示。

从图 5-70 中可以看出，同时掺入 0.2%玉米秸秆纤维及 0.2%玄武岩纤维 SMA-13 混合料的疲劳寿命，比掺入 0.2%玉米秸秆纤维混合料的疲劳寿命提高了 29.8%，比掺入 0.2%玄武岩纤维混合料的疲劳寿命提高了 7.8%。掺入 0.4%玉米秸秆纤维、0.2%玄武岩纤维混合料的疲劳寿命要比掺入 0.4%玉米秸秆纤维混合料和掺入 0.2%玄武岩纤维混合料的疲劳寿命分别提高了 39.0%和 22.9%。掺入 0.6%玉米秸秆纤维、掺入 0.2%玄武岩纤维混合料的疲劳寿命要分别比掺入一种纤维混合料的疲劳寿命提高了 22.6%（0.6%玉米秸秆纤维）和 18.2%（0.2%玄武岩纤维）。这证明在合理的掺配比例范围内，在 SMA-13 混合料中同时掺入玉米秸秆纤维与玄武岩纤维后，其疲劳性能要好于单独掺加一种纤维混合料的疲劳性能。

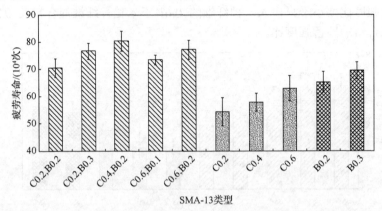

图 5-70　SMA-13 疲劳寿命对比示意图

通过图 5-70 中三对混合纤维沥青混合料疲劳性能排序 C0.6,B0.2>C0.6,B0.1，C0.2,B0.3>C0.2,B0.2 及 C0.4,B0.2>C0.2,B0.2，可以看出在合理的掺配比例范围内，适当提高玉米秸秆纤维或者玄武岩纤维的掺量都可以提高 SMA-13 的疲劳性能。

6. 玉米秸秆纤维/玄武岩纤维 SMA 路用性能综合分析

同样参照前文的计算方法，得到不同玉米秸秆纤维和玄武岩纤维掺配比例的混合料路用性能综合值，每种路用性能相对数值如图 5-71 所示，计算结果如表 5-53 所示。

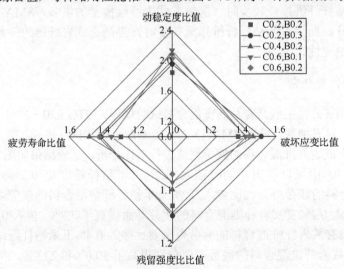

图 5-71　玉米秸秆纤维/玄武岩纤维 SMA-13 路用性能雷达图

表 5-53　玉米秸秆纤维/玄武岩纤维 SMA-13 路用性能综合分析

SMA-13 类型	权重				路用性能综合值
	1/4	1/4	1/4	1/4	
	动稳定度比值	破坏应变比值	残留强度比比值	疲劳寿命比值	
C0.2,B0.2	1.843	1.380	1.129	1.298	1.412
C0.2,B0.3	1.954	1.514	1.148	1.412	1.507
C0.4,B0.2	2.091	1.466	1.099	1.479	1.534
C0.6,B0.1	2.138	1.424	1.085	1.353	1.500
C0.6,B0.2	2.031	1.446	1.070	1.422	1.492
规范要求	≥3000	≥2800	≥80	≥54.28	1

通过图 5-71 可以看出，在 SMA 混合料中同时掺入玉米秸秆纤维及玄武岩纤维后，混合纤维掺配比例变化对混合料高温性能影响程度最大，之后是低温性能、疲劳性能，最后是水稳定性。从整体上来看，掺入 0.6%玉米秸秆纤维、0.1%玄武岩纤维 SMA 的高温性能最佳；掺入 0.2%玉米秸秆纤维、0.3%玄武岩纤维混合料的低温性能、水稳定性最佳；掺入 0.4%玉米秸秆纤维、0.2%玄武岩纤维混合料的疲劳性能最佳。

通过表 5-53 可以看出，当玉米秸秆纤维与玄武岩纤维同时掺入 SMA-13 中时，不同掺配比例的混合料路用性能综合值排序为：C0.4,B0.2>C0.2,B0.3>C0.6,B0.1>C0.6,B0.2>C0.2,B0.2，这说明在混合纤维掺配比例中掺入 0.4%玉米秸秆纤维和 0.2%玄武岩纤维的混合料综合性能最佳。与只掺入玉米秸秆纤维或者玄武岩纤维的混合料路用性能综合值相比，掺入两种纤维后的混合料路用性能综合值要更高，这说明在合理的掺配比例下，同时掺加玉米秸秆纤维和玄武岩纤维的混合料路用效果更佳。

5.4.4　经济性分析与掺量推荐

玉米秸秆纤维材料的经济价值决定了其在沥青路面中的使用价值，因此对玉米秸秆纤维室内试验的投入成本和制作成本进行计算分析。考虑到玉米秸秆纤维制作地点和来源地点，运输收集半径约为 10km。由于玉米秸秆纤维的制作还处于实验室阶段，没有进行大规模的生产。处于试验研究的考虑，只是制作了 50kg 的玉米秸秆纤维材料。经过统计后，玉米秸秆制作纤维的投入成本如表 5-54 所示。

表 5-54　玉米秸秆制作纤维的投入成本

项目	成本/元
加工设备费用	4550
玉米秸秆原材料费用	130

项目	成本/元
玉米秸秆运输费用	500
其他材料费用	5000
人工费	9000
总计	19180

在制作玉米秸秆纤维的过程中购买了一台万能粉碎机、五台超细研磨机和五台恒温磁力搅拌器，其中万能粉碎机单价为 1300 元，超细研磨机单价 358 元，恒温磁力搅拌器单价 292 元，加工设备费用共计：1300×1+358×5+292×5=4550 元。玉米秸秆原材料费用来源于以 130 元/t 的价格收购了 1t 玉米秸秆。运输费则是租赁一辆翻斗车将玉米秸秆运输到制作地点的费用。材料费用包括制作纤维过程中所用到的化学试剂、烧杯、筛网、玻璃棒、工业手套、电子天平等材料，共计 5000 元。在制作玉米秸秆纤维过程中，由于人手不足雇用了三个当地工人，且时间为 30 天，人工费单价 100 元/日，共计：3×30×100=9000 元。玉米秸秆制作纤维的投入成本共计 19180 元。

同时，本节也对单位质量玉米秸秆纤维制作成本进行了计算。在制作玉米秸秆纤维过程中会用到的氢氧化钠试剂、水以及玉米秸秆，据市场调查原材料的价格清单如表 5-55 所示。

表 5-55　制作玉米秸秆纤维的原材料价格

原材料	氢氧化钠	玉米秸秆	水
价格/(元/t)	3500	130	5.6

根据 5.1.1 节得到的玉米秸秆纤维制备方案，计算出制作 96g 玉米秸秆纤维材料需要用到 20g 氢氧化钠、4000g 水以及 200g 玉米秸秆，之后通过质量与单价的计算得到成本，如表 5-56 所示。通过结果可以发现，制作 96g 玉米秸秆纤维的成本为 0.1184 元，为了方便分析纤维经济性，将其换算成吨的质量单位，得到单位玉米秸秆纤维的制作成本约为 1233 元/t。

通过玉米秸秆纤维室内生产的投入成本计算结果可以看出，前期投入的成本中人工费成本较高。但随着玉米秸秆纤维制备技术的成熟，如果形成工业化生产规模，将会研发或者购买大型机械设备，这样会减少人工成本费用的支出，但是研发或者购买机械设备会使得前期投入成本更高。据市场调查，一吨木浆的价格在 6000～8000 元，而利用废纸以及稻草等材料制作而成的纸浆价格也在 4300～4800 元。通过表 5-56 单位玉米秸秆纤维制作成本计算结果可以发现，玉米秸秆纤维产品的优势在于原材料价格低廉，从而使得单位质量的玉米秸秆纤维制作成本（1233 元）远低于木浆和纸浆的市场价格。如果玉米秸秆纤维能够进行企业化生产，即使前期投入成本较高，但随着玉米秸秆纤维售价的增加以及销量的增多，企业的投资回报期会缩短、投资回报率和投资产出率将会不断提高，具有非常高的发展潜力。同时剩下的玉米秸秆废弃物叶子和穰可考虑进行饲料化处理或者肥料化处理，实现玉米秸秆资源的大比例应用。秸秆纤维制作过程中的化学废液将与酸性物中和后，加以过滤排放掉。

表 5-56　玉米秸秆纤维的制作成本

制作 96g 玉米秸秆纤维原材料的用量	价格/元
氢氧化钠 20g（纤维的质量∶氢氧化钠的质量 ＝4.8∶1）	0.07
水 4000g（氢氧化钠的质量∶水的质量＝1∶200）	0.0224
玉米秸秆 200g（玉米秸秆的质量∶纤维的质量 ＝200∶96）	0.0260

据市场调查，目前广泛应用在沥青路面中的纤维主要为木质素纤维及玄武岩纤维，纤维价格如表 5-57 所示。利用三种纤维的成本价格计算每吨不同 SMA-13 的纤维成本，计算结果如表 5-58、表 5-59 所示。

表 5-57　三种纤维价格

	玉米秸秆纤维	木质素纤维	玄武岩纤维
价格/(元/t)	1233	4000	16000

表 5-58　SMA-13 纤维成本

	C0.2	C0.4	C0.6	C0.8	C1	L0.2	L0.3	B0.2	B0.3
每吨 SMA-13 纤维成本/元	2.46	4.93	7.40	9.86	12.33	8	12	32	48

表 5-59　玉米秸秆纤维/玄武岩纤维 SMA-13 混合料纤维成本

	C0.2,B0.2	C0.2,B0.3	C0.4,B0.2	C0.6,B0.1	C0.6,B0.2
每吨混合料纤维成本/元	34.46	50.46	36.93	23.40	39.40

与玄武岩纤维相比，玉米秸秆纤维属于低能耗产品，同时在制作过程中碳排放量要远小于玄武岩纤维。玉米秸秆纤维虽然对沥青混合料增强效果不如玄武岩纤维，但通过表 5-58 可以看出较低的制作成本价格使得秸秆纤维应用在沥青路面中具备一定的价格优势。与木质素纤维相比，同等质量下的玉米秸秆纤维在沥青混合料中增强效果虽然不如木质素纤维，但通过提高掺量是可以达到木质素纤维的增强效果。通过 5.4.2 节玉米秸秆纤维改性沥青 SMA 路用性能分析结果可知，当玉米秸秆纤维掺量为木质素纤维掺量的两倍时，二者对沥青混合料的增强作用效果相当。根据表 5-58 可以发现，即使掺入两倍的玉米秸秆纤维，其成本价格（7.40 元）依然低于木质素纤维的价格（12 元），这说明玉米秸秆纤维与木质素纤维相比也具备价格优势。

　　根据表 5-59 价格可以发现，与 0.3%玄武岩纤维的混合料纤维成本价格（48 元）相比，C0.2,B0.2（34.46 元）、C0.4,B0.2（36.93 元）、C0.6,B0.1（23.40 元）、C0.6,B0.2（39.40 元）四种不同掺配比例的玉米秸秆纤维/玄武岩纤维混合料纤维成本价格更低，这说明通过减少混合料中玄武岩纤维的掺量、增加玉米秸秆纤维的掺量可以降低纤维成本价格。同时结合前文混合料路用性能综合分析可以看出，用玉米秸秆纤维替代部分玄武岩纤维应用在 SMA-13 中能够起到更佳的路用效果。

　　本节将利用不同类型 SMA-13 路用性能综合数值，除以纤维和沥青成本数值之和，得到混合料的综合性价比值。根据市场调查，SBS 改性沥青价格约为 5000 元/t，结合不同 SMA-13 的最佳油石比来计算得到沥青成本，计算结果如表 5-60 所示。不同纤维的 SMA-13 综合性价比值计算结果如表 5-61 所示。

　　从表 5-60 混合料沥青成本中可以发现，玉米秸秆纤维掺量越多，混合料中沥青用量越多，沥青成本也会增加。从玉米秸秆纤维/玄武岩纤维混合料沥青成本计算结果中可以发现，混合纤维总体掺量的增多会导致 SMA-13 中沥青成本的增加。

　　从表 5-61 混合料综合性价比值来看，对九种只掺加一种纤维的混合料由高到低进行排序，C0.6>C0.4>C0.2>B0.2>L0.2>C0.8>B0.3>L0.3>C1，可见 0.6%的玉米秸秆纤维掺量在只掺加一种纤维的混合料中综合性价比值最高。对五种不同掺配比例的玉米秸秆纤维/玄武岩纤维 SMA 综合性价比值按照数值由大到小进行排序：C0.6,B0.1>C0.4,B0.2>C0.2,B0.2>C0.2,B0.3>C0.6,B0.2。可以看出掺入 0.6%玉米秸秆纤维和 0.1%玄武岩纤维的混合料综合性价比值最高。

表 5-60　SMA-13 沥青成本

SMA-13 类型	最佳油石比/%	每吨 SMA-13 所需改性沥青质量/t	每吨 SMA-13 沥青成本/元
C0.2	5.3	0.0503	251.5
C0.4	5.4	0.0512	256.0
C0.6	5.6	0.0530	265.0
C0.8	5.9	0.0557	278.5
C1	6.1	0.0575	287.5
L0.2	5.8	0.0548	274.0
L0.3	6.1	0.0575	287.5
B0.2	5.4	0.0512	256.0
B0.3	5.5	0.0521	260.5
C0.2,B0.2	5.6	0.0530	265.0
C0.2,B0.3	5.7	0.0539	269.5
C0.4,B0.2	5.8	0.0548	274.0
C0.6,B0.1	5.8	0.0548	274.0
C0.6,B0.2	5.9	0.0557	278.5

表 5-61　SMA-13 混合料综合性价比值

SMA-13 类型	SMA-13 路用性能 综合数值	每吨 SMA-13 纤维和沥青成本 总和/元	SMA-13 的综合性价比数值/ （10^{-3}）
C0.2	1.130	253.96	4.45
C0.4	1.220	260.93	4.68
C0.6	1.296	272.40	4.76
C0.8	1.266	288.36	4.39
C1	1.194	299.83	3.98
L0.2	1.244	282.00	4.41
L0.3	1.259	299.50	4.20
B0.2	1.278	288.00	4.44
B0.3	1.324	308.50	4.29
C0.2,B0.2	1.412	299.46	4.72
C0.2,B0.3	1.507	319.96	4.71
C0.4,B0.2	1.534	310.93	4.93
C0.6,B0.1	1.500	297.40	5.04
C0.6,B0.2	1.492	317.90	4.70

　　从表 5-61 的混合料综合性价比值结果也可以发现，C0.2,B0.2>C0.2>B0.2，C0.2,B0.3>C0.2>B0.3，C0.4,B0.2>C0.4>B0.2，C0.6,B0.1>C0.6，这说明在这四种混合掺配比例中，混合料中同时掺加两种纤维后与只参加一种纤维混合料相比，不仅性能上具有较好的提升，同时也更具经济价值。通过 C0.2,B0.2，C0.4,B0.2，C0.6,B0.1，C0.6,B0.2 这四种混合纤维 SMA-13 与 0.3%玄武岩纤维混合料的性价比数值对比可以看出，混合料中部分玄武岩纤维掺量用玉米秸秆纤维替代后，其性价比有了不小的提升。由此可以说明，玉米秸秆纤维在沥青路面上无论是单独应用还是与玄武岩纤维进行混合应用，均具有较好的使用价值。

　　玉米秸秆纤维和木质素纤维虽然同属植物纤维，但木质素纤维原材料来源于木材，相比于玉米秸秆一年一结，生长周期更长，且大量使用木材会破坏森林资源。而我国作为农业大国，每年会产生大量的玉米秸秆，虽然我国政府已经大力提倡玉米秸秆资源化利用和禁止焚烧，但我国农村每年还是会有大量的玉米秸秆被弃置于田间地头或者直接焚烧还田，这极大浪费了生物质能源，同时也会对环境造成污染。玉米秸秆纤维本身是一种低能耗产品，符合我国低碳发展要求。如果能够形成企业化，不仅解决了玉米秸秆闲置以及环境污染问题，降低火灾等的发生频率；而且提供了一部分就业机会，缓解了农村剩余劳动力和城镇下岗人员的就业问题，将会促进我国社会更加稳定；同时玉米秸秆纤维也将会作为沥青路用纤维材料的选择之一，能够利用秸秆能源替代木材资源，或者替代部分矿物资源应用在沥青路面中，将会减少工程造价且节约有限资源，具有较好的社会经济价值[206]。综上所述，将玉米秸秆制作成玉米秸秆纤维应用在沥青路面中，从制作成本、投资回报、市场竞争、社会效益四个方面来看，具备非常好的发展和应用前景。

最后，结合改性沥青 SMA-13 的路用性能综合分析以及综合性价比值考虑，在只掺加玉米秸秆纤维时，推荐 0.6%作为玉米秸秆纤维应用在 SMA-13 中的掺配比例。在玉米秸秆纤维/玄武岩纤维混合纤维掺配比例方面，通过 5.4.3 节混合纤维 SMA 混合料路用性能综合分析得知，不同掺配比例下的混合纤维混合料具备不同性能优势，因此在实际应用时，可根据实际情况酌情选择掺配比例：追求性价比最高，推荐 C0.6,B0.1 这种纤维配比；追求综合性能最佳，推荐 C0.4,B0.2；对 SMA-13 混合料高温性能有较高要求，推荐 C0.6,B0.1；对混合料低温性能有较高要求，则推荐 C0.2,B0.3。

5.5　足尺加速加载试验验证

本节结合混合玉米秸秆纤维和玄武岩纤维 SMA-13 的室内试验结果，尝试铺筑室内试验路工程。混合纤维 SMA-13 室内试验段的施工步骤主要为配合比设计、拌和、运输、摊铺以及碾压。根据玉米秸秆纤维的特点，提出混合纤维 SMA-13 的关键工艺参数与质量控制要求，为现场施工提供一定的指导与参考。结合足尺室内试验场加速加载试验，评价混合玉米秸秆纤维和玄武岩纤维 SMA-13 路面材料的高温抗车辙性能。

5.5.1　室内足尺试验方案

本节的室内足尺试验场是在吉林省交通科学研究所的室内试验槽中。在该试验槽中铺筑有两种路基路面结构，分别为半刚性基层沥青路面及柔性基层沥青路面，具体沥青路面结构形式如表 5-62 所示。试验槽的总体长度为 30m，宽为 7m，具体布置方案如图 5-72 所示。本研究将试验槽分成四个单元，每个单元长 7.5m，宽 7m。其中（a）和（b）为柔性基层沥青路面结构，（c）和（d）为半刚性基层沥青路面结构。为了方便对比沥青路面材料性能，本节将选择（c）和（d）同种半刚性基层沥青路面结构，将（c）上面层换为玉米秸秆纤维和玄武岩纤维 SMA-13 混合料，（d）为木质素纤维的 SMA-13。

表 5-62   路基路面结构组合方案

柔性基层沥青路面结构	半刚性基层沥青路面结构
4cm SMA-13	4cm SMA-13
6cm AC-20	6cm AC-20
8cm ATB-25	8cm ATB-25
15cm ATB-25	30cm 水稳碎石基层
20cm 级配碎石	16cm 水稳碎石基层
20cm 级配碎石	—

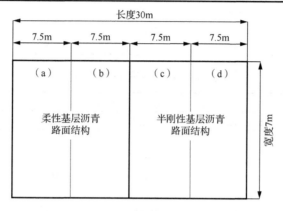

图 5-72   试验槽路基路面结构布置方案

根据 5.4 节的研究结果，玉米秸秆纤维/玄武岩纤维 SMA-13 选择综合性能最佳的 C0.4,B0.2 的掺配比例，木质素纤维 SMA-13 选择综合性能更佳的 0.3%掺量。

5.5.2   混合纤维 SMA-13 生产配合比设计

结合之前的研究结果，上面层将采用综合性能最佳的掺量为 0.4%玉米秸秆纤维和 0.2%玄武岩纤维的混合纤维 SMA-13。

1. 原材料性能

原材料的质量将直接影响整个混合料的优劣，因此在施工当中应该严格控制粗集料、细集料、矿粉、沥青以及纤维的质量。

1）粗集料

试验段采用的粗集料产自吉林省双辽市，两种规格分别为 5～10mm 和 10～15mm。两种规格粗集料的技术指标和筛分检测结果如表 5-63、表 5-64 所示。

表 5-63 粗集料技术指标检测结果

检测项目	单位	5～10mm	10～15mm	技术指标
针片状颗粒总含量	%	10.0	7.9	≤12
压碎值	%	13.9	11.5	≤26
含泥量	%	0.2	0.3	≤1.0
表观密度	g/cm³	2.989	2.990	—
表干密度	g/cm³	2.961	2.964	—
表观相对密度	—	2.996	2.997	≥2.600
毛体积密度	g/cm³	2.947	2.950	—
吸水率	%	0.48	0.45	≤2.0
磨耗损失	%	9.7	7.4	≤28

表 5-64 粗集料筛分检测结果

筛孔孔径/mm	通过质量百分率/%			
	5～10mm	技术要求	10～15mm	技术要求
19	100	—	100	100
16	—	—	—	—
13.2	100	100	100	90～100
9.5	100	90～100	14.8	0～15
4.75	14.6	0～15	0.1	0～5
2.36	3.6	0～5	—	—
0.6	0.3	—	—	—
0.075	0.3	—	0.1	—

2）细集料

试验段采用的细集料产自吉林省双辽市的机制砂，细集料的技术指标和筛分检测结果如表 5-65、表 5-66 所示。

表 5-65 细集料技术指标检测结果

检测项目	单位	机制砂	技术指标
砂当量	%	83	≥60
棱角性（流动时间）	s	37.2	≥30
亚甲蓝值/(g/kg)	%	5.4	≤25
表观密度	g/cm³	2.745	—
表干密度	g/cm³	2.697	—
表观相对密度	—	2.751	≥2.500
毛体积密度	g/cm³	2.670	—
吸水率	%	1.0	—

表 5-66　细集料筛分检测结果

筛孔孔径/mm	通过质量百分率/%		
	细集料	技术要求	
9.5	100.0	—	
4.75	100.0	100	
2.36	91.4	80～100	
1.18	64.2	50～80	
0.6	37.8	25～60	
0.3	22.4	8～45	
0.15	15.8	0～25	
0.075	7.8	0～15	

3）矿粉

试验段采用的矿粉的技术指标如表 5-67 所示。

表 5-67　矿粉技术指标检测结果

检测项目		单位	矿粉	技术要求
外观		—	无团粒结块	无团粒结块
加热安定性		—	无变质情况	颜色基本不变
表观密度		g/cm³	2.730	≥2.500
亲水系数		—	0.66	<1
塑性指数		%	3	<4
含水量		%	0.5	<1
通过百分率	<0.6mm	%	100	100
	<0.15mm	%	96.6	90～100
	<0.075mm	%	80.1	75～100

4）沥青

采用产自辽宁盘锦的 SBS I-C 改性沥青，技术指标如表 5-68 所示。

表 5-68　SBS I-C 改性沥青的技术指标

检测项目		单位	试验结果	技术要求
针入度 25℃,100g,5s		0.1mm	72	60～80
延度 5℃		cm	40	≥30
软化点 $T_{R\&B}$		℃	75.5	≥55
旋转薄膜加热后（RTFOT）	质量损失比例	%	0.064	≤±1
	残留针入度比 25℃	%	75	≥60
	延度 5℃	cm	24	≥20

5）纤维

玉米秸秆纤维及玄武岩纤维的技术指标见 5.1.2 节。玄武岩纤维可以采用袋装进行密封保存和运输。而玉米秸秆纤维不易用袋装，可使用桶装密封保存及运输，且在整个过程中需要保证纤维不会受潮。

综上检测结果，粗集料、细集料、矿粉、沥青及纤维质量均满足《公路沥青路面施工技术规范》（JTG F40—2004）的技术标准，可以在接下来的沥青混合料拌和中使用。

2. 生产配合比确定

试验段混合料采用 4000 型间歇式沥青混合料拌和设备进行拌制，选用 4 个热料仓，分别为 1#仓（0～4mm）、2#仓（4～7mm）、3#仓（7～11mm）及 4#仓（11～16mm）。根据目标配合比确定粗集料、细集料及矿粉的比例，将冷料放置到拌和站中进行加热，之后进行二次筛分，最后对热料仓中的矿料取样进行筛分，筛分结果如表 5-69 所示。

表 5-69　热料筛分结果

热料仓	通过筛孔的质量百分率/%									
	16.0	13.2	9.5	4.75	2.36	1.18	0.6	0.3	0.15	0.075
1#	100.0	100.0	100.0	99.7	90.2	66.0	40.4	22.4	14.6	6.6
2#	100.0	100.0	100.0	34.6	0.7	0.4	0.4	0.4	0.4	0.3
3#	100.0	100.0	88.8	0.7	0.2	0.2	0.2	0.2	0.2	0.2
4#	100.0	92.6	11.5	0.6	0.2	0.2	0.2	0.2	0.2	0.2
矿粉	100.0	100.0	100.0	100.0	100.0	100.0	100.0	100.0	94.0	85.4

根据热料的筛分结果计算得到矿料的合成级配，混合纤维 SMA-13 生产配合比合成级配曲线如图 5-73 所示。通过筛分结果可以看出，SMA-13 矿料级配符合施工技术要求，之后每档按照 1#仓（0～4mm）：2#仓（4～7mm）：3#仓（7～11mm）：4#仓（11～16mm）：矿粉=12%：7%：32%：38%：11%的比例进行配料，采用 5.7%、6.0%、6.3%三种油石比进行马歇尔试验，试验结果如表 5-70 所示。根据试验数据确定最佳沥青用量为 5.66%。

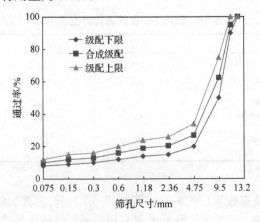

图 5-73　玉米秸秆纤维/玄武岩纤维 SMA-13 级配曲线

表 5-70　玉米秸秆纤维/玄武岩纤维 SMA-13 马歇尔试验结果

油石比/%	沥青用量/%	毛体积相对密度	空隙率/%	矿料间隙率/%	饱和度/%	稳定度/kN	流值/mm
5.7	5.40	2.543	4.0	16.9	76.2	10.42	36.4
6.0	5.66	2.539	3.5	17.1	79.4	11.41	27.1
6.3	5.93	2.542	3.2	17.4	81.7	10.50	34.2
技术标准	—	—	3～4	≥17	75～85	≥6	2～5

3. 生产配合比验证

采用沥青用量 5.66%以及配好的矿料制备沥青混合料试件，按照规范要求进行浸水马歇尔、冻融劈裂强度以及车辙试验，试验结果如表 5-71 所示。

表 5-71　玉米秸秆纤维/玄武岩纤维 SMA-13 试验结果

	浸水马歇尔试验 残留稳定度/%	冻融劈裂试验 残留强度比/%	车辙试验 动稳定度/(次/mm)
实测值	91.0	82.4	5674
技术要求	80	80	3000

通过试验结果可以看出，当混合纤维 SMA-13 沥青用量为 5.66%时，残留稳定度、残留强度比及动稳定度均满足施工技术规范的要求，由此确定了混合料的级配及沥青用量。

5.5.3　关键工艺参数与质量控制

1. 拌和

由于试验段工程量比较小，施工前按每盘混合料的拌和量计算玉米秸秆纤维和玄武岩纤维用量，按照掺配比例分装成小包，并由人工直接投放到拌和锅中。在拌和温度方面，集料加热温度控制在 190～195℃，SBS 改性沥青加热温度控制在 170～175℃，改性沥青 SMA 出厂温度控制在 170～185℃，超过 195℃时则废弃。

在拌和时间方面，首先加入各档集料后干拌 10s，之后加入玄武岩纤维干拌 10s，紧接着放入玉米秸秆纤维干拌 10s，最后依次加入 SBS 改性沥青以及矿粉进行湿拌，湿拌的时间为 40s。混合料拌和的总时间周期在 70～75s。拌和后应保证两种纤维在混合料中分散均匀，且集料表面全部被沥青裹附。施工时也可根据拌和锅的拌和功率以及实际工程的拌和量等具体情况对以上拌和时间进行调整。

2. 运输

混合纤维 SMA-13 将采用重型自卸车进行运输。由于混合纤维改性沥青 SMA-13 具有较好的黏度，为了能够减缓其与车厢板的黏结，装料前需要在车厢板上喷上一层隔离油。同时在装料时应该前后移动汽车，减缓混合料出现离析的情况。最后为了能够确保混合料运输到施工现场的温度不低于摊铺温度，需要在运输的过程中做好保温措施。混合料装完车后上面先用棉被覆盖，棉被会起到很好的保温效果，之后再用大的苫布进行覆盖并用绳索捆扎绑好，这样在混合料运输过程中可以起到较好的防雨以及防污染效果。

3. 摊铺

在摊铺过程中，为避免玉米秸秆纤维/玄武岩纤维改性沥青 SMA-13 混合料出现离析现象，将摊铺机摊铺速度设置为 1.0m/min。同时由于摊铺的试验段是在室内施工，靠近边沿的地方摊铺机行驶不到，需要人工进行摊铺。沥青混合料的摊铺温度不低于 165℃。室内试验路摊铺情况如图 5-74 所示。

图 5-74　玉米秸秆纤维/玄武岩纤维 SMA-13 摊铺情况

4. 碾压

玉米秸秆纤维/玄武岩纤维改性沥青 SMA-13 采用双驱的双振动钢轮压路机，在碾压过程中应遵循慢压、高频和低幅的原则。混合料摊铺后应立即碾压从而避免温度降低。混合料的压实需要进行初压、复压、终压。具体实施方案为初压时先静压 2 遍，复压时选择振动碾压 4 遍，终压时静压 5 遍消除轮迹碾压成型。在室内试验路中边缘的地方压路机难以碾压，将利用振动夯板机进行补充碾压。室内试验路碾压情况如图 5-75 所示。

图 5-75　玉米秸秆纤维/玄武岩纤维 SMA-13 碾压情况

5.5.4　加速加载试验研究

1. 路面加速加载设备参数

本小节将利用美国应用研究协会（Applied Research Associates, ARA）加速加载设备进行路面性能验证试验。ARA 加速加载设备为单轴双轮加载，可实现单向或者双向加载。轮载的调整范围在 20～100kN，且加载误差控制在 5%。设备加载运行速度最大为 10km/h，相当于每小时 750 次的加载频率。有效的加载长度在 8～10m，中间 5～6m 为匀速区域，前后各有 1～2m 的加速区域和减速区域。设备可实现路面加热和降温功能，温度范围可控制在-20～60℃，加速加载设备如图 5-76所示。

图 5-76　路面加速加载设备

2. 加速加载试验方案

在开展加速加载试验之前，考虑到试验本身的复杂性以及高成本，需要根据试验目的制订试验计划，在获得足够数据的前提下尽量减少运行次数以节约试验成本。由此，本小节将针对混合纤维 SMA-13 面层结构和木质素纤维 SMA-13 面层结构的高温车辙性能进行试验验证。

1）试验轴载与累计轴次

根据实际情况，考虑到试验时间不宜太长，加载循环次数设定为 24 万次，并且选择超载的作用方式，设定半轴双轮组的轴载为 80kN，根据已有研究成果进行轴载换算，轴载换算公式如（5-32）所示。

$$EALF_{mij} = C_1 C_2 \left(\frac{P_1}{P_2} \right)^b \tag{5-32}$$

式中，$EALF_{mij}$ 为当量设计轴载换算系数；P_2 为设计轴载，单位为 kN；P_1 为实际单轴轴载，单位为 kN；b 为换算指数，在分析沥青混合料层疲劳和沥青混合料层永久变形时，一般取值 4；C_1 为轴组系数，由于加速加载试验是半轴加载，根据规范取值为 1.0；C_2 为轮组系数，由于加载轮是双轮组，因此取值 1.0。

经过计算得到当量设计轴载换算系数为 6.5536。根据实际超载 80kN，加载 24 万次换算，相当于在标准轴载下加载循环大约 160 万次。

2）路面温度

对于沥青路面温度的设定，从开展加速加载的地区气候统计资料入手，查阅吉林省长春市 2019 年 12 个月的气象资料，长春市各月最高气温如表 5-72 所示。根据 Superpave 规范中的高温模型，利用空气温度和地区纬度换算成路表面最高温度，并将其作为加速加载试验中的模拟温度。将路表面最高设计温度设置在路表下深度 20mm 处，路表温度与空气温度的换算可通过纬度建立关系公式如式（5-33）所示[207]：

$$T_{20mm} = (T_{air} - 0.00618Lat^2 + 0.2289Lat + 42.2) \times 0.9545 - 17.78 \tag{5-33}$$

式中，T_{20mm} 为路表下深度 20mm 处的路面温度，单位为℃；T_{air} 为空气温度，单位为℃；Lat 表征为纬度，单位为°，其中长春市纬度为 43.88°。

表 5-72　长春市 2019 年各个月份最高气温统计　　　　　　单位：℃

月份	温度	月份	温度
1	−11	7	33
2	−4	8	31
3	3	9	29
4	22	10	29
5	32	11	11
6	32	12	2

注：长春市气温数据来源于中国气象数据网 http://data.cma.cn/。

根据式（5-33），计算得到每个月份的路表下深度 20mm 处的最高气温，见表 5-73。通过表 5-73 可以看出，5 月、6 月、7 月、8 月、9 月及 10 月这 6 个月份的路表温最高，长春路面高温温度变化范围在 48～53℃。由此，开展的加速加载试验模拟路面高温所采用的代表温度选用 50℃为宜。

表 5-73　长春市 2019 各个月份路表气温　　　　　　单位：℃

月份	温度	月份	温度
1	10.2	7	52.2
2	16.9	8	50.3
3	23.59	9	48.4
4	41.7	10	48.4
5	51.3	11	31.2
6	51.3	12	22.6

3．车辙变化规律分析

本研究将采用美国 SSI 公司生产的 CS8800 手推式断面仪（图 5-77），测量加载前路面的高程数据作为初始沥青路面断面，之后每加载 3 万次测量一次路面的车辙断面高程。沥青路面表面的隆起部分与凹陷部分高程之差为相对车辙深度，而路表面凹陷部分相对于初始断面的高程差值则为绝对车辙深度，也称为净车辙深度。根据加速加载车辙断面数据特点，将绝对车辙深度作为研究对象，即路表面凹陷深度，如图 5-78 所示。

图 5-77　断面仪

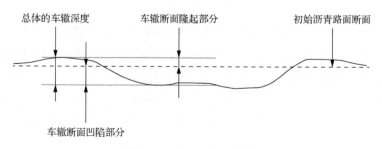

图 5-78　车辙深度示意图

　　通过测量每个加载周期后的车辙断面高程，计算得到最大车辙深度，并绘制车辙深度随加载次数增加的变化曲线。玉米秸秆纤维/玄武岩纤维 SMA-13 和木质素纤维 SMA-13 车辙深度变化曲线如图 5-79 所示。通过图 5-79 可以看出，对比两种面层结构的车辙发展趋势，随着加载次数的增加，在试验条件参数均相同，基层、下面层、中面层材料类型以及厚度均一致的条件下，掺入玉米秸秆纤维/玄武岩纤维的 SMA-13 面层结构车辙深度要小于木质素纤维的 SMA-13 面层结构，说明玉米秸秆纤维/玄武岩纤维对 SMA-13 抗车辙性能的改善效果要好于木质素纤维。同时通过图 5-80 可以得知，在加载 24 万次后，木质素纤维 SMA-13 面层结构车辙深度约为玉米秸秆纤维/玄武岩纤维 SMA-13 面层结构的 1.3 倍。

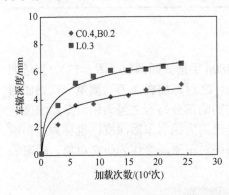
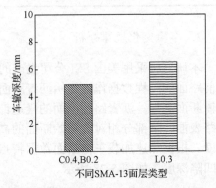

图 5-79　车辙深度发展趋势　　　　　图 5-80　加载 24 万次后路面车辙对比情况

　　温度、加载次数以及轴载均会对沥青路面车辙深度造成影响，有研究表明车辙深度与轴次之间存在幂指数关系，其车辙预估模型公式如式（5-34）所示[208]。

$$R = AN^B (T / T_0)^a (L / L_0)^b \qquad (5\text{-}34)$$

式中，R 为车辙深度，单位为 mm；T 为预估温度，T_0 为试验路面温度，单位为℃；L 为预估轴载，L_0 为试验轴载，单位为 kN；A、B、a、b 均为回归系数，其中 A 与路面结构和材料有关，B 为轴次系数，a 为温度系数，b 为轴载系数。

　　根据本研究的加速加载试验条件得知，由于只进行了一种温度和轴载的加速加载试验，因此设定 $T = T_0$，$L = L_0$，得到公式（5-35）。

$$R = AN^B \qquad (5\text{-}35)$$

本研究将采用式（5-35）来分析两种路面结构的车辙深度变化趋势。根据表 5-74 两种沥青面层结构的车辙深度数据，按照式（5-35）进行非线性回归分析，得到的面层结构回归系数 A、B 数值如表 5-75 所示。

表 5-74　高温条件下沥青路面车辙深度

加载次数/(10^4 次)	车辙深度/mm	
	玉米秸秆纤维/玄武岩纤维 SMA-13 面层结构	木质素纤维 SMA-13 面层结构
3	2.2	3.6
6	3.6	5.2
9	3.7	5.7
12	4.2	6.1
15	4.3	6.1
18	4.7	6.2
21	4.8	6.4
24	5.1	6.6

表 5-75　车辙深度预估模型回归系数结果

回归系数	玉米秸秆纤维/玄武岩纤维 SMA-13 面层结构	木质素纤维 SMA-13 面层结构
A	0.674	0.843
B	0.717	0.765
模型拟合系数	0.958	0.927

　　轴次系数 B 能够反映路面结构的车辙深度受到加载次数的影响程度，数值越大意味着在相同加载次数的作用下车辙深度越大。通过表 5-75 的车辙深度回归分析结果可以得知，玉米秸秆纤维/玄武岩纤维 SMA-13 面层结构轴次系数小于木质素纤维 SMA-13 面层结构轴次系数，这说明当 SMA-13 面层结构掺入玉米秸秆纤维/玄武岩纤维后比掺入木质素纤维具有更佳的抗高温变形能力。

参 考 文 献

[1] 中华人民共和国交通运输部综合规划司. 2020 年交通运输行业发展统计公报[R]. 北京: 中华人民共和国交通运输部, 2021.

[2] 赵云安, 於天福. 高速公路造价影响因素分析及降低工程造价措施[J]. 公路, 2011(8): 204-206.

[3] 国家统计局. 中国统计年鉴 2020[M].北京: 中国统计出版社, 2020.

[4] 赵鲁涛, 郑志益, 邢悦悦, 等. 2021 年国际原油价格分析与趋势预测[J]. 北京理工大学学报(社会科学版), 2021, 23(2): 25-29.

[5] 马骁轩, 蔡红珍, 付鹏, 等. 中国农业固体废弃物秸秆的资源化处置途径分析[J]. 生态环境学报, 2016, 25(1): 168-174.

[6] 崔迎雪. 木质素纤维沥青改性剂的制备及性能研究[D]. 哈尔滨: 哈尔滨工业大学, 2020.

[7] 曾梦澜, 李君峰, 夏颖林, 等. 生物沥青再生沥青结合料使用性能[J]. 北京工业大学学报, 2019, 45(1): 61-67.

[8] 马峰, 李晓彤, 傅珍. 生物油改性橡胶沥青及其混合料性能研究进展[J]. 武汉理工大学学报, 2015, 37(2): 55-62.

[9] 曹雪娟, 刘攀, 唐伯明. 生物沥青研究进展综述[J]. 材料导报, 2015, 29(17): 95-100.

[10] 汪海年, 高俊锋, 尤占平, 等. 路用生物沥青研究进展[J]. 武汉理工大学学报, 2014, 36(7): 55-60.

[11] Abdel Raouf M, Williams C. Rheology of fractionated cornstover bio-oil as a pavement material[J]. International Journal of Pavements, 2010, 9: 58-69.

[12] Abdel Raouf M, Williams C R. General rheological properties of fractionated switchgrass bio-oil as a pavement material[J]. Road Materials and Pavement Design, 2010, 11(sup1): 325-353.

[13] Peralta J, Abdel Raouf M, Tang S, et al. Bio-renewable asphalt modifiers and asphalt substitutes[J]. Sustainable Bioenergy and Bioproducts, 2012, 8(6): 89-115.

[14] Abdel Raouf M, Williams R. Temperature and shear susceptibility of a nonpetroleum binder as a pavement material[J]. Transportation Research Record: Journal of the Transportation Research Board, 2010, 2180: 9-18.

[15] Yang X, You Z P, Dai Q L. Performance evaluation of asphalt binder modified by bio-oil generated from waste wood resources[J]. International Journal of Pavement Research and Technology, 2013, 6 (4): 431-439.

[16] Peralta J, Williams R C, Rover M R, et al. Development of rubber-modified fractionated bio-oil for use as noncrude petroleum binder in flexible pavements[J]. Transportation Research E-Circular , 2012, 165: 23-36.

[17] 马晓宇, 刘婷婷, 崔素萍, 等. 生物质材料的制备及其资源化利用进展[J]. 北京工业大学学报, 2020, 46(10): 1204-1212.

[18] 陈洪章, 王岚. 生物基产品制备关键过程及其生态产业链集成的研究进展: 生物基产品过程工程的提出[J]. 过程工程学报, 2008(4): 676-681.

[19] Wen H F, Bhusal S, Wen B. Laboratory evaluation of waste cooking oil-based bioasphalt as a sustainable binder for hot mix asphalt[J]. Journal of Materials in Civil Engineering, 2013, 25: 1432-1437.

[20] 孙朝杰. 废旧油脂类生物沥青路用性能研究[D]. 哈尔滨: 哈尔滨工业大学, 2014.

[21] 阿拉木. 生物质聚合物改性沥青及沥青混合料的性能评价[D]. 哈尔滨: 哈尔滨工业大学, 2016.

[22] Mika T F. Polyepoxide compositions: US3012487[P]. 1961-12-12.

[23] Gaul R W. Epoxy asphalt concrete: a polymer concrete with 25 years' experience[J]. Special Publication, 1996, 166: 233-252.

[24] Nishikawa K, Murakoshi J, Matsuki T. Study on the fatigue of steel highway bridges in Japan[J]. Construction and Building Materials, 1998, 12(2-3): 133-141.

[25] 刘晓文, 张肖宁. 日本 TAF 环氧沥青混凝土在桥面铺装中的应用[J]. 筑路机械与施工机械化, 2010, 27(1): 69-71.

[26] Hayashi S, Isobe M, Yamashita T. Asphalt compositions: US4139511[P]. 1979-02-13.

[27] Ahmedzade P, Yilmaz M. Effect of polyester resin additive on the properties of asphalt binders and mixtures[J]. Construction and Building Materials, 2008, 22(4): 481-486.

[28] Bocci E, Graziani A, Canestrari F. Mechanical 3d characterization of epoxy asphalt concrete for pavement layers of orthotropic steel decks[J]. Construction and Building Materials, 2015, 79: 145-152.

[29] Bagshaw S A, Herrington P R, Wu J P. Preliminary examination of chipseals prepared with epoxy-modified bitumen[J]. Construction and Building Materials, 2015, 88: 232-240.

[30] 亢阳, 陈志明, 闵召辉, 等. 顺酐化在环氧沥青中的应用[J]. 东南大学学报(自然科学版), 2006(2): 308-311.

[31] 贾辉, 陈志明, 亢阳, 等. 高性能环氧沥青材料的绿色制备技术[J]. 东南大学学报(自然科学版), 2008(3): 496-499.

[32] 张占军, 闵召辉, 黄卫. 不同交联度环氧沥青混合料低温弯曲性能研究[J]. 中国公路学报, 2012, 25(1): 35-39.

[33] Nigen-Chaidron S, Porot L. Rejuvenating agent and process for recycling of asphalt: CA2680441A1 [P]. 2009-11-18.

[34] Oldham D J, Fini E H, Chailleux E. Application of a bio-binder as a rejuvenator for wet processed asphalt shingles in pavement construction[J]. Construction and Building Materials, 2015, 86: 75-84.

[35] Seidel J C, Haddock J E. Soy fatty acids as sustainable modifier for asphalt binders. Alternative binders for sustainable asphalt pavements[J]. Transportation Research E-Circular, 2012, 165:15-22.

[36] 龚明辉. 生物质再生沥青混合料微观特性研究[D]. 南京: 东南大学, 2017.

[37] 孟建玮. 沥青混合料再生剂的制备及路用性能研究[D]. 重庆: 重庆交通大学, 2017.

[38] 于腾海. 一种耐老化沥青再生剂研发及性能研究[D]. 济南: 山东大学, 2018.

[39] 满琦. 植物油再生沥青及沥青混合料性能研究[D]. 北京: 北京建筑大学, 2016.

[40] 曹雪娟, 胡森, 曹芯芯, 等. 植物油再生老化沥青胶结料性能研究[J]. 应用化工, 2019, 48(3): 571-574.

[41] 索智, 季节, 满琦, 等. 植物油再生沥青的性能研究[J]. 北京工业大学学报, 2016, 42(7): 1062-1065.

[42] Vale A C, Casarande M D T, Soares J B. Behavior of natural fiber in stone matrix asphalt mixtures using two design methods[J]. Journal of Materials in Civil Engineering, 2014, 26(3): 457-465.

[43] Hadiwardoyo S P, Sumabrata R J, Jayanti P. Contribution of short coconut fiber to pavement skid resistance[J]. Advanced Materials Research, 2013, 789:248-254.

[44] Ravada S D. Laboratory investigation on stone matrix asphalt using banana fiber[D]. Orissa Department of Civil Engineering, National Institute of Technology Rourkela, 2012.

[45] Kumar S R, Ravindraraj B J. Laboratory investigation on stone matrix asphalt using banana fiber[J]. International Journal of Civil Engineering and Technology, 2018, 9: 1263-1268.

[46] Sheng Y P, Zhang B, Yan Y, et al. Laboratory investigation on the use of bamboo fiber in asphalt mixtures for enhanced performance[J]. Arabian Journal for Science and Engineering, 2019, 44(5): 4629-4638.

[47] 雷彤, 李祖仲, 刘开平, 等. 棉秸秆纤维沥青混合料路用性能[J]. 公路, 2016, 61(7): 59-63.

[48] 黄小夏. 秸秆纤维改性沥青混合料的试验及应用研究[J]. 西部交通科技, 2019(12): 22-25.

[49] 刘雨霞, 徐加霸, 张强斌, 等. 我国餐厨废油制取生物柴油的开发应用进展与展望[J]. 生态学杂志, 2021, 40(7): 2243-2250.

[50] 吴才武, 夏建新. 地沟油的危害及其应对方法[J]. 食品工业, 2014, 35(3): 237-240.

[51] 刘誉贵. 生物质制备生物重油及生物沥青研究[D]. 重庆: 重庆交通大学, 2018.

[52] 周钏. 木屑生物沥青对沥青结合料流变特性的影响[J]. 公路工程, 2017, 42(5): 343-347.

[53] 丁湛, 岳向京, 张静, 等. 秸秆液化制备生物沥青工艺及性能研究[J]. 应用化工, 2021, 50(7): 1776-1779.

[54] 雷茂锦, 朱耀庭, 彭明. 生物结合料的物理和化学特性研究[J]. 中外公路, 2012, 32(1): 222-225.

[55] 郭根才, 夏磊, 张宏宝. 聚氨酯改性沥青混合料路用性能研究[J]. 公路交通科技, 2018, 35(12): 1-6.

[56] 石文英, 李红宾, 程发, 等. 新型生物柴油制备方法的研究进展[J]. 石油与天然气化工, 2016, 45(1): 1-7.

[57] 包建业, 王静. 生物改性橡胶沥青流变性能研究[J]. 中外公路, 2018, 38(6): 250-253.

[58] Tannous J H, de Klerk A. Quantification of the free radical content of oilsands bitumen fractions[J]. Energy & Fuels, 2019,33(8): 7083-7093.

[59] Jiang J C, Li L, Jiang J J, et al. Effect of ionic liquids on the thermal decomposition process of Tert-butyl peroxybenzoate (TBPB) by DSC[J]. Thermochimica Acta, 2018,671:127-133.

[60] 韩明哲. 基于掺杂 SBS 的改性沥青热氧老化性能研究[D]. 青岛: 青岛科技大学, 2019.

[61] 张争奇, 张伟, 王洪海, 等. 废旧油脂预拌增强沥青混合料路用性能评价[J]. 公路, 2018, 63(4): 217-222.

[62] 裴忠实. 基于 AFM 的老化沥青表面微观特征及影响因素分析[D]. 哈尔滨: 哈尔滨工业大学, 2016.

[63] 唐洁琼. 沥青材料的快速识别与分析方法研究[D]. 北京: 北京化工大学, 2015.

[64] 徐志荣, 陈忠达, 常艳婷, 等. 改性沥青 SBS 含量的红外光谱分析[J]. 长安大学学报(自然科学版), 2015, 35(2): 7-12.

[65] 肖鹏, 康爱红, 李雪峰. 基于红外光谱法的 SBS 改性沥青共混机理[J]. 江苏大学学报(自然科学版), 2005(6): 529-532.

[66] 张葆琳. 基于红外光谱的沥青结构表征研究[D]. 武汉: 武汉理工大学, 2014.

[67] Fini E, Kalberer E, Shahbazi G, et al. Chemical characterization of biobinder from swine manure: sustainable modifier for asphalt binder[J]. Journal of Materials in Civil Engineering, 2011, 23: 1506-1513.

[68] You Z, Mills-Beale J, Fini E, et al. Evaluation of low-temperature binder properties of warm-mix asphalt, extracted and recovered RAP and RAS, and bio-asphalt[J]. Journal of Materials in Civil Engineering, 2011, 23(11):1569-1574.

[69] 王曈, 惠嘉, 朱宝林, 等. 基于可控-活性自由基聚合方法制备的高分子生物沥青改性剂的性能研究[J]. 公路交通科技（应用技术版）, 2016, 12(12): 29-32.

[70] 曾梦澜, 夏颖科, 祝文强, 等. 生物沥青、岩沥青及复合改性沥青常规性能与流变性能的相关性[J]. 湖南大学学报（自然科学版）, 2019, 46(11): 131-136.

[71] 郭寅川, 申爱琴, 田丰, 等. 动态疲劳荷载作用下路面混凝土力学性能研究[J]. 中国公路学报, 2017, 30(7): 18-24.

[72] 陈静云, 赵慧敏. 用 SHRP 方法评价再生沥青性能[J]. 大连理工大学学报, 2011, 51(1): 68-72.

[73] 陈华鑫, 王秉纲. SBS 改性沥青车辙因子的改进[J]. 同济大学学报(自然科学版), 2008(10): 1384-1387.

[74] 曹芯芯, 曹雪娟, 唐伯明, 等. 植物废油对老化沥青流变性能影响规律研究[J]. 重庆交通大学学报(自然科学版), 2019, 38(8): 59-64.

[75] 尹艳平, 陈华鑫, 宋莉芳, 等. SBS/HON 复合改性沥青流变性能[J]. 北京工业大学学报, 2017, 43(9): 1405-1409.

[76] 韦慧, 栗威, 王兆仑, 等. 高模量与高黏沥青老化前后动态力学性能研究[J]. 公路交通科技, 2015, 32(2): 13-20.

[77] 程永春, 许淳, 梁春雨, 等. 沥青混合料蠕变柔量的试验研究与力学解析[J]. 吉林大学学报(工学版), 2008, 38(S2): 70-73.

[78] 封基良. 沥青 BBR 小梁试验的流变分析[J]. 武汉理工大学学报(交通科学与工程版), 2006(2): 205-208.

[79] 银花, 李凯. 基于弯曲梁流变试验和黏弹性理论评价沥青低温性能研究[J]. 功能材料, 2021, 52(10): 10157-10165.

[80] 林荣发, 钟晓芳, 戴美娜, 等. 植物甾醇对其凝胶化大豆油结构稳定性和热氧化特性的影响[J]. 中国食品学报, 2022, 22(1): 155-162.

[81] 汪海年, 丁鹤洋, 冯珀楠, 等. 沥青混合料分子模拟技术综述[J]. 交通运输工程学报, 2020, 20(2): 1-14.

[82] 周雯怡. 可再生环氧沥青固化机理及其再生机制的分子模拟[D]. 哈尔滨: 哈尔滨工业大学, 2020.

[83] 李君峰. 生物沥青再生沥青结合料使用性能研究[D]. 长沙: 湖南大学, 2018.

[84] 张增平, 孙佳, 王封, 等. 环氧树脂/聚氨酯复合改性沥青及其混合料性能研究[J]. 功能材料, 2020, 51(12): 12198-12203.

[85] 曹雪娟, 刘誉贵, 曹芯芯, 等. 生物质重油与生物沥青制备及性能[J]. 长安大学学报(自然科学版), 2019, 39(3): 27-35.

[86] Ahmed H, Magdy A. Component analysis of bio-asphalt binder using crumb rubber modifier and guayule resin as an innovative asphalt replacer[J]. Resources, Conservation & Recycling, 2021,169, 105486.

[87] 丁湛, 赵浚凯, 张静, 等. 液化木屑合成树脂制备生物沥青研究[J]. 化工新型材料, 2019, 47(1): 239-242.

[88] 李耘禄. 抑冰抗滑磨耗层的材料设计与路用性能分析[D]. 哈尔滨: 哈尔滨工业大学, 2017.

[89] Fini E, Oldham D, Abu-Lebdeh T. Synthesis and characterization of biomodified rubber asphalt: sustainable waste management solution for scrap tire and swine manure[J]. Journal of Environmental Engineering, 2013, 139: 1454-1461.

[90] Guarin A, Khan A, Butt A A, et al. An extensive laboratory investigation of the use of bio-oil modified bitumen in road construction[J]. Construction and Building Materials, 2016, 106: 133-139.

[91] 陈广飞, 冯向鹏, 赵苗. 废油脂制备生物柴油技术[M]. 北京: 化学工业出版社, 2015.

[92] 李海军, 黄晓明. SHRP 沥青性能分级量度的探讨[J]. 公路交通科技, 2006(2): 36-38.

[93] 刘红, 孔永健, 曹东伟. 加入聚酯纤维对沥青混合料动态模量的影响[J]. 公路交通科技, 2011, 28(8): 25-29.

[94] 燕永利, 张宁生, 屈撑囤, 等. 胶质液体泡沫(CLA)的形成及其稳定性研究[J]. 化学学报, 2006(1): 54-60.

[95] 马万, 邓宝智. 不同胶粉掺量的橡胶沥青黏弹性能评价[J]. 公路, 2018, 63(10): 109-113.

[96] 兰建丽, 高学凯, 孔繁盛. 基于 CAM 模型的热再生沥青混合料动态粘弹特性研究[J]. 硅酸盐通报, 2021, 40(7): 2454-2460.

[97] Yusoff N, Jakarni F M, Nguyen V H, et al. Modelling the rheological properties of bituminous binders using mathematical equations[J]. Construction and Building Materials, 2013, 40: 174-188.

[98] 张金喜, 姜凡, 王超, 等. 室内外老化沥青混合料动态模量评价[J]. 建筑材料学报, 2017, 20(6): 937-942.

[99] 罗桑, 钱振东, Harvey J. 环氧沥青混合料动态模量及其主曲线研究[J]. 中国公路学报, 2010, 23(6): 16-20.

[100] 肖晶晶, 沙爱民, 蒋玮, 等. 水泥乳化沥青混合料动态模量特性[J]. 建筑材料学报, 2013, 16(3): 446-450.

[101] Zhou F, Scullion T. Preliminary field validation of simple performance tests for permanent deformation: case study[J]. Transportation Research Record Journal of the Transportation Research Board , 2003, 1832: 209-216.

[102] 唐培培, 申爱琴, 付建村. 掺不同温拌剂沥青混合料的动态模量及疲劳特性[J]. 建筑材料学报, 2016, 19(3): 590-595.

[103] 周启伟, 凌天清, 郝增恒, 等. 水性环氧树脂-乳化沥青共混物特性分析[J]. 建筑材料学报, 2018, 21(3): 414-419.

[104] 朱月风, 张洪亮, 宋彬. 再生沥青混合料的黏弹性动态响应及疲劳性能[J]. 北京工业大学学报, 2017, 43(1): 135-142.

[105] 李强, 李国芬, 王宏畅. 受力模式对沥青混合料动态模量的影响[J]. 建筑材料学报, 2014, 17(5): 816-822.

[106] D'Angelo J. The relationship of the MSCR test to rutting[J]. Road Materials and Pavement Design, 2009, 10: 61-80.

[107] 周庆华, 沙爱民. 高模量沥青混凝土蠕变特性研究[J]. 郑州大学学报(工学版), 2012, 33(4): 23-27.

[108] 冯德成, 崔世彤, 易军艳, 等. 基于 SCB 试验的沥青混合料低温性能评价指标研究[J]. 中国公路学报, 2020, 33(7): 50-57.

[109] TP105 A. Standard method of test for determining the fracture energy of asphalt mixtures using the semicircular bend geometry (SCB)[S]. Washington, D.C.: AASHTO,2013.

[110] 畅润田, 王威, 樊长昕, 等. 一种植物油基再生剂的制备及其对改性沥青的再生效果研究[J]. 公路, 2021, 66(6): 329-334.

[111] 孙巧莉, 曹祖宾, 王容辉. 大豆水化油脚生物柴油的研制[J]. 中国油脂, 2007(6): 47-50.

[112] 王晓辉, 司南, 叶爱英, 等. 植物油脚的综合利用[J]. 现代化工, 2006(11): 21-24.

[113] 黎丽, 胡健华. 油脚制备生物柴油工艺的选择与确定[J]. 粮油加工, 2008(2): 56-58.

[114] 贾普友, 薄采颖, 胡立红, 等. 利用植物油油脚和皂脚制备脂肪酸的研究进展[J]. 中国粮油学报, 2015, 30(2): 131-135.

[115] Politi J, Matos P, Sales M. Comparative study of the oxidative and thermal stability of vegetable oils to be used as lubricant bases[J]. Journal of Thermal Analysis and Calorimetry, 2012,111:1437-1442.

[116] 马峰, 任欣, 傅珍. 生物沥青及其路用性能研究综述[J]. 公路工程, 2015, 40(1): 63-67.

[117] Silva J, Soares V, Fernandez-Lafuente R, et al. Enzymatic production and characterization of potential biolubricants from castor bean biodiesel[J]. Journal of Molecular Catalysis B: Enzymatic, 2015,122:323-329.

[118] 罗蓉, 郑松松, 张德润, 等. 基于表面能理论的沥青与集料黏附性能评价[J]. 中国公路学报, 2017, 30(6): 209-214.

[119] 曹雪娟, 苏玥, 邓梅. 基于分子动力学模拟的聚合物改性剂与沥青相互作用研究[J]. 化工新型材料, 2021, 49(9): 234-239.

[120] Li D D, Greenfield M L. Chemical compositions of improved model asphalt systems for molecular simulations[J].

Fuel, 2014, 115(1): 347-356.

[121] Wang P, Dong Z J, Tan Y Q, et al. Investigating the interactions of the saturate, aromatic, resin, and asphaltene four fractions in asphalt binders by molecular simulations[J]. Energy & Fuels, 2015,29:112-121.

[122] Toshimasa T, Sato S, Saito A I, et al. Molecular dynamics simulation of the heat-induced relaxation of asphaltene aggregates[J]. Energy & Fuels, 2011, 17(1): 491-505.

[123] Coelho R, Hovell I, Monte M, et al. Characterisation of aliphatic chains in vacuum residues (VRs) of asphaltenes and resins using molecular modelling and FTIR techniques[J]. Fuel Processing Technology, 2006, 87: 325-333.

[124] Zhang L, Greenfield M L. Rotational relaxation times of individual compounds within simulations of molecular asphalt models[J]. The Journal of Chemical Physics, 2010, 132(18): 184502.

[125] Yao H, Dai Q L, You Z P. Molecular dynamics simulation of physicochemical properties of the asphalt model[J]. Fuel, 2016, 164(JAN.15): 83-93.

[126] Pan J, Tarefder R A. Investigation of asphalt aging behaviour due to oxidation using molecular dynamics simulation[J]. Molecular Simulation, 2016, 42(8): 667-678.

[127] Xu G J, Wang H. Molecular dynamics study of oxidative aging effect on asphalt binder properties[J]. Fuel, 2017, 188: 1-10.

[128] 许苗. 基于分子扩散融合机制的沥青再生剂设计与性能验证[D]. 哈尔滨: 哈尔滨工业大学, 2019.

[129] 邱延峻, 苏婷, 郑鹏飞, 等. 基于分子模拟的沥青胶结料物理老化机理研究[J]. 建筑材料学报, 2020, 23(6): 1464-1470.

[130] Petersen J C, Harnsberger P M, Robertson R E. Factors affecting the kinetics and mechanisms of asphalt oxidation and the relative effects of oxidation products on age hardening[J]. Preprints of Papers, American Chemical Society, Division of Fuel Chemistry , 1996, 41(4):430341.

[131] 王湘, 魏芳, 吕昕, 等. 磷脂分析方法与应用研究进展[J]. 中国农业科技导报, 2015, 17(2): 141-150.

[132] 潘浩志. 生物沥青改性沥青结合料使用性能研究[D]. 长沙: 湖南大学, 2016.

[133] 高洁. 植物沥青在热拌沥青混合料中的应用研究[D]. 济南: 山东大学, 2015.

[134] 毛昱, 李萍, 念腾飞, 等. 再生剂在老化沥青中扩散行为的量化分析[J]. 华南理工大学学报(自然科学版), 2021, 49(2): 79-87.

[135] 董泽蛟, 全蔚闻, 马宪永, 等. 考虑沥青路面材料参数空间差异性的解析计算及影响分析[J]. 中国公路学报, 2020, 33(10): 91-101.

[136] 杨健, 郭乃胜, 郭晓阳, 等. 基于分子动力学的泡沫沥青-集料界面黏附性研究[J]. 材料导报, 2021, 35(S2): 138-144.

[137] 范维玉, 赵品晖, 康剑翘, 等. 分子模拟技术在乳化沥青研究中的应用[J]. 中国石油大学学报(自然科学版), 2014, 38(6): 179-185.

[138] 文玉华, 朱如曾, 周富信, 等. 分子动力学模拟的主要技术[J]. 力学进展, 2003(1): 65-73.

[139] 赵素, 李金富, 周尧和. 分子动力学模拟及其在材料科学中的应用[J]. 材料导报, 2007(4): 5-8.

[140] 任永祥, 郝培文, 赵超志, 等. 基于分子动力学的相变微胶囊与沥青相容性及增强机理研究[J]. 中国公路学报, 2020, 33(10): 178-191.

[141] 黄海龙. 生物沥青及其混合料路用性能研究[D]. 北京: 北京建筑大学, 2015.

[142] 廖晓锋, 雷茂锦, 陈忠达, 等. 生物结合料共混沥青的路用性能试验研究[J]. 材料导报, 2014, 28(2): 144-149.

[143] 李立寒, 张明杰, 祁文洋. 老化 SBS 改性沥青再生与机理分析[J]. 长安大学学报(自然科学版), 2017, 37(3): 1-8.

[144] 陈华鑫, 郭锋, 矫芳芳, 等. 聚合物改性沥青再生结合料微观分析[J]. 中外公路, 2010, 30(6): 195-200.

[145] 陈华鑫, 崔宇, 尹艳平, 等. 再生剂类型对沥青抗老化性能的影响[J]. 中国科技论文, 2002, 17(6): 1-7.

[146] 崔宇. 基于混溶程度的再生沥青混合料性能研究[D]. 西安: 长安大学, 2021.

[147] 周卫峰, 董利伟, 宋晓燕, 等. 水性环氧树脂改性乳化沥青高温性能试验研究[J]. 重庆交通大学学报(自然科学版), 2019, 38(4): 55-59.

[148] 刘梅, 王咏红, 高瑛, 等. 我国农业发展生态环境问题及对策研究[J]. 山东社会科学, 2008(10): 100-103.

[149] 裴继诚. 秸秆纤维化学[M]. 北京: 中国轻工业出版社, 2012.

[150] 武丽君, 王朝旭, 张峰, 等. 玉米秸秆和玉米芯生物炭对水溶液中无机氮的吸附性能[J]. 中国环境科学, 2016, 36(1): 74-81.

[151] Swatloski R P, Spear S K, Holbrey J D, et al. Dissolution of cellose with ionic liquids[J]. Journal of the American Chemical Society, 2002, 124(18): 4974-4975.

[152] 魏建军. 纤维改性沥青混合料老化后性能试验研究[J]. 新型建筑材料, 2011, 38(8): 58-60.

[153] 张伏, 付三玲, 郭志军, 等. 秸秆纤维增强复合板材及仿生层状研究[J]. 农机化研究, 2009, 31(10): 227-229.

[154] 陈飞, 张林艳, 李先延, 等. 天然纤维沥青混合料研究与应用进展[J]. 应用化工, 2022, 51(5): 1472-1479.

[155] 李振霞, 陈渊召, 周建彬, 等. 玉米秸秆纤维沥青混合料路用性能及机理分析[J]. 中国公路学报, 2019, 32(2): 47-58.

[156] 汤文, 盛晓军, 孙立军. 纤维沥青混合料的路用性能[J]. 建筑材料学报, 2008(5): 612-615.

[157] 李静. 竹纤维沥青混凝土的力学特性研究[J]. 山东农业大学学报(自然科学版), 2019, 50(4): 593-596.

[158] Fabiyi J S, McDonald A G, Wolcott M P, et al. Wood plastic composites weathering: visual appearance and chemical changes[J]. Polymer Degradation and Stability, 2008, 93(8): 1405-1414.

[159] Wong S, Shanks R, Hodzic A. Interfacial improvements in poly(3-hydroxybutyrate)-flax fibre composites with hydrogen bonding additives[J]. Composites Science and Technology, 2004, 64(9): 1321-1330.

[160] 刘克非. 不同纤维对 SMA 路用性能的影响[J]. 长安大学学报(自然科学版), 2011, 31(4): 16-21.

[161] 王芸. 基于组分分析的生物质热解特性实验研究[D]. 上海: 上海交通大学, 2012.

[162] 谭洪, 王树荣, 骆仲泱, 等. 生物质三组分热裂解行为的对比研究[J]. 燃料化学学报, 2006(1): 61-65.

[163] 赵金凤, 陈静文, 张迪, 等. 玉米秸秆和小麦秸秆生物炭的热稳定性及化学稳定性[J]. 农业环境科学学报, 2019, 38(2): 458-465.

[164] Bulut Y, Aydın H. A kinetics and thermodynamics study of methylene blue adsorption on wheat shells[J]. Desalination, 2006, 194(1): 259-267.

[165] 陈程. 几种不同植物基活性炭的制备与特性研究[D]. 南京: 南京大学, 2019.

[166] 陈尚龙. ATRP 法制备羧基化生物吸附剂及其对重金属离子的吸附[D]. 徐州: 中国矿业大学, 2020.

[167] Alam S, Rehman N, Amin N U, et al. Adsorption of methylene blue onto acacia modesta carbon: kinetic and thermodynamic study[J]. Ztschrift für Physikalische Chemie, 2019, 233(7): 1019-1033.

[168] Hasan Z, Jhung S. Removal of hazardous organics from water using metal-organic frameworks (MOFs): plausible mechanisms for selective adsorptions[J]. Journal of Hazardous Materials, 2014, 283: 329-339.

[169] Sarkar A, Paul B. The global menace of arsenic and its conventional remediation: a critical review[J]. Chemosphere, 2016, 158: 37-49.

[170] Salleh M, Mahmoud D K, Wan A, et al. Cationic and anionic dye adsorption by agricultural solid wastes: a comprehensive review[J]. Desalination, 2011, 280(1-3): 1-13.

[171] Bulut Y, Ayd N H. A kinetics and thermodynamics study of methylene blue adsorption on wheat shells[J]. Desalination, 2006, 194(1-3): 259-267.

[172] Ge X Y, Tian F, Wu Z L, et al. Adsorption of naphthalene from aqueous solution on coal-based activated carbon modified by microwave induction: microwave power effects[J]. Chemical Engineering & Processing, 2015, 91: 67-77.

[173] 郑慧玲. 功能化氧化石墨烯复合材料的制备及其对污染物吸附研究[D]. 合肥: 中国科学技术大学, 2020.

[174] 邹文强, 舒庆, 许宝泉. 螺旋藻对稀土铒离子的吸附特性研究[J]. 中国环境科学, 2019, 39(2): 674-683.

[175] Tan I, Ahmad A L, Hameed B H. Adsorption isotherms, kinetics, thermodynamics and desorption studies of 2,4,6-trichlorophenol on oil palm empty fruit bunch-based activated carbon.[J]. Journal of Hazardous Materials, 2009, 164(2-3): 473-482.

[176] Kalavathy M H, Karthikeyan T, Rajgopal S, et al. Kinetic and isotherm studies of Cu(II) adsorption onto H_3PO_4-activated rubber wood sawdust[J]. Journal of Colloid and Interface Science, 2005, 292(2): 354-362.

[177] 刘小宁. 金属氧化物-炭材料的制备及其去除水相中磷酸盐的性能和机理研究[D]. 北京: 中国农业科学院,

2020.

[178] 苑文珂. 聚苯乙烯微/纳米塑料对重金属的吸附行为及其对两种典型水生生物的生态毒性研究[D]. 武汉: 中国科学院大学(中国科学院武汉植物园), 2020.

[179] Ghani A A, Shahzad A, Moztahida M, et al. Adsorption and electrochemical regeneration of intercalated TI3C2Tx MXene for the removal of ciprofloxacin from wastewater[J]. Chemical Engineering Journal, 2020, 421(2): 127780.

[180] 袁海宽, 马晓华, 许振良. 氮气吸附等温线分析 PFSA/SiO$_2$ 复合催化剂孔结构[J]. 中国科学: 化学, 2011, 41(6): 1094.

[181] 张立, 常薇, 郑丹丹, 等. Ag/TiO$_2$-SiO$_2$ 的制备及其光催化降解有机污染物的研究[J]. 环境污染与防治, 2020, 42(9): 1113-1117.

[182] 刘宁, 刘水林, 伍素云, 等. CTAB-P123辅助制备有序介孔 KF/Al-Ce-SBA-15 固体碱及其催化性能[J]. 应用化学, 2019, 36(11): 1294-1300.

[183] Sun H J. Compass: an ab initio force-field optimized for condensed-phase applicationsoverview with details on alkane and benzene compounds[J]. The Journal of Physical Chemistry B, 1998, 102: 7338-7364.

[184] Dauber-Osguthorpe P, Roberts V A, Osguthorpe D J, et al. Structure and energetics of ligand binding to proteins: escherichia coli dihydrofolate reductase-trimethoprim, a drug-receptor system[J]. Proteins-structure Function & Bioinformatics, 2010, 4(1): 31-47.

[185] Peng Z, Ewig C S, Hwang M J, et al. Derivation of class ii force fields. 4. van der waals parameters of alkali metal cations and halide anions[J]. Journal of Physical Chemistry A, 1997, 101(39): 7243-7252.

[186] 陈正隆, 徐为人, 汤立达. 分子模拟的理论与实践[J]. 北京: 化学工业出版社, 2007.

[187] Kuzkin V A. On angular momentum balance for particle systems with periodic boundary conditions[J]. ZAMM - Journal of Applied Mathematics and Mechanics/Zeitschrift Für Angewandte Mathematik und Mechanik, 2015, 95(11): 1290-1295.

[188] 张跃. 计算材料学基础[M]. 北京: 北京航空航天大学出版社, 2007.

[189] Nishiyama Y, Langan P, Chanzy H. Crystal structure and hydrogen-bonding system in cellulose Iβ from synchrotron X-ray and neutron fiber diffraction[J]. Journal of the American Chemical Society, 2002,124(31):9074-9082.

[190] Sugiyama J, Vuong R, Chanzy H. Electron diffraction study on the two crystalline phases occurring in native cellulose from an algal cell wall[J]. Macromolecules, 2008, 24(14): 4168-4175.

[191] 纪小平, 郑南翔, 杨党旗, 等. 基于复合粘温曲线的热再生沥青混合料拌和温度研究[J]. 中国公路学报, 2010, 23(5): 16-21.

[192] 梁胜超. 温拌再生沥青混合料路用性能研究[D]. 重庆: 重庆交通大学, 2017.

[193] 朱曼. 高粘度改性沥青性能评价方法与应用研究[D]. 广州: 华南理工大学, 2015.

[194] Mirzaiyan D, Ameri M, Amini A, et al. Evaluation of the performance and temperature susceptibility of gilsonite- and sbs-modified asphalt binders[J]. Construction and Building Materials, 2019, 207: 679-692.

[195] 叶青. 基于粘弹性的沥青混合料疲劳性能研究[D]. 哈尔滨: 哈尔滨工业大学, 2016.

[196] Zhang X N, Chi F X, Wang L J, et al. Study on viscoelastie performance of asphalt mixture based on CAM model[J]. Journal of Southeast University, 2008, 24(4): 498-502.

[197] Sun Z J, Yi J Y, Huang Y D, et al. Properties of asphalt binder modified by bio-oil derived from waste cooking oil[J]. Construction and Building Materials, 2016, 102: 496-504.

[198] Han C D, Lem K W. Rheology of unsaturated polyester resins. I. Effects of filler and low-profile additive on the rheological behavior of unsaturated polyester resin[J]. Journal of Applied Polymer Science, 1983, 28(2): 743-762.

[199] 郭猛. 沥青胶浆的界面行为与机理分析[D]. 哈尔滨: 哈尔滨工业大学, 2012.

[200] 高丹盈, 黄春水. 纤维沥青混凝土低温性能试验及温度应力计算模型[J]. 中国公路学报, 2016, 29(2): 8-15.

[201] 李震南, 申爱琴, 郭寅川, 等. 玄武岩纤维沥青胶浆及混合料的低温性能关联性[J]. 建筑材料学报, 2021, 24(1): 146-152.

[202] 郭鹏, 谢凤章, 孟建玮, 等. 掺改性木质纤维沥青及 SMA-13 沥青混合料性能研究[J]. 应用化工, 2020, 49(7):

1634-1637.

[203] 严超, 魏显权, 方杨. 沥青混合料水稳定性能评价方法研究[J]. 公路, 2019, 64(10): 29-33.

[204] 杨红辉, 袁宏伟, 郝培文, 等. 木质素纤维沥青混合料路用性能研究[J]. 公路交通科技, 2003(4): 10-11.

[205] 宋小金, 樊亮, 申全军, 等. 国产岩沥青混合料动态模量研究[J]. 中外公路, 2010, 30(2): 239-242.

[206] 左旭, 王红彦, 王亚静, 等. 中国玉米秸秆资源量估算及其自然适宜性评价[J]. 中国农业资源与区划, 2015, 36(6): 5-10.

[207] 曾俊铖. 福建省高速公路沥青结合料性能等级研究[J]. 公路交通科技, 2018, 35(6): 8-13.

[208] 郑南翔, 牛思胜, 许新权. 重载沥青路面车辙预估的温度-轴载-轴次模型[J]. 中国公路学报, 2009, 22(3): 7-13.